普通高等教育“十四五”规划教材

# 船体结构与制图

## （第3版）

汪 敏　谢玲玲　李俊敏　孙忠玉　编著

国防工業出版社

·北京·

# 内容简介

本书介绍了船体图样表达的内容、方法和特点，以及船体制图的有关规定。本书以船舶总体图样为重点，主要内容包括：型线图、总布置图、船体主要结构、节点图、中横剖面图、基本结构图、肋骨型线图、外板展开图、分段划分图与分段结构图等各种船体图样的绘图和识读方法。在简要介绍工程设计的常用软件 AutoCAD 使用方法的基础上，主要介绍了 AutoCAD 在船体制图中的应用和作图技巧。每章均配有一定数量的训练习题，供练习使用，可根据完成情况进行自我评估。附录摘要介绍与船体制图有关的一些常用标准和资料。

本书为船舶工程专业本科教材，也可作为大专院校相关专业的教学参考书或造船行业有关人员的设计参考书。

**图书在版编目（CIP）数据**

船体结构与制图/汪敏等编著．—3 版．—北京：国防工业出版社，2024.1

ISBN 978-7-118-13084-3

Ⅰ．①船…　Ⅱ．①汪…　Ⅲ．①船体结构　②船体-制图　Ⅳ．①U663

中国国家版本馆 CIP 数据核字（2023）第 246097 号

※

国防工業出版社 出版发行

（北京市海淀区紫竹院南路 23 号　邮政编码 100048）

三河市天利华印刷装订有限公司印刷

新华书店经售

*

**开本** 787×1092　1/16　**印张** 17¼　**字数** 395 千字

2024 年 1 月第 3 版第 1 次印刷　**印数** 1—3000 册　**定价** 68.00 元



国防书店：（010）88540777　　书店传真：（010）88540776

发行业务：（010）88540717　　发行传真：（010）88540762

# 前　言

本书在武汉理工大学原交通学院龚昌奇老师主编的《船舶结构与制图》（第2版）的基础上重编而成。本书保留了第2版的大部分内容，对教学内容进行了重新组合，设置学习任务导入，将工学结合的教学模式贯穿整个学习过程。本书订正了第2版中正文和附图中的错误，并对第2版中的老旧内容进行了补充、更新。本书凝聚着龚昌奇老师几十年教学生涯的经验与心血。编者对第2版进行改编、出版，谨以本书表达对龚昌奇老师的尊敬与缅怀。

本书是为船舶工程专业学生所编写的专业基础教科书，目的为使读者通过学习，了解船体图样的主要内容和表达方法，熟悉船体制图的国家和行业标准及有关规定。船体制图教学以图为主，本书在编写中突出这一特点，以1000t沿海货船为基础，配以大量的平面及立体图，力求做到深入浅出，通俗易懂。“船体结构与制图”是一门实践性较强的专业课程，本课程的学习，必须通过实践和练习加深理解和巩固知识。为便于教学和学生自学，每章均配有学习测试环节，提供一定数量的习题进行练习和实践训练，学生可以根据完成情况进行学习效果自我评估。

本书主要编写分工：第1、2、4、6、9、10章由汪敏改编并负责全书的统稿；第3、5章由谢玲玲改编；第7、8章由李俊敏与谢玲玲合作改编；鲁东大学蔚山船舶与海洋学院的孙忠玉老师参与了部分章节和习题的编写，并对原稿中的一些错误之处进行了指正。

编　者

2023年10月

# 目　录

# 第1章　绪　　论

【学习任务描述】

地球表面70%以上由海洋和河流覆盖，因此船舶成为人们从事水上交通运输和水上作业的主要工具。船舶不仅要具备可靠的水密性，提供一定的浮力；而且要能承受货物、机器设备等装载重量，以及水的压力和风浪的冲击力等外力作用，具备足够的强度。

作为一门船舶工程领域交流的语言，掌握绘制和阅读船体图样的能力可为后续专业课程的学习打下坚实的基础，也可为未来从事船舶相关工作提供保障。随着人类社会的发展和科学技术的进步，船舶种类越来越繁多，并且向着大型化、专业化、智能化方向发展。船舶有哪些主要类型，有哪些主要组成部分，配备了哪些通用的、共性的舾装设备，是我们首先需要了解的问题。

本课程是一门理论与实践相结合的专业基础课程，既要学习一定的理论知识，也要进行大量的绘图实践训练。应了解本课程的特点，结合自身情况，设置好课程学习方法，高质量完成课程学习任务。

【学习任务】

学习任务1：船图分类认知。

学习任务2：船图的历史沿革认知。

学习任务3：民用船舶分类认知。

学习任务4：船体基本组成情况认知。

学习任务5：民用船舶通用舾装设备概况认知。

学习任务6：本课程学习方法认知。

【学习目标】

**知识目标**

(1) 掌握船体图样的分类。

(2) 了解船舶工程界主流应用软件。

(3) 了解船舶分类、基本组成、通用舾装设备概况。

(4) 了解本课程学习方法。

**能力目标**

(1) 正确列出船舶图样有哪些类型。

(2) 根据船舶的基本特点说出船舶类型，说出指定船舶的特点，正确描述船体基本组成概况，识别主要船舶通用舾装设备。

(3) 确定符合自身特点的课程学习方法。

**素质目标**

（1）培养学生对船舶工程专业的热爱，树立严谨、踏实的工程意识。

（2）激励学生开阔视野，积极探索创新。

**【学习方法】**

通读本章，阅读船舶概论的相关资料，参观船模或实船，建立对船舶的总体认识。

“千言万语抵不上一张图。”船体图样在船舶工程中的作用是语言和其他交流形式无法替代的。

“船体结构与制图”课程主要是研究采用正投影法绘制船体图样，并解决在船舶设计和建造过程中遇到的空间几何问题的理论和方法的一门学科，是理论与实践相结合的专业基础课程，目的是培养学生绘制和阅读船体图样的能力，使他们能解决实际工程中的图解问题。

课程和主要任务：

（1）研究船舶设计与制造过程中的图示和图解问题。

（2）培养绘制和阅读船体图样的能力。

（3）培养对船体工程中空间几何问题的图解能力。

用图样来表达船舶设计意图，进行科技思维和技术交流，指导和组织生产，是现代造船技术的基本方法和交流手段。没有船体图样，船舶的设计和生产过程是无法进行的。因此，船体图样是船舶科技和工程人员必须掌握的工程语言。

由于船舶具有形体大、结构复杂、设备和材料种类繁多、技术综合性强等特点，因此船体图样在表达方法、尺寸标注和图线运用等方面具有自身的特点。

## 1.1　船体图样的分类与作用

船舶图样包含船体、轮机和电气三大类，船体图样是其中重要的组成部分，其种类见表1-1。

表1-1　船舶图样种类

| 类　　型 | 名　　称 | | 表达内容 | 图　　例 |
|---|---|---|---|---|
| 总体图样（Overall Drawings） | 型线图（Moulded Lines Plan） | | 描述船体的几何特征 | 附图一 |
| | 总布置图（General Arrangement Plan） | | 全船总体布置 | 附图二 |
| 船体结构图（Ship Structure Plan） | 中横剖面图（Midship Section Plan） | 全船总体结构图（Hull Structure Plan） | 若干主要舱室横向构件的形式及其连接方式 | 附图三 |
| | 基本结构图（Basic Structure Plan） | | 船舶构件的形式及其连接方式等 | 附图四 |
| | 肋骨型线图（Frame Lines Plan） | | 肋骨形状、板缝布置、船体构件布置 | 附图五 |
| | 外板展开图（Shell Expansion Plan） | | 外板展开后形状和各种纵向构件展开后的位置 | 附图六 |

（续）

| 类　型 | 名　称 | | 表达内容 | 图　例 |
|---|---|---|---|---|
| 船体结构图（Ship Structure Plan） | 分段结构图（Section Structure Plan） | 主体分段图（Main Section Plan） | 主体各分段的立体或平面结构 | 图 9-5~图 9-9 |
| | | 艏艉分段图（Stem and Stern Section Plan） | 艏部和艉部的结构 | |
| | | 舱壁结构图（Bulkhead Structure Plan） | 纵、横舱壁的结构 | |
| | | 上建建筑结构图（Superstructure Structure Plan） | 上层建筑的甲板及围壁的结构 | |
| | | 艏艉柱结构图（Stem and Stern Frame Structure Plan） | 艏、艉柱结构 | |
| 船体工艺图（Ship Workmanship Plan） | 分段图（Section Plan） | 分段划分图（Section Division Plan） | 船体分段情况和工艺基准 | 图 9-1 |
| | | 构件理论线图（Molded Lines of Metallic Hull Structure Plan） | 金属船体构件定位理论线 | |
| | | 胎架结构图（Jig Structure Plan） | 船体胎架结构与尺度 | |
| | | 分段装焊程序图（Section Welding Procedure Plan） | 分段装配和焊接程序 | |
| | | 全船余量布置图（Full Ship Margin Arrangement Plan） | 分段余量的布置、大小及余量 | |
| | | 船台墩木布置图（Shipway Block Arrangement Plan） | 船台上墩木的布置 | |
| 船体舾装图（Ship Outfitting Plan） | 舾装布置图（Outfitting Arrangement Plan） | 锚泊设备布置图（Anchoring Equipment Arrangement Plan） | 全船锚泊设备的布置和定位 | |
| | | 系泊设备布置图（Mooring Equipment Arrangement Plan） | 全船系泊设备的布置和定位 | |
| | | 起货设备布置图（Cargo Equipment Arrangement Plan） | 全船起货设备的布置和定位 | |
| | | 其他布置图（Other Arrangements Plan） | 信号、消防、舱室属具的布置…… | |
| | 舾装结构图（Outfitting Structure Plan） | 桅结构图（Mast Structure Plan） | 船舶桅杆的结构与布置 | |
| | | 烟囱结构图（Funnel Structure Plan） | 船舶烟囱的结构与布置 | |
| | | 舱盖结构与布置图（Hatch Cover Structure and Arrangement Plan） | 船舶舱口盖的结构与布置 | |
| | | 其他结构图（Other Structure Plan） | | |

## 1.2　船舶图样的发展沿革

地球表面 70%以上为水覆盖。人类为生存和发展，在与自然的互动中发明了舟船，从而使人类自身的活动范围由陆地扩展到海洋，大大加快了人类走向文明的步伐。

据考古发掘成果和文献记载，人类最早掌握舟船技术的历史可以上溯到 8000 年前。由于早期船体结构简单，技术原始粗糙，因此造船不需要现代意义上的船体图样。虽然中国人“制器尚象”的原始思想早在 5000 多年前就已出现，但实用意义上的工程船图在宋代以后才得以广泛应用。

在明代，中国古代造船技术达到顶盛期。不仅船舶设计、船舶建造水平居世界前列，而且管理水平达到了新的高度。相关法式、制度也相应出台。与此同时，《龙江船厂志》《南船记》等一批图文并茂、专业性极强的著作相应问世。这些著述对中国传统造船技术和造船工艺以及船厂管理作了全面的总结。在这些文献中，以相当大的篇幅，用船图记载了明代典型船舶的尺度、结构形式、木作工艺、用材制度等多项船舶技术。其中船体图样的图示方法和图说理论体现了中国古代船舶图样的很高水平。

近代西方采用多面正投影方法绘制的船体图样是通过总结、整理传统的图示方法，结合近代几何学理论总结出的一套科学、完善的理论和方法，已延用了200多年，至今仍然在船舶工程的各个技术部门广泛运用并不断发展。

随着现代计算机科学的发展和普及，船舶设计与制造正在朝着自动化、专业化、集成化的方向发展。与之相适应的专业化船舶三维设计软件也相继出现。这些设计软件运用可视化技术，在虚拟的设计空间完成船舶几何形态、结构构件的设计；进行管系、轮机、电气元件和舱室属具及船舶设备的布置设计，减少了二维设计中可能出现的一些不切实际的布置方案和由于船、机、电不协调而产生的种种矛盾，解决了以往需要机舱模型才能解决的问题，从而使整个设计过程合理、可靠、可视；大大减轻了设计人员的工作强度，并优化了设计过程，节约了设计成本。其中图示方法和图解方法是这些软件的基本构架和基础理论。

表1-2列举了世界船舶工程界几款主要应用软件。

表1-2　船舶工程应用软件

| 序号 | 名称 | 功能、特点 | 设计公司 |
| --- | --- | --- | --- |
| 1 | FORAN | 基本概念设计、钢结构设计、机舱布置、舾装布置（专业型软件） | 西班牙 |
| 2 | TRIBON | 船舶初步设计、生产设计、计划管理（专业型软件） | 瑞典<br>KCS公司 |
| 3 | CADS5 | 船型与数据结构、钢材结构设计、电力、通信、空调设计（通用型软件） | 美国<br>PTC公司 |
| 4 | EUCLID | 船舶管理设计、海洋平台设计（通用型软件） | 法国<br>MATRA公司 |
| 5 | NAPA | 船舶CAD/CAE/CAM（联合型软件） | 荷兰NUMERIEK GRONING公司（船体舾装）<br>芬兰CADMATIC公司（电器管理）<br>美国X-Eagle（三维图形、工程数据库） |
| 6 | NASD | 船舶集成系统、三维模型、生产信息、管理、材料控制（集团型软件） | 日本日立、三菱、石川岛播磨、日本钢管 |

现代船舶三维软件的应用，使得造船技术有了飞跃性的进步，同时为船舶图形学开辟了更广泛的应用前景，提供了更多的研究课题。

## 1.3　民用船舶分类

随着科学技术的发展，船舶已被广泛应用于交通、运输、生产、海洋开发和军事活动中，现代船舶种类极其繁多，且新型船舶还在不断出现。为了区别各类船舶，了解同类型船舶的用途、特点、性能和装备，常将船舶按不同的标准进行分类。首先，船舶可以分为民用船舶和军用船舶两大类。民用船舶常用以下标准进行分类。

### 1.3.1 按船舶航区分类

船舶航区通常是指按水文、气象等条件划分的船舶能航行的水域。为保障船舶安全航行，不同航区对船舶的稳性、结构、救生设备和无线电设备等保障方面有不同的技术要求。民用船舶按照航区划分为内河船舶和海船两大类，而内河船舶和海船又按照各自不同的规定，有不同的航区等级划分。

1. 内河船舶（Inland Ship）

为了内河船舶航行的安全，我国的海事法规和规范对内河的水域按风浪等级进行了划分，分别是内河船舶 A 级、B 级和 C 级航区。A 级航区的浪高为 1.5~2.5m；B 级航区的浪高为 0.5~1.5m；C 级航区的浪高不超过 0.5m。内河船舶除划分 A 级、B 级、C 级航区外，还划分了两个 J 级急流航段。其中，J1 级急流航段的水流速度为 5m/s 以上但不超过 6.5m/s；J2 级急流航段的水流速度为 3.5m/s 以上但不超过 5m/s。不同的 J 级航段分别从属于所在水域的航区级别。进行急流航段的划分主要是考虑到某些水域的风浪虽然较小，但水流很急，同样危及船舶的安全。

对于长江来说，A 级航区是指江阴以下至吴淞口，包括横沙岛以内水域；B 级航区是指宜昌至江阴段水域；C 级航区是指宜昌以上水域。

2. 海船（Seagoing Ship）

我国海事法规和规范将海船航区划分为四类，具体如下：

（1）遮蔽航区（Sheltered Navigation Area）：由海岸与岛屿、岛屿与岛屿围成的遮蔽条件较好、波浪较小的海域。

（2）沿海航区（Coastal Navigation Area）：距岸不超过 20n mile 的海域。

（3）近海航区（Great Coastal Navigation Area）：距岸不超过 200n mile 的海域。

（4）远海航区（Far Sea Navigation Area）：国内航行超出近海航区的海域。

### 1.3.2 按船舶用途分类

船舶按照用途可分为运输船舶、工程船舶、工作船舶等。

1. 运输船舶

船舶最主要的作用是进行水上交通运输，所以在各类船舶中运输船舶的种类、数量最多，尺度和载重量最大。运输船舶主要有客船、散货船、油船、液体化学品船、冷藏船、集装箱船、滚装船、拖船等。

1）客船

客船（Passenger Ship）是以载运旅客为主的专用船舶，兼运少量货物的客船也称为客货船。SOLAS 公约（《国际海上人命安全公约》）规定，凡载客超过 12 人的船舶均视为客船。客船要求具有较好的稳性、抗沉性、耐波性、快速性以及操纵性，具有较高的强度，并配备足够的救生设备。客船对防火有严格要求，甲板层数较多，外型美观，居住条件好。

2）货船

货船（Cargo Ship）是以运货物为主的专用船舶，通常按货物性质分为干货船、液货船（油船）和气体船（石油气）三种。另外，还有一些用作载运大宗专类货物的船舶，按其载运的货物命名，如散货船、油船、液化气船、集装箱船等。

散货船（Bulk Cargo Ship）是用来专运谷物、矿砂、煤炭等大宗散装货物的船。散货船一般为单甲板，尾机型船，设有较大的货舱口，以便装卸货物。

油船（Oil Tanker）是专运散装油类的船舶。油船多为尾机型、双底、双舷侧结构、单甲板。油舱由纵横舱壁分隔为若干个独立舱，以增加强度，减小自由液面的影响。由于石油及其制品易挥发、易燃，因此油船对于防火和消防设备有特殊的要求。

液化气船（Liquid Gas Tanker）是运输液化石油气或液化天然气的船。运输时将石油气或天然气经低温或高压处理，使之变成液态。专门散装运输液化石油气的船舶称为液化石油气船，简称 LPG 船；专门散装运输液化天然气的船舶称为液化天然气船，简称为 LNG 船。

集装箱船（Container Ship）是 20 世纪 50 年代后期发展起来的一种新型货船，主要用来运输集装箱货物。集装箱船把各种件杂货物装在标准箱内，可以极大地提高装卸货物的效率，提高船舶周转率，减少装卸货物中的货损，并实现多式联运。由于集装箱船独特的优点，集装箱运输发展迅速，集装箱船朝着大型化、高速化、专业化方向发展。

滚装船（Roll-on/Roll-off Ship）的货物装卸是通过船首、尾或两舷的开口以及搭到码头上的跳板，用拖车或叉式装卸车把集装箱或货物连同带轮子的底盘从船舱至码头拖进拖出。滚装船的甲板面积大，层数多，不需要起货设备，装卸速度快，但所占舱容大，货舱利用率低。

拖船（Tug）是专用于拖曳其他船只或浮体的船舶。拖船按用途分为运输拖船、港作拖船和救助拖船等。拖船具有拖曳设备和较大功率的主机，托钩多至于接近船中的位置。拖船船长较短，操纵要求灵活，常采用导管螺旋桨提高推进效率。

2. 工程船舶

工程船舶是利用船上特有的工程机械来完成特定的水上或水下工程任务的船舶。工程船舶种类繁多，设备复杂，专业性强，新技术、新设备应用广泛。

1）挖泥船

挖泥船（Dredger）能挖掘河底的泥土、砂砾，从而疏浚航道、港口，使航道和港口水域维持一定的水深。根据疏浚方式的不同，挖泥船有铲斗式、耙吸式、铰吸式和链斗式几种类型。

2）起重船

起重船（Crane Ship）又称浮吊，用于起吊水上建筑构件，搬运和安装大型机械，在港口码头起卸特大件货物。起重船主钩起吊能力从几十吨到 500t 以上。

3）救助打捞船

救助打捞船（Salvage and Rescue Ship）是对遇难船舶进行施救和打捞沉船的工程船。救助拖船常要求稳定性、耐波性好，航速高，有较强的消防能力。

4）浮船坞

浮船坞（Floating Dock）具有箱型坞底和左右对称的两个箱形坞墙，其上设有起重设备。

通过对坞底水舱进行排灌，调节浮船坞的沉浮。浮船坞可用于拆换底部外板、清除污底、船底涂漆、修理螺旋桨和舵设备等水下工程。

3. 工作船舶

工作船舶不直接参加运输生产，而是为运输生产服务，如航标船、供油船、供水船和消防船等。消防船是在营运船舶、海上油田及水上建筑物发生火灾时进行救助灭火的船舶。

### 1.3.3 按支承力方式分类

船舶在航行过程中，按照其获取支承力方式的不同，可分为如下几种。

1. 排水型船

排水型船（Displacement Ship）指航行时，船体大部分浸于水中，其重量全部依靠水的浮力支承的船舶。绝大部分水面船舶和水下潜艇都属于这一类。

2. 水翼艇和滑行艇

水翼艇（Hydrofoil Craft）和滑行艇（Planing Craft）指高速航行时，其重量主要依靠水动力即作用在水翼上或艇底的升力支承，艇体大部分脱离水面的船舶。

3. 气垫船

气垫船（Hover Craft）指重量由高于大气压的静态气垫支承，船体完全脱离水面而由空气螺旋桨推进的船舶，这种船也可称为空气静力支承船。

4. 冲翼船

冲翼船（Ram-wing Craft）又称表面效应船、地效应船，船体带机翼，其重量靠贴近水面或地面高速航行时所产生的表面效应升力支承，也可称为动态气垫支承。

高速双体小水线面水翼船，在航行时由水中的浮体提供的浮力和水翼上产生的升力共同支承船舶的重量，它既不同于一般的排水型船，也不同于一般的水翼船。

上述各类船舶，除排水型船外，其他船舶都依靠提高航行速度，使得船体局部或全部脱离水面，从而减小水阻力。完全脱离水面的船舶具备了两栖航行的能力。

### 1.3.4 按动力装置分类

1. 内燃机动力装置

（1）柴油机船。在现代船舶中应用最为广泛。

（2）燃气轮机船。单机功率大，体积小，重量轻，启动快，加速性能好。

2. 电力推进船

电力推进船可选用不同的动力装置发电，用电动机带动螺旋桨推进船舶。

3. 核动力装置船

核动力装置船以反应堆代替普通燃料产生蒸汽的汽轮机装置推进船舶，续航力大，主要用于大型军舰和潜艇。

### 1.3.5 按推进器形式分类

现代船舶绝大多数船舶都以各种形式的螺旋桨作为船舶的推进器，还有喷水推进和空气螺旋桨推进。个别船舶还采用了明轮、平旋推进器和风帆助航等其他推进方式。

### 1.3.6 按船体材料分类

在各类船舶中以钢质船舶为主。为了减小船体重量以增加有效负载和航速，有些船舶采用高强度低合金钢。小型船艇和某些特殊用途的船舶有以木材、铝合金、玻璃钢、钢丝网水泥作为建造船体的材料。

以上各类方法中，最重要、最能反映船舶特征的是按照船舶用途进行的分类。

## 1.4 船体基本组成

现代民用船舶的船体由主船体和上层建筑两部分组成。

### 1.4.1 主船体

主船体（Hull）也可称为船舶主体，它通常是指上甲板（或强力甲板）以下的船体，是船体的主要组成部分。由甲板（Deck）和外板（Shell）组成的主船体是内空壳体。壳体内部被水平布置的甲板、沿船宽方向垂直布置的横舱壁（Transverse Bulkhead）和沿船长方向垂直布置的纵舱壁（Longitudinal Bulkhead）分隔成许多舱室。这些横舱壁沿船长方向将船舶主体分成艏尖舱、船舱、机舱和艉尖舱等舱室。艏、艉端的横舱壁也叫艏尖舱舱壁（Forepeak Bulkhead）（或防撞舱壁）和艉尖舱舱壁（Afterpeak Bulkhead）。

外板是构成船体底部（Ship Bottom）、舭部（Bilge）及舷侧（Side）外壳的板，俗称船壳板。

甲板是指在船型深方向把主船体内部空间分隔成层的纵向连续的大型板架。按照甲板在船舶型深方向位置的高低不同，自上而下分别将甲板称为上甲板（Upper Deck）、第二甲板、第三甲板……。上甲板是船体的最高一层露天全通（即沿船长方向从船首至船尾连续的）甲板。强力甲板（也称主甲板）是在船舶总纵弯曲时受到拉力或压力最大的一层甲板，它一般就是上甲板。第二、三……甲板统称为下甲板。

在船舶主体内部沿着船长方向不连续的一段甲板，称为平台甲板，简称为平台。在双层底上面的一层纵向连续甲板称为内底板。

### 1.4.2 上层建筑

上甲板以上的各种围蔽建筑统称为上层建筑（Supersturcture）。上层建筑部分有船楼（Castle）及甲板室（Deck House）。船楼是指两侧伸至船的两舷或距舷边的距离小于船宽的4%的上层建筑。根据船楼所在的位置分为艏楼（Forecastle）、桥楼（Bridge）和艉楼（Poop）。甲板室是指宽度小于该处船宽的96%，其侧壁位于舷内甲板上的围壁建筑物。甲板室根据所在的位置分为中甲板室和艉甲板室。

考虑增加储备浮力和减少艏部甲板上浪，船首一般设置艏楼，极少采用艏甲板室。小型货船的艉部一般设置艉楼，而大型货船由于尺寸较大，艉部通常设置艉甲板室。艏楼只有一层空间，其上的甲板叫艏楼甲板。

艉部上层建筑是船员居住、工作和生活的场所，由若干层甲板分隔而成。这几层甲板习惯用各层甲板的功能和作用来命名。按自下向上的顺序通常有如下几层：最下层是艉楼甲板；居住舱所在的甲板也叫起居甲板（Accommodation Deck）；救生艇所在的甲板叫艇甲板（Boat Deck）或救生甲板；驾驶台所在的甲板叫驾驶甲板（Bridge Deck）；磁罗径所在的甲板称为罗径甲板（Compass Deck），它是船楼中最高的一层，所以也称为顶棚甲板（Ceiling Deck）。

另外，货舱之间设置的甲板室有桅室（或桅屋）（Mast House），它的上面通常布置吊杆式起货设备，称为起货机平台。

## 1.5 船舶通用设备简介

对于船舶工程来说，尽管船体建造占了船舶工程工作量的大部分，但它只提供了一个可以漂浮的壳体，只有装上舾装设备才能保证船舶正常运营和作业。“无舾装设备不成船”，舾装设备对于船舶工程意义重大，是现代船舶不可缺少的重要组成部分。它的性能直接关系船上人员的生存、工作和服务品质，也影响着船舶的运营与使用效能。

船舶舾装设备规格多、品种多、涉及广、用量大，按照功能可分为通用设备和专业设备。通用设备是指各种用途船舶都必须具有的共性、传统的设备；专用设备则为某些船舶特有的专门设备，如渔船的渔捞设备、拖船的拖曳设备、科考船的探测设备等。船舶通用设备名目繁多，这里按其功能进行简单介绍，以利于更好地阅读、理解总布置图表达的内容与含义。

### 1.5.1 航海设备

航海设备（Marine Equipment）是保证船舶运动所必需的设备，其中包括停泊设备、航行设备、信号设备和通信设备。

停泊设备是保持船舶静止状态所需要的设备。船舶在装卸货物，上下人员，等候或空出码头线，避风浪等情况下，应能牢靠而有效地停泊。目前运输船舶采用的停泊方式有两种：一是抛锚停泊，这是用锚设备将船舶系在港内或岸外泊地的水底；二是系缆停泊，这是利用系船设备将船舶直接系结在码头或岸边，也可称为靠岸停泊，即将船舶系在岸边或码头。图 1-1 为锚泊设备的组成，图 1-2 为主要的系泊设备。

航行设备是保证船舶航行安全的重要设备，如舵设备（Rudder）。舵设备结构简单、工作可靠，是目前使用最为广泛的操纵设备。

航行设备中的仪表设备（罗经、计程仪、测深仪、天文航海仪等）、信号设备（号灯、号型、号旗等）以及通信设备（甚高频电话、无线电话、电报等）是船舶用以观察识别、通信联络和导航的设备。它们就如人的耳目，使船舶在航行中，既能识别本船所在的位置、方位和航道情况，又能与外界进行联系。

### 1.5.2 属具设备

属具设备（Accessory Equipment）包括舱面属具设备和舱室属具设备。舱面属具设备包括人孔盖、船用门、船用窗等；舱室属具设备包括船用家具、船用厨房和餐饮设备。

船舶由于人员进出、通风采光等需要，在船体结构、上层建筑、甲板室设有大小不等、形式各异的开口。为了保证船舷的密闭性，确保安全，同时也为了人员的分隔和遮蔽，在这些开口上应设置各种形式的门窗。图 1-3 所示为活动式舷窗，设置在水密区域里的舷窗设有防暴盖。图 1-4 所示为 B 型长圆形突出式人孔盖，座圈厚度为 20mm，常用的规格为 450mm×350mm、500mm×400mm、600mm×400mm 及 600mm×450mm。

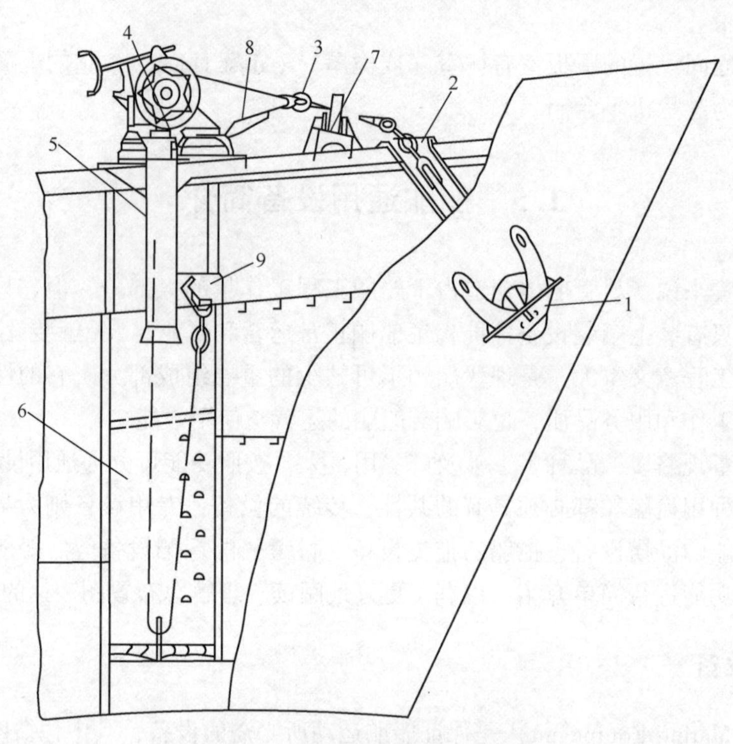


1—首锚；2—锚链筒；3—锚链；4—起锚机；
5—锚链管；6—锚链舱；7—止链器；
8—掣链钩；9—弃链器。

图 1-1 锚泊设备的组成

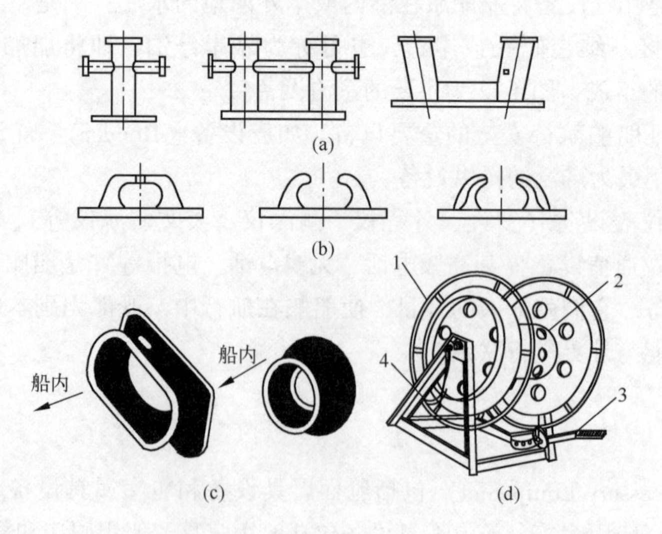


图 1-2 主要的系泊设备

(a) 带缆桩；(b) 导缆钳；(c) 导缆孔；(d) 系缆卷车。

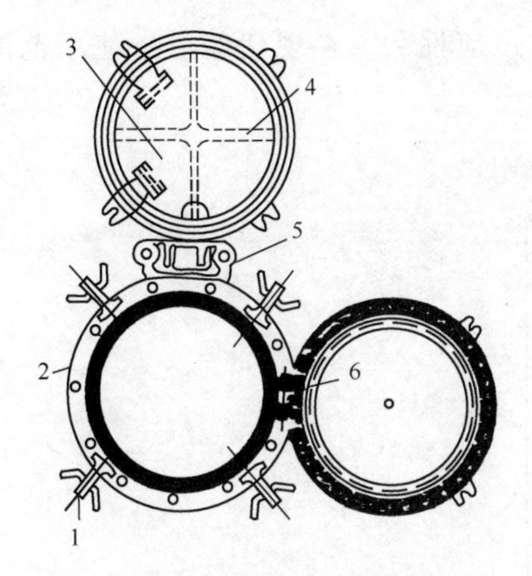


1—窗座；2—窗框；3—钢化玻璃；
4—风暴盖；5—翼型螺母；6—特种螺母。

图 1-3 舷窗

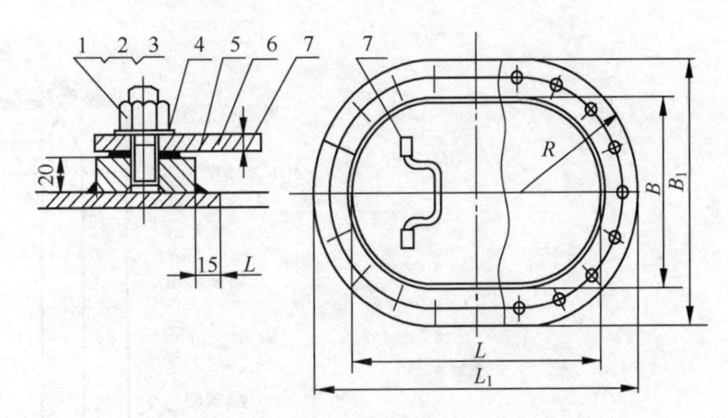


1—螺栓；2—螺母；3—垫圈；4—橡胶垫圈；
5—座圈；6—盖板；7—围板；8—拉手。

图 1-4 B 型人孔盖结构

## 1.5.3 安全设备

海上航行安全问题一直是航运、船舶工程业界所关心的问题。随着科技的进步，船舶的可靠性获得了相当可观的效果。但是，船舶仍不能完全排除严重的海损事故，如船沉人亡。为了保障生命和财产的安全，船舶上应配备安全设备（消防设备、救生设备以及护舷设备）。

人们经过长期以来的实践和调查研究，认为海难救生工作应包括准备、登乘、生存、信号与通信、搜寻、营救六个方面，每一项工作都有能满足海难救生要求的设备，每一组设备又应有一定的技术要求，从而组成完整的救生系统。根据相关规定要求，不同航区、不同船型、不同吨位的船舶应配备不同等级的救生设备，包括救生艇、救生筏、浮具、个人救生工具等。

船舶上的建筑、设备以及人员的布置集中，在船上发生火灾，尤其是在茫茫大海中，更是巨大的灾难。因此，船舶的消防设备与系统是每艘船舶必须设置的，包括灭火设备、烟火探知系统、水灭火系统、$CO_2$灭火系统等。

## 1.5.4 起货设备

起货设备是运输货船特有的设备，包括舱口关闭设备（舱口盖、舱口盖密封、压紧与提升装置）、货物系固设备（固定式系固设备、便携式系固设备）、起卸货设备（吊杆、起重柱、起重桅、起重机）以及滚装设备（斗门、跳板、提升平台）。

货船或客货船设有货舱口，需在货舱口上设置舱口关闭设备，以保护货物不受风雨、海浪的侵袭，或将上下舱间的货物作必要的分隔。图 1-5 为散货船和集装箱船上常用的折叠式舱口盖。折叠式舱口盖通常由两块盖板组成，称单对折叠式。盖板之间用铰链连接，近舱口端部两侧设置滚轮。开启过程中，主动盖板绕端铰链轴旋转，并将从动盖板的滚轮拉上轨道，直到两块盖板相互折叠在一起，收藏于舱口端部之外、舱口围板的面板上方。

折叠式盖板强度好、不易损坏，适宜装载各种甲板货；横接缝无须设压紧，滚轮无须设顶升装置，启闭操作简单可靠；收藏长度及高度适应性大，在现代船舶中使用范围很广。

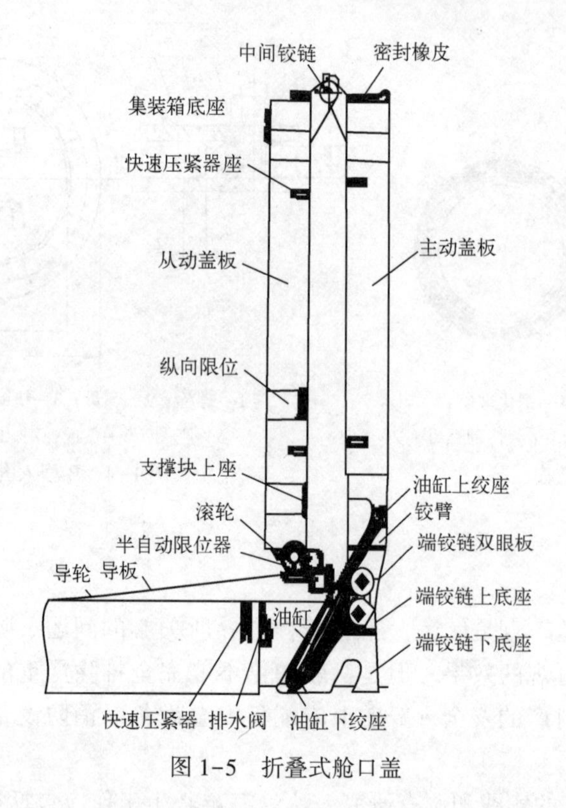


图 1-5　折叠式舱口盖

## 1.6　关于本课程学习方法的建议

学习本课程，可以在每一章的学习方法指导下，通过参观、多媒体演示、绘图和读图练习、考试考查等教学环节进行。

1. 阅读教材

教材是学生学习的主要依据，学生阅读教材，应针对本课程的特点，了解各章节的目的和内容，以图为主，围绕教材例图，弄清基本概念和基本作图方法，抓住重点内容，努力攻克难点。

2. 练习

每章之后附有一定量的练习题。通过练习，学生可以理解基本理论，掌握绘图方法，了解船体结构特点及工艺特点，并掌握一定的绘图技巧。具体练习可以根据不同专业教学大纲的要求和学时规定进行选择。

练习方法可以手工、计算机绘图并举，灵活处理，但必须完成部分重点章节的手工图，或进行部分徒手绘图训练。

3. 实践课

船体制图的对象复杂，几何形态多样，涉及工程、工艺问题很多，包含各种天然和人工材料，需要加强直观感性认识，以保证图形、空间想象和船舶实物之间有很好的过渡和联系。

因此，针对具体章节的学习，可以分阶段进行参观、实践、现场教学等多种形式。在学时受限的情况下，可以利用多媒体形式进行。

4. 考核

考核是保证教学质量的重要环节，目的是检验学生的学习情况，帮助学生更好地理解和巩固所学知识，同时督促学生进行系统的复习和总结。

## 【学习完成情况测试】

### 【任务导入】

理解船体图样是一门工程语言，本课程学习对于后续专业的学习有重要的影响；了解船体图样的分类以及现有主流船舶设计软件；掌握常用船舶的用途和总体特点；了解船舶的主要组成部分；识别通用的船舶舾装设备。

### 【任务实施】

**一、基本概念题（每空1分，共20分）**

1. 船体图样有________、________、________、________。

2. 现有主流船舶应用软件有________、________、________。

3. 船舶有多种分类方法，例如，按照________分类、________分类、________分类、________分类、推进器型式分类。

4. 停泊设备是保持船舶________状态所需设备，目前运输船舶采用的停泊方式有两种：一是________停泊；二是________停泊。

5. 船舶主体是指________甲板以下的船体，由甲板和________组成的主船体是内空壳体，内部被水平布置的甲板、沿船宽方向垂直布置的________舱壁和沿船长方向垂直布置的________舱壁分隔成许多舱室。

6. 航行设备中的仪表设备、________设备以及________设备是船舶用以观察识别、通信联络和导航的设备。

**二、简述题**

1. 描述下列各船的用途与总体特点（每种类型8分，共40分）。

| 船舶类型 | 用　途 | 总体特点 |
| --- | --- | --- |
| 集装箱船 | | |
| 散货船 | | |
| 油船 | | |
| 拖船 | | |
| 客船 | | |

2. 绘制船舶组成的示意草图，并简述船舶主要有哪些组成部分（20分）。

3. 简述船舶通用舾装设备有哪些（20分）。

【测评结果】

| 测试内容 | 分　值 | 实际得分 |
|---|---|---|
| 基本概念的掌握<br>（一、基本概念） | 20 | |
| 船舶类型与总体特点认知<br>（二、简述题第1题） | 40 | |
| 船舶主要组成<br>（二、简述题第2题） | 20 | |
| 船舶通用舾装设备认知<br>（二、简述题第3题） | 20 | |
| 总分 | 100 | |

# 第2章　船体图样的有关规定

【学习任务描述】

船舶是一种特殊的工业产品，与人类生命财产密切相关。船体图样作为船舶设计和生产中的主要技术文件，在船舶整个生命周期的每个阶段都受到海事部门和船舶检验机构的法定检验，并且在不同的阶段对船体图样有不同的要求。同时，各国船舶主管部门为了严格把握船舶安全性，统一各国乃至国际航行船舶的管理标准；并且为了便于设计、生产和进行技术交流，颁布了一系列相关的技术标准。在中国，船舶工业的标准及指导文件由国家标准总局（GB、GB/T）、船舶标准化委员会（CB＊、CB＊/Z）、中国船舶工业总公司（CB、CB/Z）、中华人民共和国交通部（JT、JT/T）颁布。这些标准的适用范围不同，但作为船舶工业的技术法规，每个从事造船工业的人员都必须严格遵守，认真执行。

【学习任务】

学习任务1：初步了解船舶设计的分类及其与船体图样的关系。
学习任务2：了解《金属船体制图》的最基本内容。
学习任务3：熟悉船体图样的基本符号与名称。
学习任务4：学习船体制图的基本表达方法。
学习任务5：了解船体图样的图线及表达方法。
学习任务6：了解《金属船体构件理论线》的基本内容。

【学习目标】

**知识目标**

(1) 了解船舶不同设计阶段相应的船体图样要求。
(2) 熟悉图纸幅面、图样比例、标注尺寸的方法、标题栏、图样编号方法。
(3) 掌握船体图样中各种图线、符号组成及其含义。
(4) 掌握金属船体构件理论线的确定原则。

**能力目标**

(1) 能够根据图线类型确定其在图中表达的含义并能正确使用图线。
(2) 能够根据金属船体构件理论线的确定原则，正确确定船体构件理论线的位置。

**素质目标**

(1) 培养学生良好的职业道德，树立工程质量意识和责任意识。
(2) 培养学生严谨、踏实、一丝不苟的工作态度。
(3) 培养学生分析问题、解决实际问题的能力。

【学习方法】

通读本章，检索相关船舶图样标准，加强识读图线和金属船体构件理论线的相应练习。

## 2.1 船体图样的相关标准及送审图纸

“没有规矩，不成方圆。”船体图样作为船舶设计、建造的主要技术文件，除了要遵循工程图学的一般规定，如投影理论、图示方法、图样体系外，还必须执行各种标准、法规，以便于管理、交流和存档。

船舶标准代号的组成：

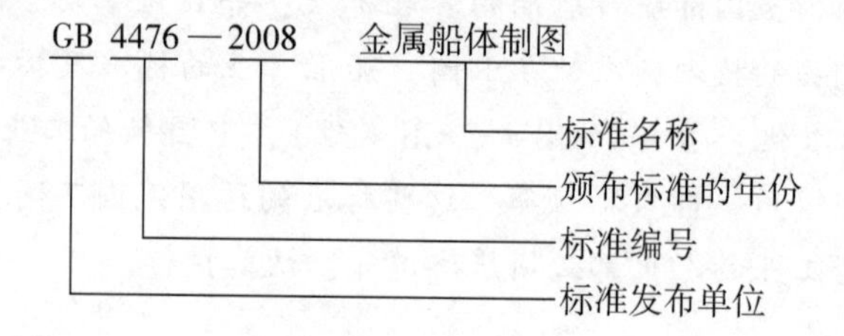


与金属船体图样直接相关的标准见表 2-1。

表 2-1 船体图样标准

| 标准代号 | 标准名称 | 发布单位 |
|---|---|---|
| GB 4476—2008 | 金属船体制图 | 国家标准局 |
| GB/T 3894—2008 | 造船 船舶布置图中元件表示法 | 国家标准局 |
| CB/T 860—1995 | 船舶焊接符号 | 中国船舶工业总公司 |
| CB/T 253—1999 | 金属船体构件理论线 | 中国船舶工业总公司 |
| CB/T 14—2011 | 船舶产品专用图样和技术文件编号 | 船舶标准化委员会 |
| CB* 3182—1983 | 船体结构相贯切口与补板 | 船舶标准化委员会 |
| CB/T 3183—2013 | 船体结构型材端部形状 | 船舶标准化委员会 |
| CB/T 3184—2008 | 船体结构流水孔、透气孔、通焊孔和密性焊段孔 | 船舶标准化委员会 |
| JT/T 293—1995 | 定义船体线型的几何信息 | 交通部 |
| CB/T 3990—2007 | 船舶工程 CAD 制图规则 | 中国船舶工业总公司 |

其中：

GB 4476—2008 包含：

GB 4476.1—2008 金属船体制图 一般规定

GB 4476.2—2008 金属船体制图 图形符号

GB 4476.3—2008 金属船体制图 图样画法及编号

GB 4476.4—2008 金属船体制图 尺寸标注

《金属船体制图》对船体制图相关内容作了统一的规定。主要包含：图纸幅面和图样比例；文字书写方法；图样及文件的标题栏和明细栏的格式与内容；船体图样中图线的规定及应用范围；船体图样中的尺寸标注原则和方法。另外，《金属船体制图》对船体图样中常用的图形符号也作了相应的规定。

熟悉标准所规定的有关内容，熟练地查阅标准，是船舶工程师的基本功，也是绘制船体图样的基础。

### 2.1.1 船舶设计与图纸

因为船舶在特定的环境下工作，所以船舶的性能不仅影响它的使用功能和经济效益，更重要的是直接影响人员的生命安全。因此，船体图样作为船舶设计和生产的主要技术文件，从设计绘制开始，直至船舶报废的全生命过程，都受到海事部门和船舶检验机构的法定检验。并且在不同的阶段，对船体图样有不同的要求。

**一、船舶方案设计（合同设计）与图纸**

船舶方案设计（合同设计）（Ship Schematic Design（Contract Design））是船舶设计的意向性设计阶段。这一阶段的图样为方案设计图，是合同双方为搭成共同的实施目的进行相互交流和沟通的基本文件之一。方案图根据船东的要求不同而详略不同。总布置图是这一阶段必不可少的图样。

**二、船舶技术设计（送审设计）与送审图纸**

船舶技术设计（Ship Technical Design（Ship Design for Approval））是船舶设计的主要阶段，是船舶设计工作的核心和关键技术实施的重要阶段，对船舶建造工作的开展乃至船舶设计的成败影响重大。所以这一阶段的设计图，必须提交船检部门审核、检验。以1000t沿海货船为例，按照《船舶与海上设施法定检验规则》的要求，在其技术设计完成后，开工建造之前，需送交相关审图部门的船体主要图纸有：

（1）总布置图（General Arrangement Plan）。

（2）中横剖面图（Midship Section Plan）。

（3）基本结构图（Basic Construction Plan）。

（4）船首结构图（包括艏柱结构）（Stem Construction（Incluing Stempost）Plan）。

（5）船尾结构图（包括艉柱结构图）（Stern Construction（Incluing Sternpost）Plan）。

（6）外板展开图（Shell Expansion Plan）。

（7）油密和水密舱壁图（Oiltight and Watertight Bulkhead Plan）。

（8）机舱结构图（Engine Room Construction Plan）。

（9）主机座和推力轴承座结构图（Main Engine Foundation and Thrust Bearing Foundation Construction Plan）。

（10）货舱口结构图（Cargo Hatch Construction Plan）。

（11）金属舱盖结构图（和强度计算书）（Metal Hatch Cover Construction（& Strength Calculation Sheet））。

（12）甲板室和上层建筑结构图（Deckhouse and Superstructure Construction Plan）。

（13）通风筒、空气管和排水口布置及结构图（Ventilator，Air pipe，Drainage arrangement and Construction Plan）。

（14）锚及系泊设备布置图（及其强度计算书）（Anchor and Mooring Equipment Arrangement（& Strength Calculation Sheet））。

（15）舵叶、舵杆、舵柄结构图（及其强度计算书）（Rudder-blade，Rudder-stock，Rudder-tiller Construction Plan（& Strength Calculation Sheet）。

（16）桅杆结构图（Mast Construction Plan）。

（17）螺旋桨图（及其强度计算书）（Propeller Plan（& Strength Calculation Sheet））。

（18）防腐蚀控制设计图（Anticorrosion Control Design Plan）。

（19）供备查的图纸（Plans for Future Reference）。包括：

① 型线图（Lines Plan）；

② 静水力曲线图（Hydrostatic Curves Plan）；

③ 舱容图（Capacity Plan）。

**三、施工设计（详细设计）图纸**

施工设计（详细设计）（Construction Design（Detail design））是将前一阶段的图样，根据具体建造加工的要求，进一步地补充和细化。例如，按照船厂的加工能力和生产习惯进行分段划分和工艺设计的相关图样。

**四、竣工设计图**

在船舶建造完工后，因为设备的更变、材料的替代和工艺施工过程中的调整，对原设计图样必然会有一些改动。因此，船检部门要求提交依据改动后建造的实船所绘制的设计图样。根据竣工设计完成的图样即竣工设计（As Built Design）图。

### 2.1.2 图纸幅面与图样比例

**一、图纸幅面**

1. 基本幅面

图幅采用五种基本幅面，见表 2-2。其中，$A_0$ 幅面的面积为 $1m^2$，各图幅的长宽比 $B:L=2^{1/2}$。

表 2-2 基本幅面

| 幅面代号 | $A_0$ | $A_1$ | $A_2$ | $A_3$ | $A_4$ |
|---|---|---|---|---|---|
| $B×L$/mm×mm | 1189×841 | 841×594 | 594×420 | 420×297 | 210×297 |
| 图纸面积/$mm^2$ | 1 | 0.5 | 0.25 | 0.12 | 0.06 |
| $c$/mm | 10 | | | 5 | |
| $a$/mm | 25 | | | | |

2. 幅面的延申

绘图时，优先选用表中的基本幅面，$A_0$ 至 $A_3$ 幅面优先采用横置。如果需要延伸幅面，其方法是按所选基本幅面短边尺寸整数倍沿短边延伸，如图 2-1 所示。延伸后的图幅宽度不得超过 $A_0$ 幅面。

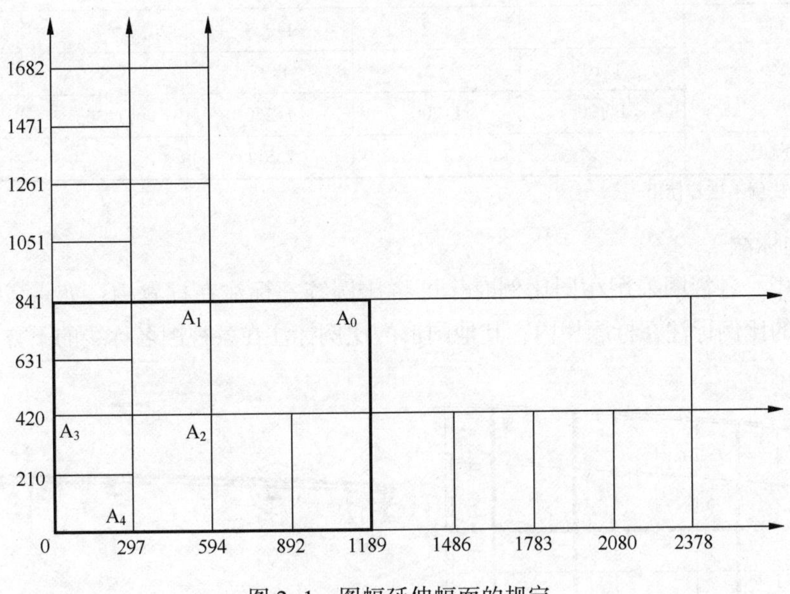


图 2-1　图幅延伸幅面的规定

3. 图纸边框格式

图纸边框格式见图 2-2。内边框用粗实线绘制，图中 *a*、*c* 的尺寸见表 2-1。

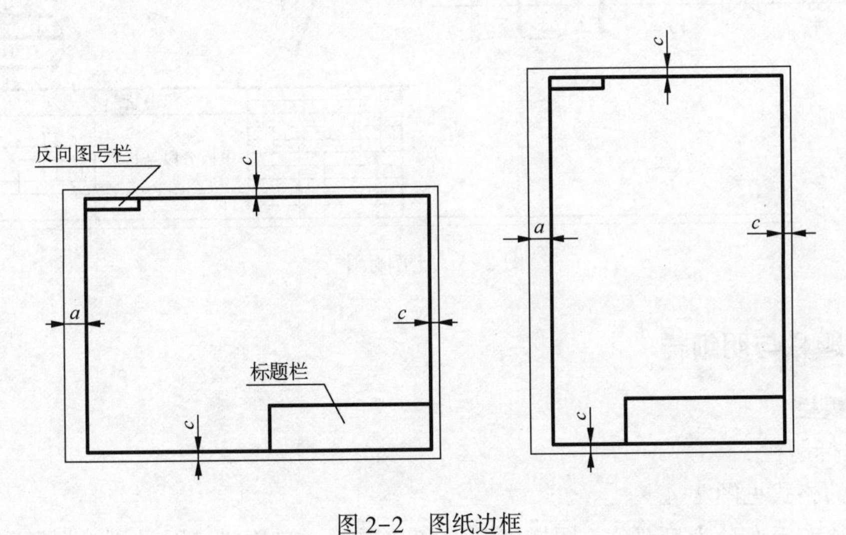


图 2-2　图纸边框

## 二、图样比例

1. 船体图样比例

船体图样使用的比例，见表 2-3。

表 2-3　船体图样的比例

| 比例种类 | 采用的比例 | | | | |
|---|---|---|---|---|---|
| 与实体相同 | 1:1 | | | | |
| 缩小的比例 | | 1:2 | 1:2.5 | | 1:5 |
| | 1:10 | 1:20 | 1:25 | | 1:50 |
| | 1:100 | 1:200 | 1:250 | (1:30) | (1:40) |
| 放大的比例 | | 2:1 | 2.5:1 | | |

注：括号中的比例不推荐使用。

2. 比例的标注

一幅图样中，各视图采用相同比例时，可将比例统一标注在标题内；如果各图比例不同，则将主要视图的比例标注在标题栏内，其他图形的比例标注在各视图名称线的下方，见图 2-3。

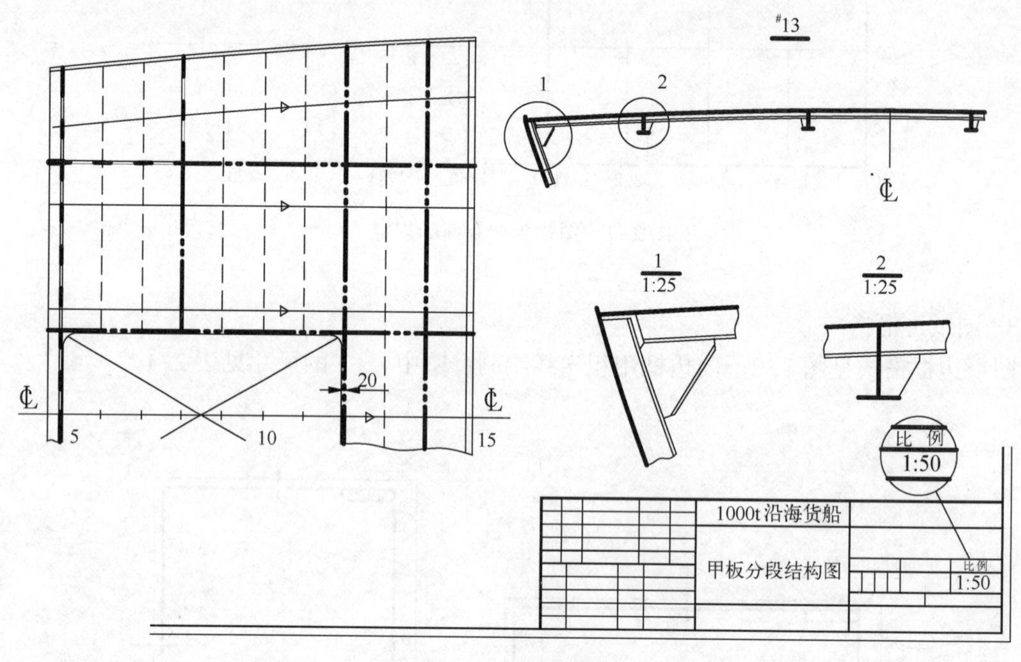


图 2-3　比例标注

## 2.1.3　标题栏与明细样

### 一、标题栏

1. 图样标题栏

标题栏的格式见图 2-4。

标题栏从左至右分为三部分：图样修改栏和签署栏；名称栏；图号栏。标题栏填写方式如下：

（1）标题栏左上部分为图样修改栏，对图样进行更改时，记录修改情况。

① 标记：填写修改标记。标记为三角或圆圈，内填修改顺序号，如△1△2……，或△a△b……，见图 2-5。

② 数量：在同一顺序号下，图样修改部位的数量。

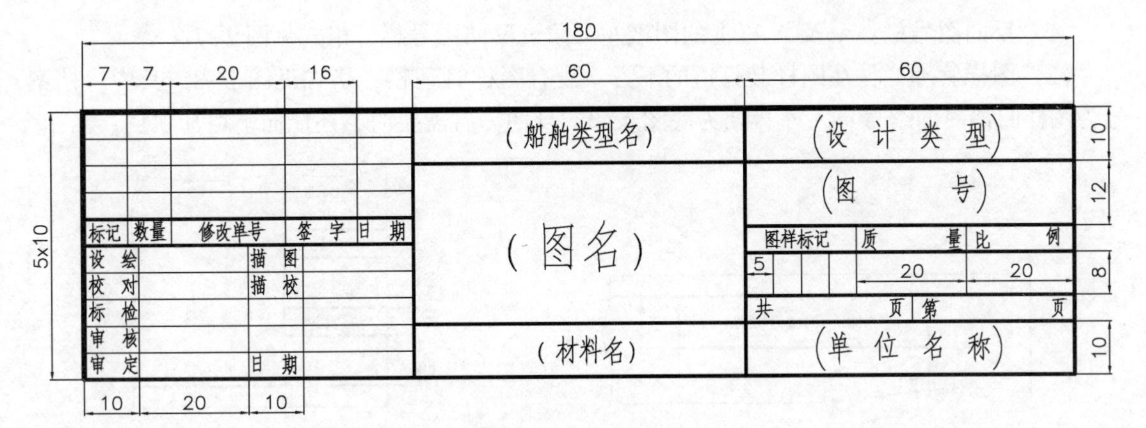


图 2-4　图样标题栏

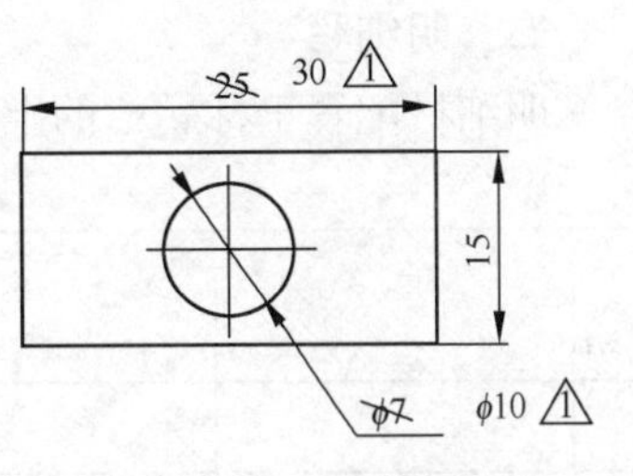


图 2-5　同一△标记两处

③ 修改单号：修改所依据的修改通知单号。

④ 签字为负责修改图的人员签字，日期分别为修改日期。

（2）标题栏左下部分为设计签署栏，依次为设计图各部门负责人员的签字及日期。

（3）标题栏中部为名称栏。从上至下依次为产品（船舶类型）名称（如 1000t 沿海货船）、图样名称（如总布置图）、材料名称（多用于零件图）。

（4）标题栏右边为图号等栏目。

① 设计类型：指本图的设计属性，如“方案设计”“技术设计”“生产设计”等。

② 图号：图样编号，如“WUT554-100-001”。

③ 图样标记：产品生产性质，如试制、定型、批量、小批等。

④ 质量：产品的净质量。

⑤ 比例：绘制该图或该图中主要视图的比例。

⑥ 设计单位：设计或生产单位名称。

2. 技术文件标题栏

文件标题栏格式见图 2-6。必要时可用图样标题栏替代文件标题栏。

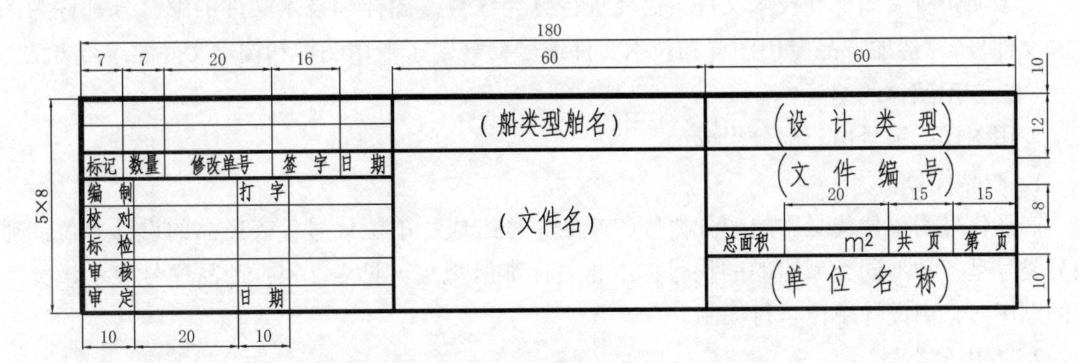


图 2-6　文件标题栏

3. 反向图号栏和图样管理栏

为了便于管理图样，图样中设有反向图号栏和图样管理栏。

（1）反向图号栏：$A_3$及$A_3$以上的图纸左上角设反向图号栏，格式见图2-7。

（2）图样管理栏：在图样装订边的下方，设有图样管理栏，格式见图2-8。其中，档案号为图样归档时的编号；入库日期为底图入库的日期。有需要时，还能向上增加项目。

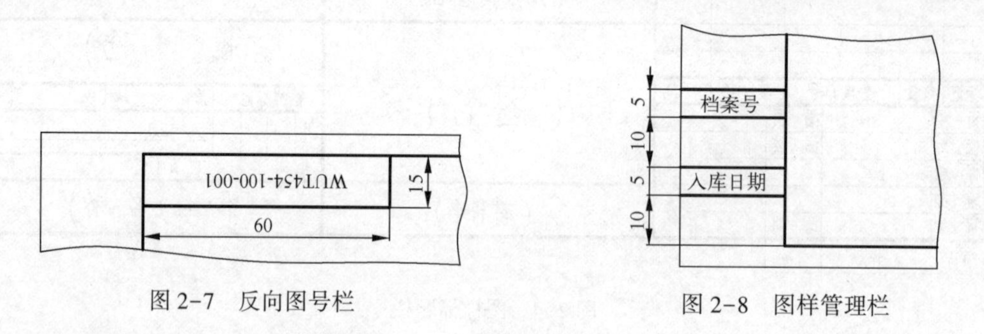


图2-7 反向图号栏　　图2-8 图样管理栏

## 二、明细栏

明细栏配置于标题栏的上方，其格式如图2-9所示。

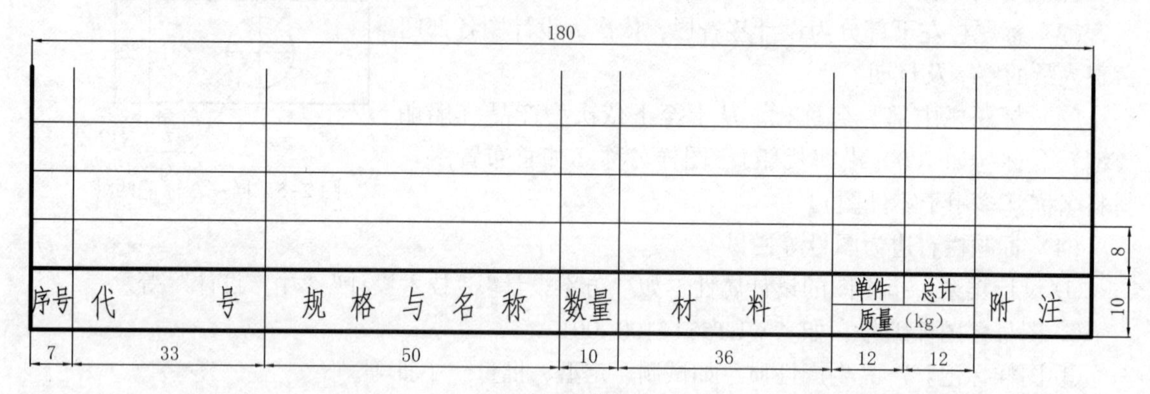


图2-9 明细栏

明细栏序号自下而上顺序填写。代号栏中填写设备或零部件的图号或标准号。

## 2.1.4 图样和技术文件编号

为了便于查阅图样和技术文件，需要进行分类编号。图样和技术文件的编号分别称为图号和文件号。《船舶产品专用图样和技术文件编号》规定了专用图样和技术文件的编号方法。

### 一、专用图样的编号

专用图样的编号由三部分组成：

1. 产品代号

产品代号由单位代号、船舶分类号和产品序号组成。单位代号代表产品的设计单位；船舶分类号是各种不同类型船舶的代号，由相关标准所规定，见表2-4；产品序号表示该类产品的顺序号，由设计单位自行编制。

2. 专用分类号

专用图样和技术文件分类号的规定见附录八。

3. 分类中的图样序号

图样序号表示每一分类中图样的顺序。按不表示隶属关系或表示隶属关系两种形式选取。

如 WUT 454—100—001，表示第一号总图，没有隶属关系；WUT 454—231—01—02 表示图样（舵叶结构图）序号后，再加一隶属关系（舵叶中的承座）序号。

上面三部分以短横线隔开，形式如下：

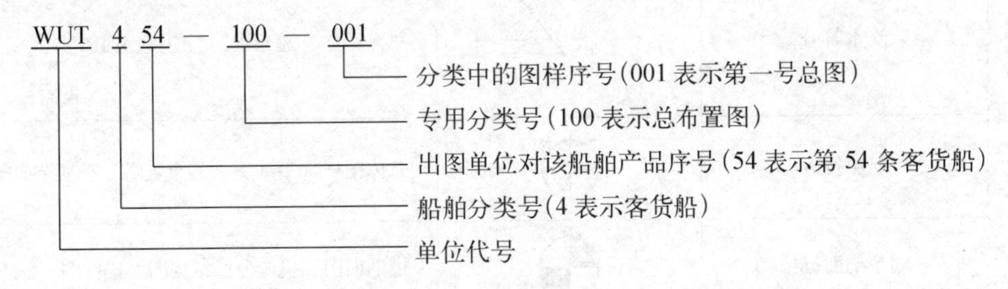


表 2-4　船舶分类号

| 分类号 | 船舶类别 | 分类号 | 船舶类别 |
|---|---|---|---|
| 1 | 战斗舰艇 | 6 | 拖船、港务船、渡轮 |
| 2 | 辅助舰船 | 7 | 驳船、趸船、舟桥 |
| 3 | 海洋开发用船 | 8 | 渔业船、农用船 |
| 4 | 客船、客货船、货船 | 9 | 工程船、科研船 |
| 5 | 油船、液货船 | 10 | 其他 |

**二、技术文件编号及尾注字母的规定**

技术文件的编号方法与图样编号方法相同。例如 WUT 454—108—2 表示订货明细表。有时在其后加注尾注字母，说明是何种类型的文件。尾注字母按表 2-5 加注。

表 2-5　尾注字母说明

| 文件种类 | 尾注字母 | 字母含义 | 文件种类 | 尾注字母 | 字母含义 |
|---|---|---|---|---|---|
| 明细表 | MX | 明细 | 证明书 | ZM | 证明 |
| 图样（文件）目录 | TM | 图目 | 说明书 | SM | 说明 |
| 总结 | ZJ | 总结 | 计算书 | JS | 计算 |
| 汇总表 | HZ | 汇总 | 鉴定书 | JD | 鉴定 |
| 技术条件 | JT | 技术 | 其他文件 | QT | 其他 |
| 试验文件 | SY | 试验 | | | |

**三、书写方法**

图样和技术文件中书写的汉字、数字、字母等都应字体端正、笔划清楚、排列整齐、间隔均匀。字体采用长仿宋体。字号即字体高度，一般根据幅面、书写位置采用 10mm、7mm、5mm、3.5mm、3mm、2.5mm、1.8mm 七种。用作指数、脚注的数字或字母，一般采用小一号字体。表示非物理的数字用汉字表示，大于九的数用阿拉伯数字表示。

当图样中的尺寸以毫米为单位时，不需标注其计量单位的符号。

## 2.1.5　船体图样中的图形符号

GB 4476.2—2008 标准中对船体图样中的特殊图形符号作了规定，见表 2-6。

表 2-6　金属船体制图图形符号

| 序　号 | 名　称 | | 符　号 | 应用范围 |
|---|---|---|---|---|
| 1 | 吃水符号 | | 船体轮廓线 | 总体图样（总布置图、中横剖面图） |
| 2 | 船舯符号 | | | 总体图样（型线图、总布置图、基本结构图） |
| 3 | 轴系剖面符号 | | | 横剖面图、机舱分段结构图、机座图 |
| 4 | 焊缝符号 | 一般焊缝 | | 横剖面图、分段结构图 |
| | | 分段焊缝 | | 外板展开图、分段结构图 |
| | | | | 中横剖面图、分段划分图 |
| 5 | 连续符号 | | | 各种结构图、节点图 |
| 6 | 间断符号 | | | 各种结构图、节点图 |
| 7 | 肋位符号 | | FR或 #n | 横剖面图、分段结构图 |
| 8 | 小开口剖面符号 | | | 各种结构图 |
| 9 | 剖切符号 | | | 各种剖面图、节点图 |
| 10 | 理论线符号 | | | 理论线图、分段施工图 |

## 2.1.6　尺寸注法

《金属船体制图》（GB/T 4476.4—2008）对尺寸标注的方法做了规定，本节摘要介绍。

**一、尺寸标注的一般原则**

（1）船体结构的定位尺寸应标注构件理论线离开基准线（基线、船体中线、尾垂线）的距离。当不符合《金属船体构件理论线》标准时，用符号“”表示该构件的理论线位置，见图 2-10。

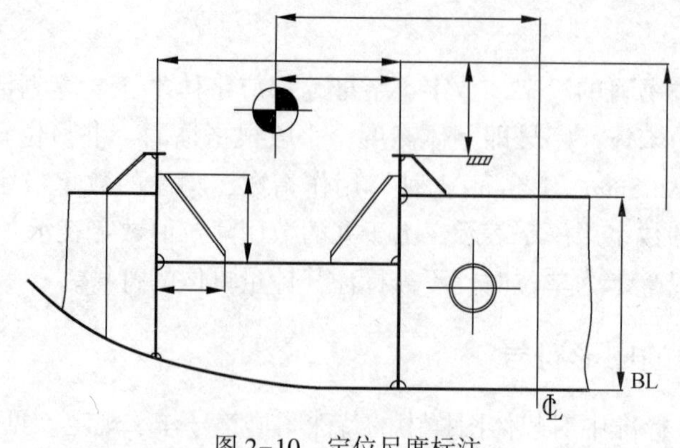


图 2-10　定位尺度标注

（2）同一结构的尺寸，只标注一次。规格和尺寸相同的构件可只标注一个。尺寸应标注在表示构件最清晰的图形上。

**二、尺寸标注的一般规定**

定位尺寸通常采用高度方向是距基线、水线；宽度方向是距船体中线、船舷；船长方向是距船中、站线、肋骨线进行标注。

待定尺寸均用符号“～”加尺寸数字标注。

1. 尺寸线

（1）尺寸线用细实线绘制，其两端用实心箭头指到尺寸界线，见图 2-10。

（2）尺寸线必须与标注的线段平行。尺寸线不能用其他图线代替，一般也不得与其他图线重合或画在其延长线上（轮廓线、轴线、中心线及尺寸界线，不允许用作尺寸线）。

（3）尺寸线之间的间距不得小于 4mm。

（4）标注圆的直径和圆弧半径的尺寸时，尺寸线按图 2-11 绘制。当圆弧的半径过大或在图纸范围内无法标出其圆心位置时，按图 2-12 的形式标注。

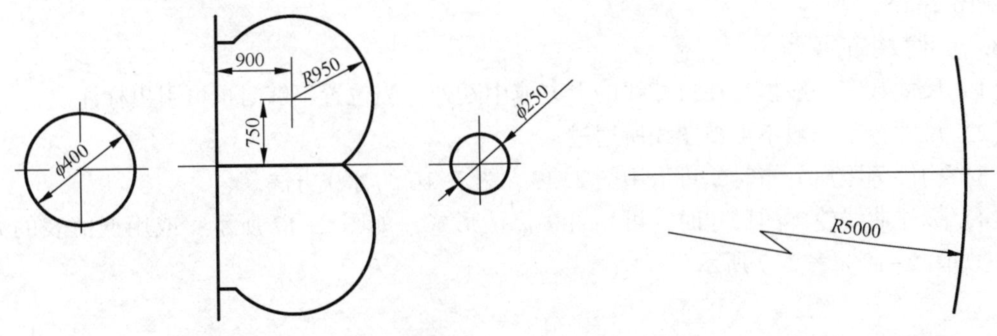


图 2-11　圆的直径、半径标注　　图 2-12　较大圆弧半径标注

（5）标注弧线线段的尺寸时，尺寸线应与所要标注的弧线平行，如图 2-13 所示。

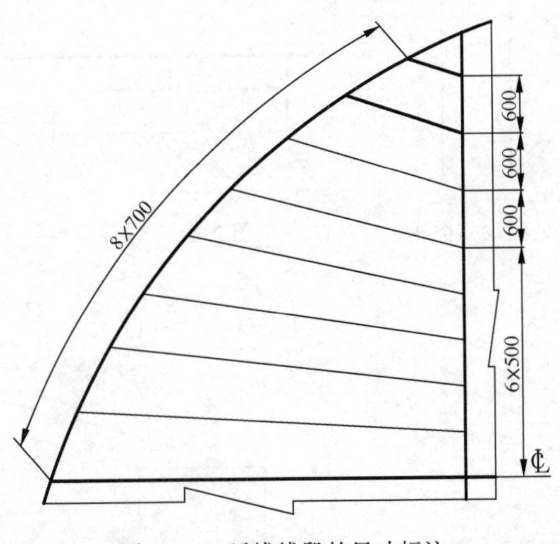


图 2-13　弧线线段的尺寸标注

（6）当没有足够的位置画箭头或写数字时，允许使用圆点代替箭头。

2. 尺寸界线

（1）尺寸界线用细实线绘制，并应自构件的理论线、站线、肋骨线、轴线、中心线、基线等处引出，也可用这些线和曲线轮廓线等作尺寸界线用。

（2）尺寸界线一般应与尺寸线垂直，必要时允许倾斜。

（3）尺寸线较长时，基准线的尺寸界线可省略，见图 2-14。

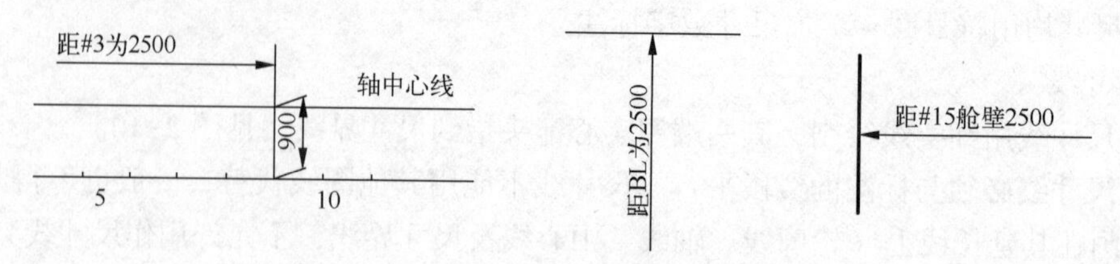


图 2-14　基准线的尺寸界线省略标注

（4）在光滑过渡处标注尺寸时，必须用细实线将理论线延伸，从它们交点处引出尺寸界线，见图 2-15。

3. 尺寸数字的填写

（1）尺寸数字一般填写在尺寸线的上方或中断处，当位置不够时也可引出标注。

（2）尺寸数字一般不可被图线所通过。

（3）构件等距离分布时，可采用图 2-13、图 2-16 的标注方法。

（4）标注曲线轮廓的尺寸时，可用直接标注形式，如图 2-17 所示；或用型值表的方法表示，如图 2-18、表 2-7 所示。

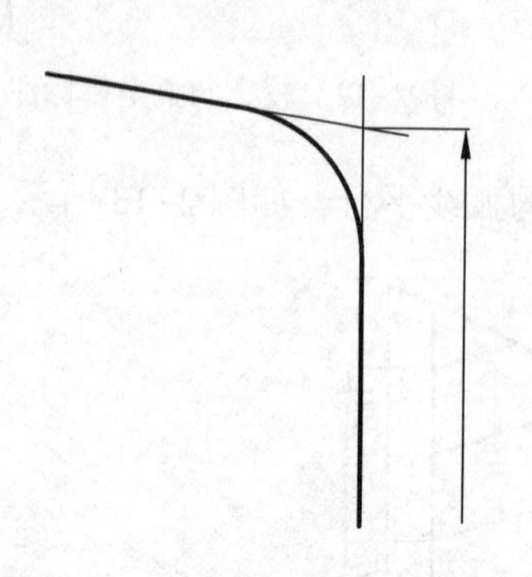

图 2-15　光滑过渡处的尺寸标注

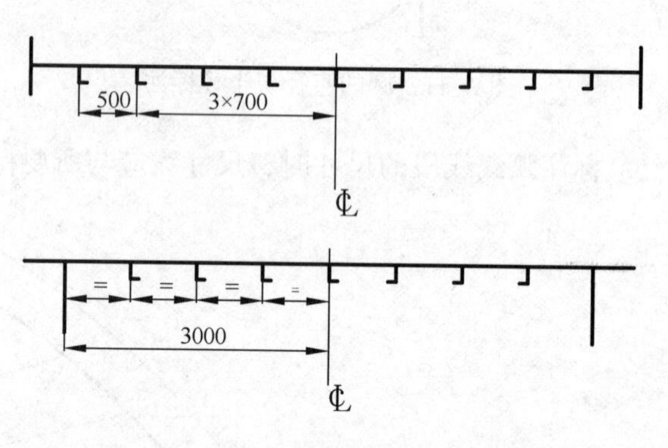


图 2-16　构件等距离分布的尺寸标注

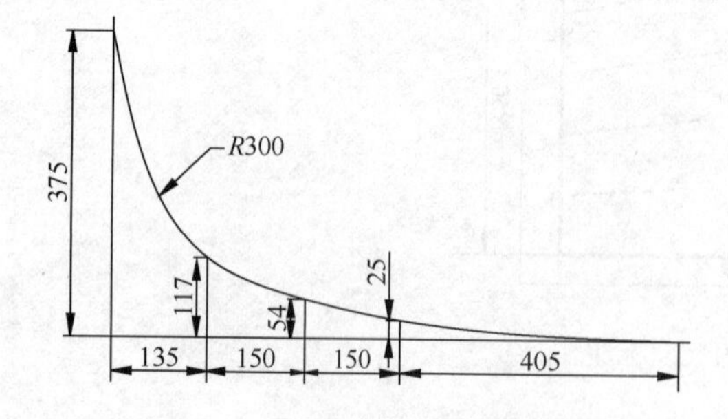


图 2-17　曲线轮廓线直接标注方法

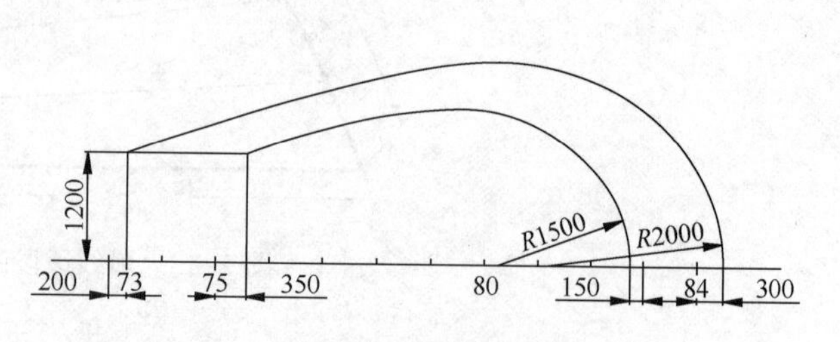


图 2-18　曲线轮廓线型值表标注方法

表 2-7　烟囱型值（半宽）

| 肋　位 | 74 | 75 | 76 | 77 | 78 | 79 | 80 | 81 | 82 | 83 | 84 |
|---|---|---|---|---|---|---|---|---|---|---|---|
| 顶　线 | | | 1310 | 1475 | 1610 | 1685 | 1587 | 1515 | 1072 | | |
| 底　线 | 1332 | 1530 | 1722 | 1890 | 2045 | 2170 | 2235 | 2200 | 2032 | 1710 | 1040 |

（5）烟囱和甲板室前端壁倾斜度的标注，应采用直角坐标法，不宜用角度标注。

（6）图样中，矩形开口尺寸的标注为短边×长边，用“$R$”表示开口四角的半径。窗的开口高度为开口中心到围壁下甲板上缘的垂直距离，“$h$”指门的开口下缘距甲板上缘的最低高度，相同的开口尺寸可只标注一个，见图 2-19。

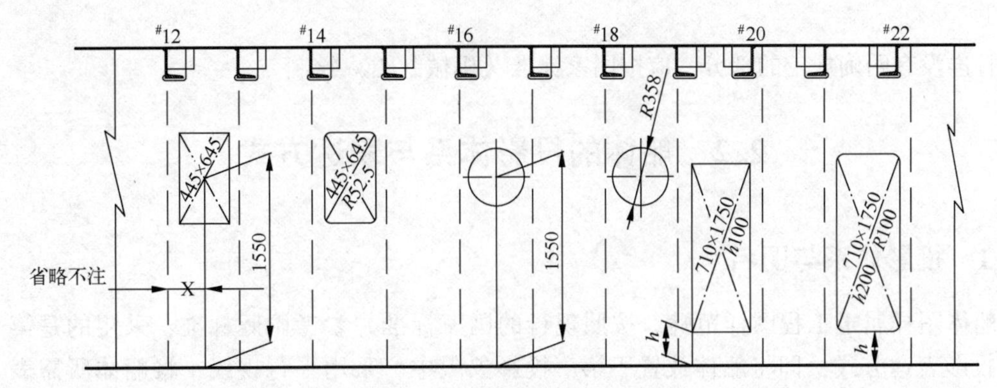


图 2-19　相同的开口尺寸标注方法

人孔（必须用文字注明）、减轻孔等的开孔尺寸的标注方法见图 2-20。

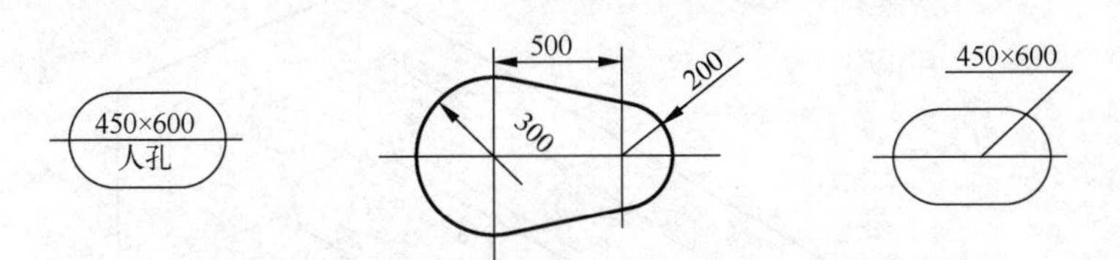


图 2-20　人孔、减轻孔的开孔尺寸标注

（7）流水孔、通焊孔、透气孔等的开口尺寸标注方法见图 2-21。

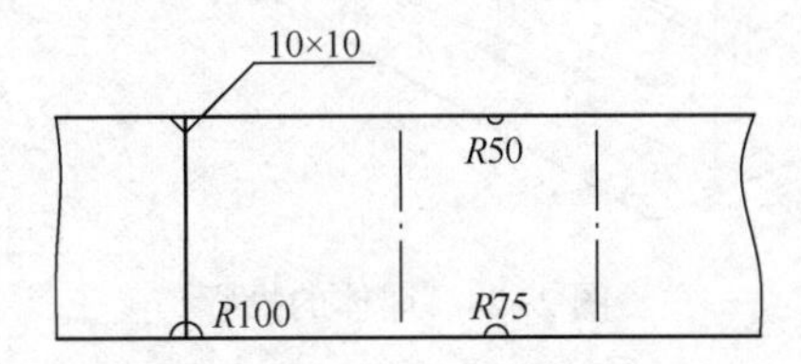


图 2-21　流水孔、通焊孔、透气孔的开口尺寸标注

4. 肋位号的编写

肋位号由船尾向船首顺序编号。全船性图样每五挡标注一个肋位号。当肋距不同时，应分别标注不同区域的肋距，见图 2-22。在船体分段结构图中，肋位按偶数标注；当不满 4 个肋位时，应逐一标注，见图 2-23。不在船体中线和基线的肋位号，应用“#”标出。

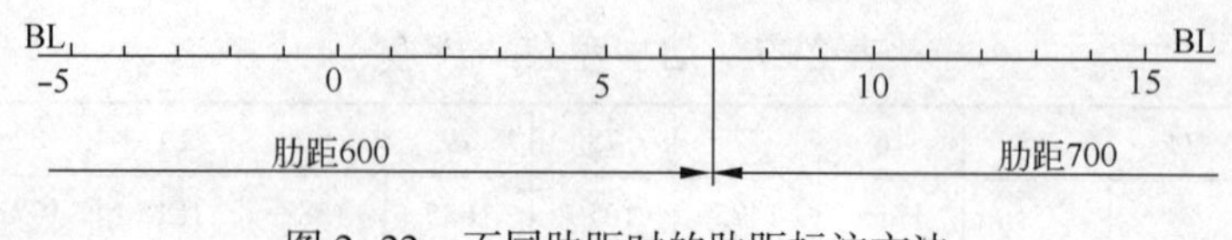


图 2-22 不同肋距时的肋距标注方法

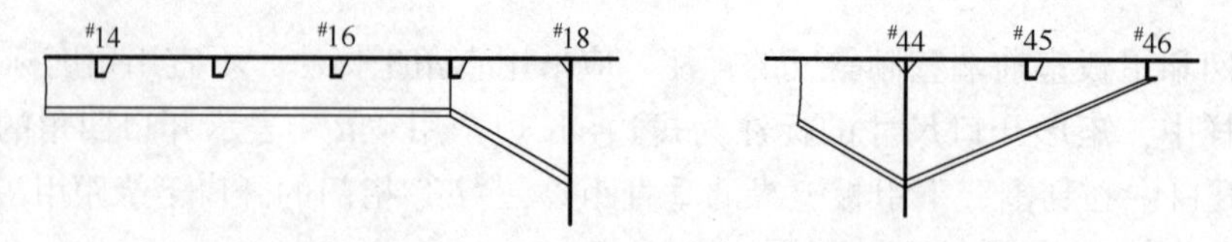


图 2-23 不满 4 个肋位时的肋位标注

标准没有明确规定的部分，应按国家标准《机械制图》绘制。

## 2.2 船体的投影体系与表达方式

### 2.2.1 投影体系与图名

船体图样属于工程图样范畴。按照现行的国家标准并参考国际标准，采用的是第一象限正投影表达方式，即将船体放置于第一投影象限中，采用平行视线，将船体所需表达的内容分别向构成该象限的三个投影平面作正投影，所得到的视图即为船体图样的视图，见图 2-24。

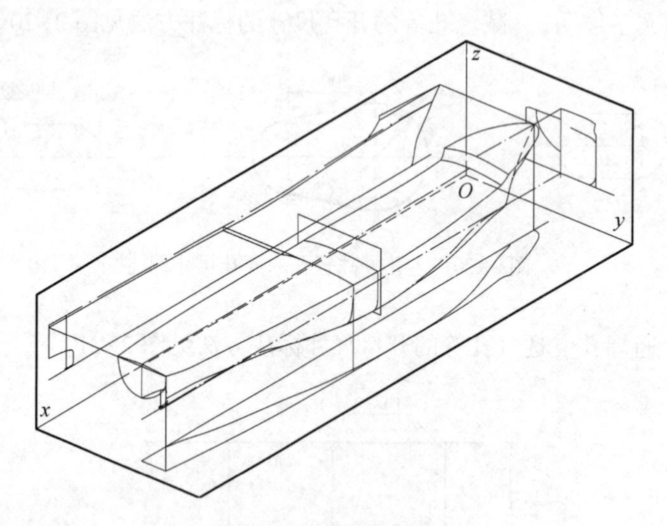


图 2-24 船体的投影

根据《金属船体制图 一般规定》，在船图投影体系中，投影面为固定于船底中站，由三个坐标轴两两形成的平面，即 $x$、$y$ 构成基平面，$x$、$z$ 构成中线面，$y$、$z$ 构成中站面。图 2-25 显示了船体图投影体系及标示符号。

基平面（Base Plane）指通过龙骨线与中站面交点的水平面。

中线面（Middle-line Plane）指将船体对称划分，并垂直于基平面的纵向平面。

中站面（Midship Section）指中站处与中线面和基平面互垂的平面，中站面的位置记为$\phi$。

基平面的正面投影和侧面投影称为基线（Base Line），记为 BL。

中线面的水平投影和侧面投影称为中线（Center Line），记为℄。

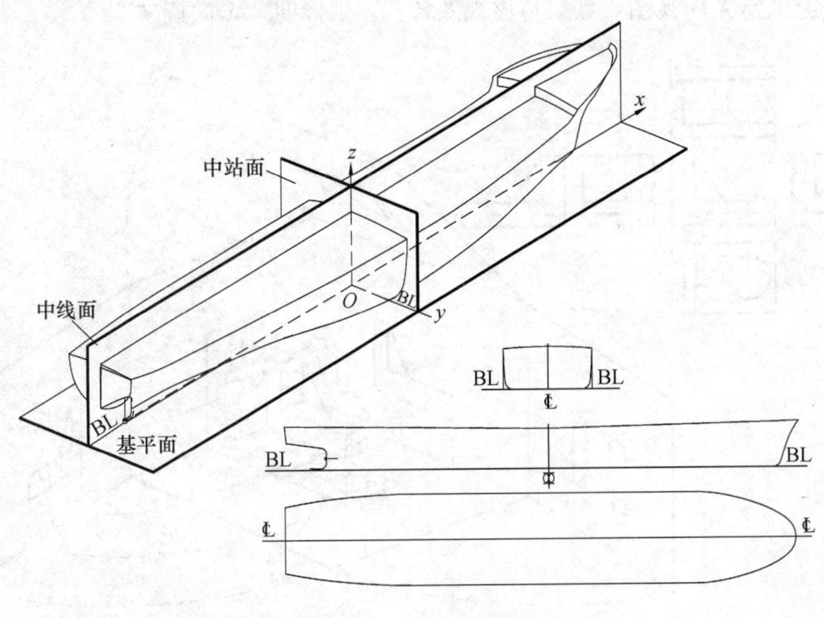


图 2-25　投影体系

船舶不同的图样，因为表达内容和方法的不同，三面投影图的名称也不尽相同，表 2-8 表示了各主要船体图三个视图的名称。

表 2-8　船体图样三视图名称

| 船图名称 | 型线图 | 总布置图 | 横剖面图 | 基本结构图 | 肋骨型线图 | 外板展开图 | 分段结构图 |
|---|---|---|---|---|---|---|---|
| 主视图 | 纵剖线图 | 侧面图 |  | 纵剖面图 |  | 外板展开图 | 主视图 |
| 侧视图 | 横剖线图 |  | 肋位剖面图 |  | 肋骨型线图 |  | 肋位剖面图 |
| 俯视图 | 半宽水线图 | 甲板图、平台图、舱底图 |  | 甲板图、平台图、舱底图 |  |  |  |

## 2.2.2　船体图样的表达方法

### 一、一般工程图样的表达方法

1. 基本视图

工程结构物根据物体的复杂程度及其所需要表达的内容，在正投影体系中，将结构物向六个方向投影所得的视图称为基本视图（Basic View），即主视图、俯视图、左视图、右视图、仰视图和后视图，如图 2-26 所示。

2. 向视图

将形体的某一部分进行正投影所得到的视图称为向视图（Direction View）。当投影方向与基本平面垂直时，向视图也称为局部视图；当投影方向与基本平面不垂直时，向视图又称为斜投影或斜视图。斜投影主要表达与基本投影面不平行的局部结构。斜视图按投影方向配置时，采用箭头和字母指明视向，在视图上方标明“×向”；斜视图为便于读图，常常旋转至平行位置，还要在标记中指明“×向旋转”。如图 2-27 所示，肘板面板相对于投影面倾斜。采用 A 方向投影得到 A 向视图；如果将该视图转正，则标明“A 向旋转”。

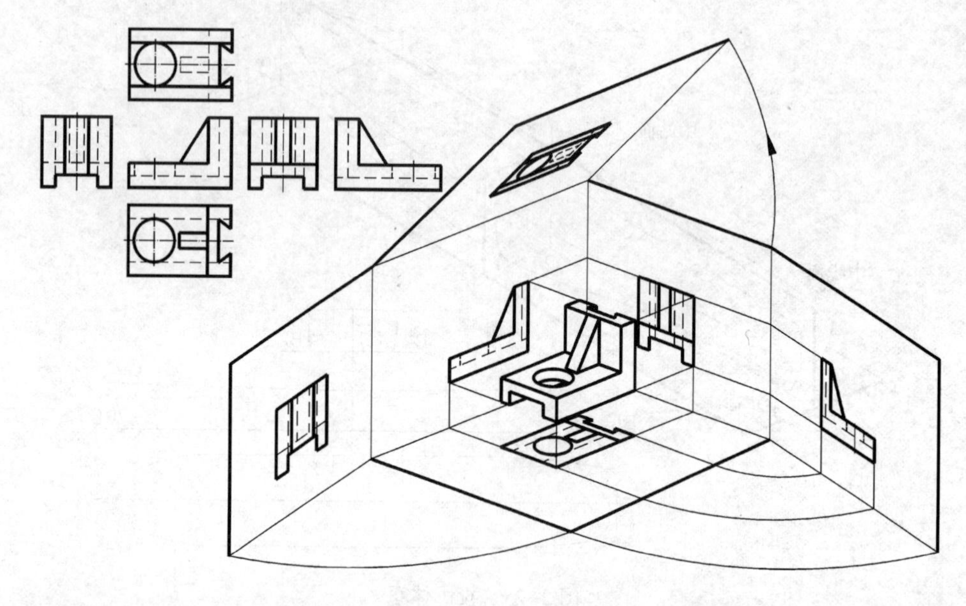

图 2-26　基本视图

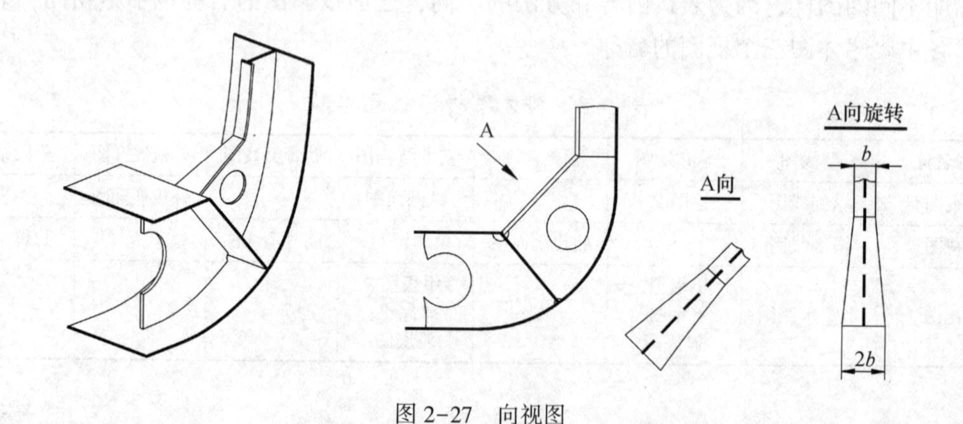


图 2-27　向视图

一般情况下，工程结构物采用 2 个或 3 个视图或增加局部视图，就能够将结构的局部表达清楚。一般工程图样的这种表达方式，也适用于船体图样。但因为船体图样表达内容的不同，所以更有独特的表示方法，视图的名称也有所不同。

## 二、船体图样的表达方法

1. 剖视图

利用假想剖切面（平面或曲面）剖切船体，移去观察者和剖切面之间的部分船体，对其余所有部分进行投影所得的图形称为剖视图（Cutaway View）。

图 2-28 显示了剖视图的表达方式和标注。剖视图还能够采用阶梯剖和剖中剖的表达方式。当剖视图为船体结构平面图（如甲板图、舱底图、肋位剖面图）时，剖切平面符号可以省略。

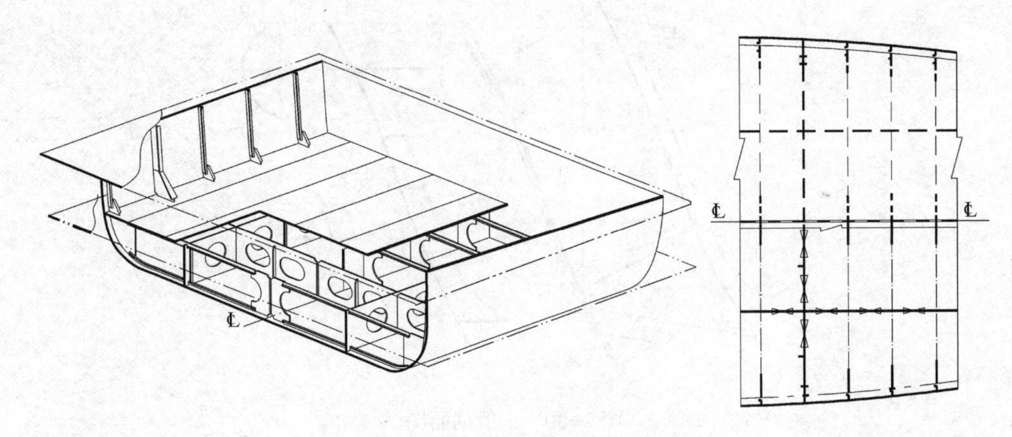

图 2-28　采用阶梯剖的舱底剖视图

2. 剖面图

将船体构件与剖切平面的截交线以及与这些构件相关联的其他构件进行投影所得的图形称为剖面图（Section View）。船体剖面图有肋位剖面图、一般剖面图、分剖面图和局部剖面图等多种形式。以图 2-29 为例，分别说明剖面图的表达方式和标注形式。

1）肋位剖面图

顾名思义，肋位剖面图（Frame Section View）是指在所需要表达的肋位采用剖面图的表达方式，表达某一肋位的结构情况。如图 2-29（b）、（c）分别表达了#45 和#46 肋位的甲板、舷侧和船底的各种构件及其连接形式。肋位剖面图是船体结构图样中应用最多，表达船体横向结构的最主要的方式之一。

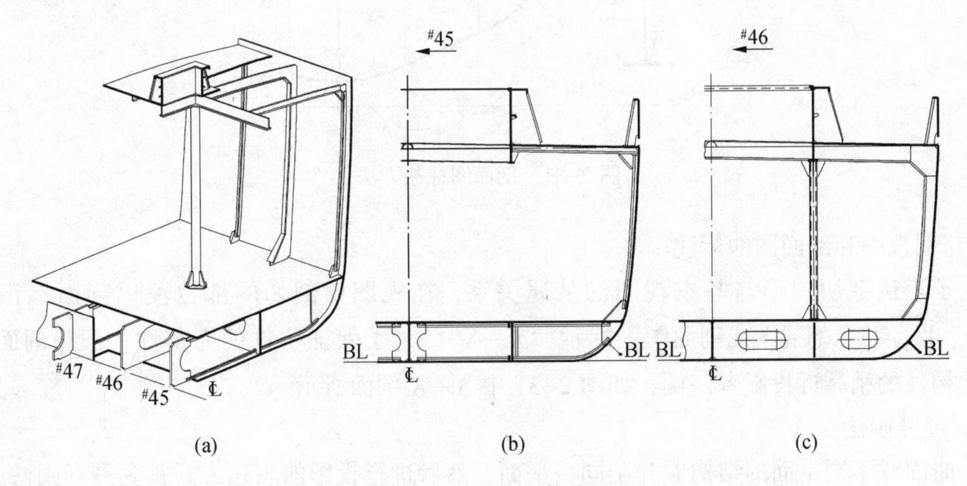


图 2-29　货舱立体分段

（a）货舱立体分段；（b）#45 肋位剖面图；（c）#46 肋位剖面图。

2）一般剖面图

一般剖面图（General Section View）用来表达船体结构中各种局部结构和特殊结构，使用灵活，方便。图 2-30 显示了采用一般剖面图的方式，表达板式艏柱的结构情况。

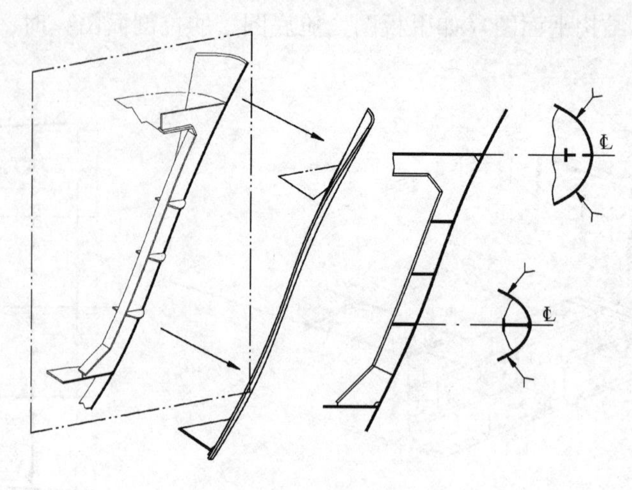

图 2-30　一般剖面图

3）分剖面图

分剖面图（Subsection View）指在肋位剖面图的基础上，对肋位的构件作进一步详细地表达所采用的剖中再剖的剖面图，是船体图样中常用到的表达方式。如图 2-31 所示，A—A 剖面图即是舱壁普通扶强材的分剖面图。

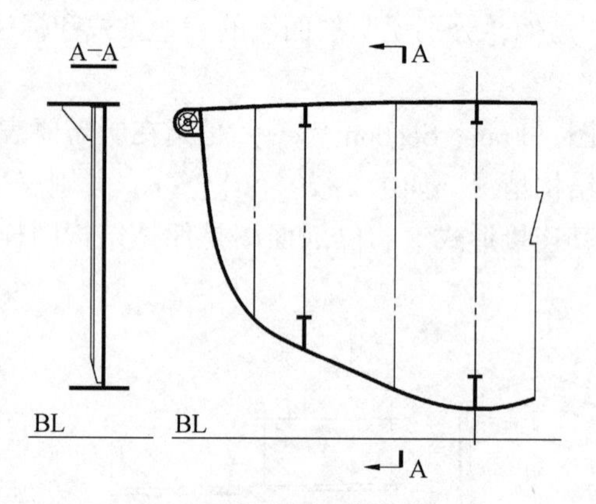


图 2-31　剖面图标注方法

4）剖视图和剖面图的标注

为了表达剖切图形与基本视图的从属关系，在视图要剖切的部位注以剖面标识符号"┌　　┐"，并在剖视图或剖面图上标示"X—X"。为了保证构件的完整性，假想剖面取在要表达构件的稍靠近投影者一侧，如图 2-31 中 A—A 剖面所示。

3. 展开画法

将曲面或不同平面的结构展开于同一平面，然后进行投影的表达方式称为展开画法（Extension Drawing）。展开画法又可分为平面展开画法和曲面展开画法两种。平面展开画法是将不同平面展开于同一平面内，表达它们之间的相对位置和过渡关系，图 2-32 显示船舶围壁结构图中展开图的表达方式及标注；曲面展开画法是将曲面展开（或近似展开）于平面内，曲面展开画法的典型实例是外板展开图。

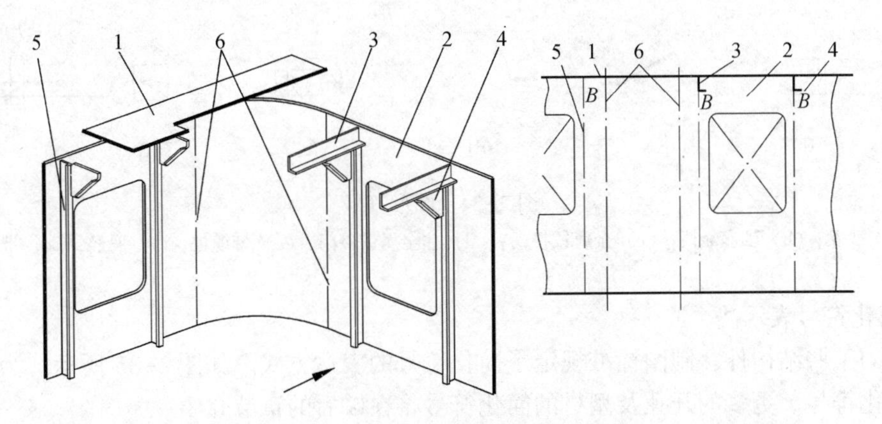


1—甲板；2—围壁板；3—甲板横梁；4—肘板；5—围壁扶强材；6—围壁转圆线。

图 2-32　展开图

4. 重叠画法

图 2-33 所示的#45 和#46 肋位剖面图采用了不同肋位分开表达的方式。不难看出，在两个剖面图中，相同的结构重复进行了表达。船体制图标准规定：可以将不同剖面内的构件表示于同一剖面图中，即将两个或多个剖面内的构件重叠表达于一个剖面上，这种表达方式称为重叠画法（Overlapping Drawing）。标准规定：不在表达剖面内的构件的可见轮廓线用细双点画线表示，不可见轮廓线用细虚线表示。如图 2-33 所示，在表达#45 肋位剖面图时，采用双点画线将#46 肋位的主要构件重叠表达于该图中。

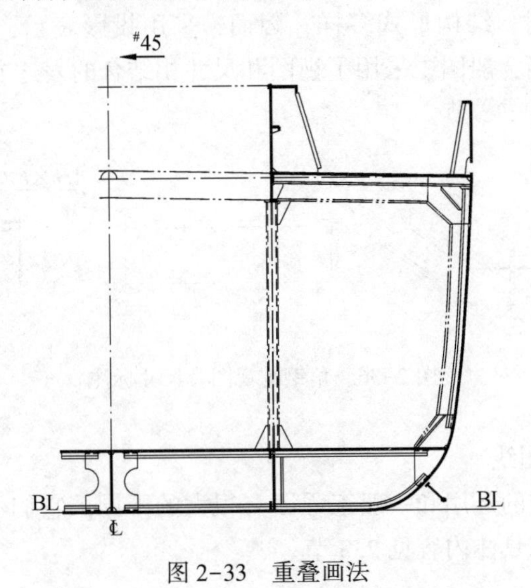


图 2-33　重叠画法

## 三、简化画法

因为船体结构图样中表达的构件种类繁多、层次交叠，所以，为了表达清晰，常常采用简化画法（Simplified Drawing）表达船体结构。简化画法有多种方法：

1. 图形符号简化表示法

在总布置图中，需要表达各种设备和舱室属具。为此，标准《金属船体制图 图形符号》规定了各种简化的图形符号。图 2-34 表达了几种常用的图形符号，更多内容可以查阅标准。

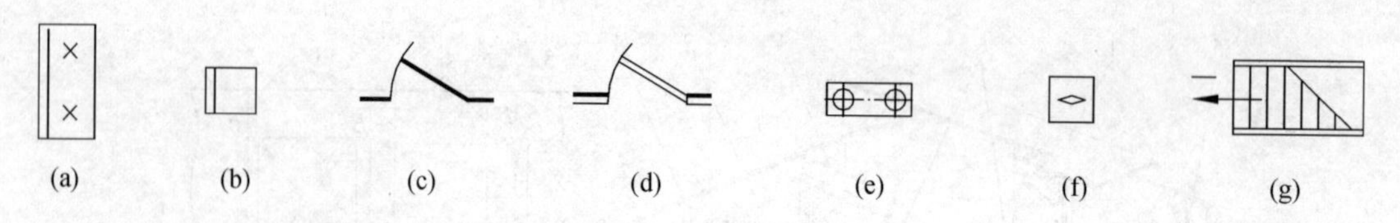


图 2-34　图形符号

（a）双人沙发；（b）硬座靠椅；（c）金属铰接门；（d）非金属铰接门；（e）带缆桩；（f）罗经；（g）带扶手梯。

2. 简化符号表示法

船体的某些结构件，制图标准规定了简化符号的表达方式。如图 2-35 所示，为各种槽形舱壁的简化符号。更多的开孔及型材的简化符号将在以后的章节介绍。

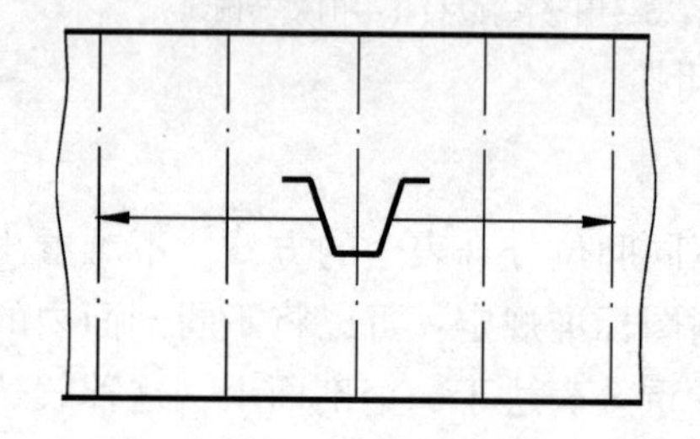
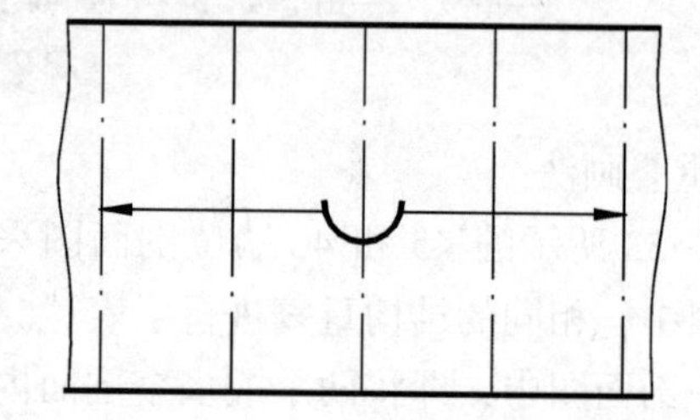

图 2-35　简化符号

3. 用型材符号和尺寸标注表达型材的结构

船体骨架有各种型材，结构形式多样，因而，采用投影表示，线条种类多，图面拥挤。为了便于读图，表达清晰，船图中采用了视图和尺寸相结合的表达方式，如图 2-36 所示。更多内容见本 6.1.2 节与 6.1.3 节。

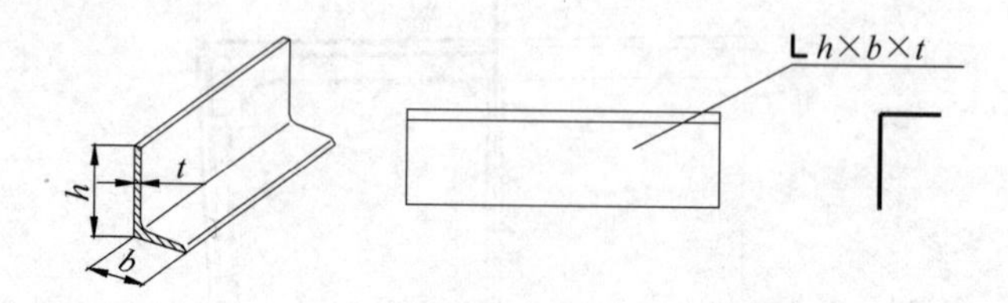


图 2-36　角钢的视图及尺寸标注

4. 船体图样的简化图线

船体图样，各种图线的运用和一般工程图有很大的不同。它们不仅表达视图的投影，而且包含有各种结构信息。具体内容见 2.3 节。

## 2.3　船体制图图线及其应用

在船体图样中，线条所表达的不仅是船体或结构件的轮廓线，还包含了构件的类型、剖面的符号以及工艺结构等工程信息。《金属船体制图 图样画法及编号》中规定了简化画法中各种图线及其应用的实例，见表 2-9。

表 2-9　船体图线及其应用

| 图线名称 | 形式与规格 | 应用范围 | 示　例 |
|---|---|---|---|
| 粗实线 | 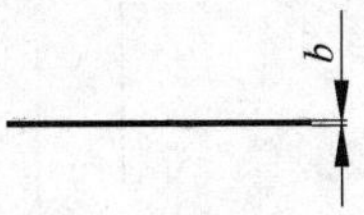 $b$=0.4~1.2mm | （1）板材和骨材剖面简化线；<br>（2）机械设备、部件的可见轮廓线（总布置图除外）；<br>（3）名称下划线 | 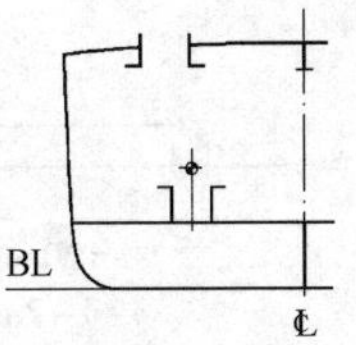 |
| 细实线 |  线宽为 $b$/3 | （1）可见轮廓线；<br>（2）尺寸标注线与尺寸界线；<br>（3）基线、型线；<br>（4）引出线或指引线；<br>（5）板缝线；<br>（6）剖面线；<br>（7）规格线 | 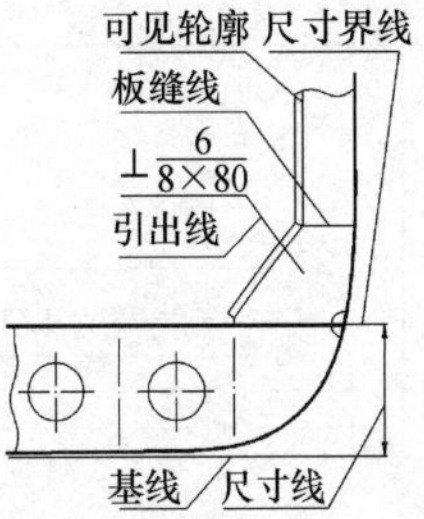 |
| 粗虚线 | 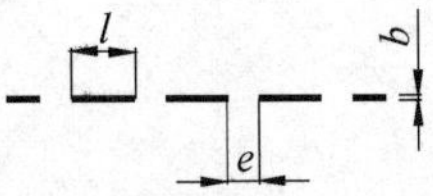 $l$=5mm<br>$e$=1~2mm | 不可见板材交线的简化线（除轨道线表达的情况外） | 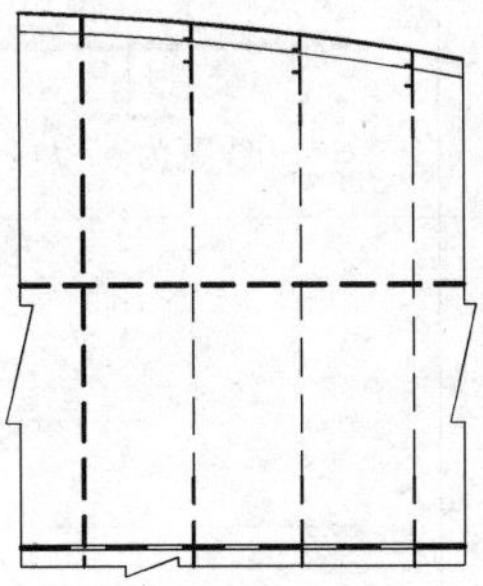 |
| 细虚线 |  线宽为 $b$/3 | （1）不可见轮廓线；<br>（2）不可见普通构件（肋骨、横梁、纵骨、扶强材等）的简化线 | |
| 粗点划线 | 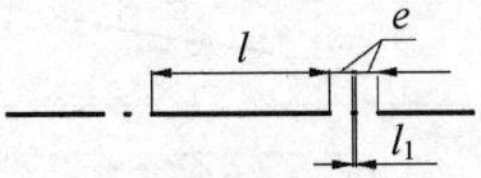 $l$=20mm<br>$e$=1~2mm<br>$l_1$=1mm | （1）可见强构件（强肋骨、舷侧纵桁、强横梁、甲板纵桁、舱壁桁材等）的简化线；<br>（2）各种索、链的简化线 | 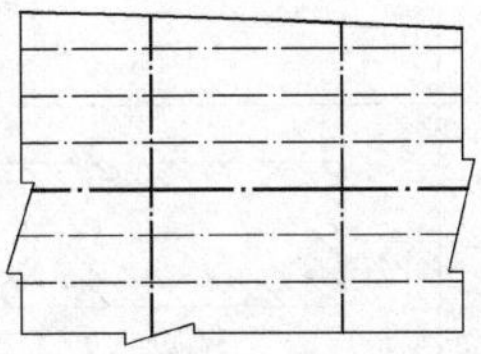 |
| 点划线 |  线宽为 $b$/3 | （1）中心线；<br>（2）可见普通构件简化线；<br>（3）开口对角线；<br>（4）液舱范围线；<br>（5）转圆线；<br>（6）折角线 | 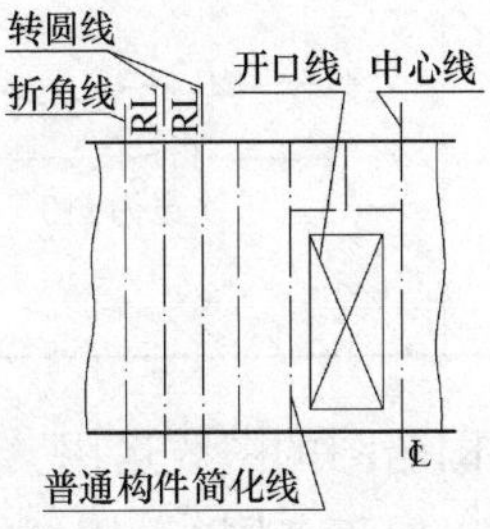 |

（续）

| 图线名称 | 形式与规格 | 应用范围 | 示例 |
|---|---|---|---|
| 粗双点划线 | $l=20$mm<br>$e=1\sim2$mm<br>$l_1=1$mm | 不可见强构件的简化线 | 甲板以下的强构件简化线 |
| 双点划线 | 线宽为 $b/3$ | （1）非本图构件的可见轮廓线；<br>（2）假想构件的可见轮廓线；<br>（3）肋板边线；<br>（4）工艺开口线 | 假想构件<br>可见轮廓线 |
| 轨道线 | 线宽为 $b$，$l=e$ | 主体结构图不可见水密板材交线（肋骨型线图、分段划分图除外） | |
| 斜栅线 | 线宽为 $b/3$ | 分段界线（分段划分图除外） | |
| 阴影线 | 线宽为 $b/3$ | 复板、垫板的焊接轮廓线 | |
| 折断线波浪线 | 线宽为 $b/3$ | 构件断裂边界线 | |

各国船图的图线运用，大同小异。国际标准化组织（ISO）对于船体图线也做了相应的规定，以便于各国在制定本国船图标准时作为参考，详情可参考 ISO 128“技术图样——图形绘制的一般原则”中的第 25 部分“船舶建造图纸中的图线”。

## 2.4　金属船体构件理论线

定位尺寸是工程设计和生产加工所需要的最重要的尺寸之一。定位尺寸在图样表达中，标示某一构件相对于基准要素的相对位置。因为构件有着不同的厚度和形状，所以在船体图样中，由于图样比例的大小和图样类型的不同，某些定位尺寸对于读图者可能产生不同的理解。如图 2-37 中，平台甲板相对于 BL 有着不同的定位方式。可见，定位尺寸因为度量位置不同，既影响读图者的理解，又影响加工过程中的定位、划线等施工工艺的方便及合理性。

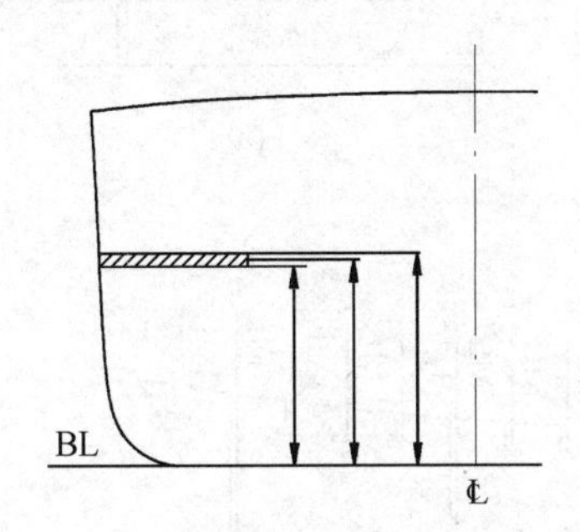


图 2-37　对平台定位方式的不同理解

因此，有必要对类似的定位尺寸标注作出原则性的统一规定。国家标准《金属船体构件理论线》对船体设计图样的定位和安装基准制定了原则性的规定。所谓理论线（Assembled Molded Lines，ML）就是用于决定船体构件安装位置的基准线，即船体构件相对于基准线（面）的定位要素，在船体图样中，一般为构件某一表面的积聚线。

### 2.4.1　金属船体构件理论线的基本原则

在由基平面、中线面和中站面构成的船体坐标系中，某一构件的位置由构件上最靠近这三个面的几何要素确定。《金属船体构件理论线》规定了理论线的基本原则：

1. 壳板取内缘

船体壳板，其理论线取在板的内表面，如图 2-38（a）所示。

2. 上下靠基线（BL）

船体高度（$z$）方向，在基线上、下方的构件，其理论线取靠基线的一边，如图 2-38（b）所示。

3. 左右靠船体中线（℄）

船体宽度方向，位于船体中线两旁的构件，其理论线取靠近船体中线面的一侧，如图 2-38（c）所示。

4. 前后靠船舯（⌽）

船体长度方向，位于船体中站前后的构件，其理论线取靠近船舯的一侧，如图 2-38（d）所示。

5. 不对称型材取背面

不对称型材指角钢、球扁钢、槽钢和折边板等。这些构件因为测量定位划线的方便，理论线取背面，如图 2-38（e）所示。

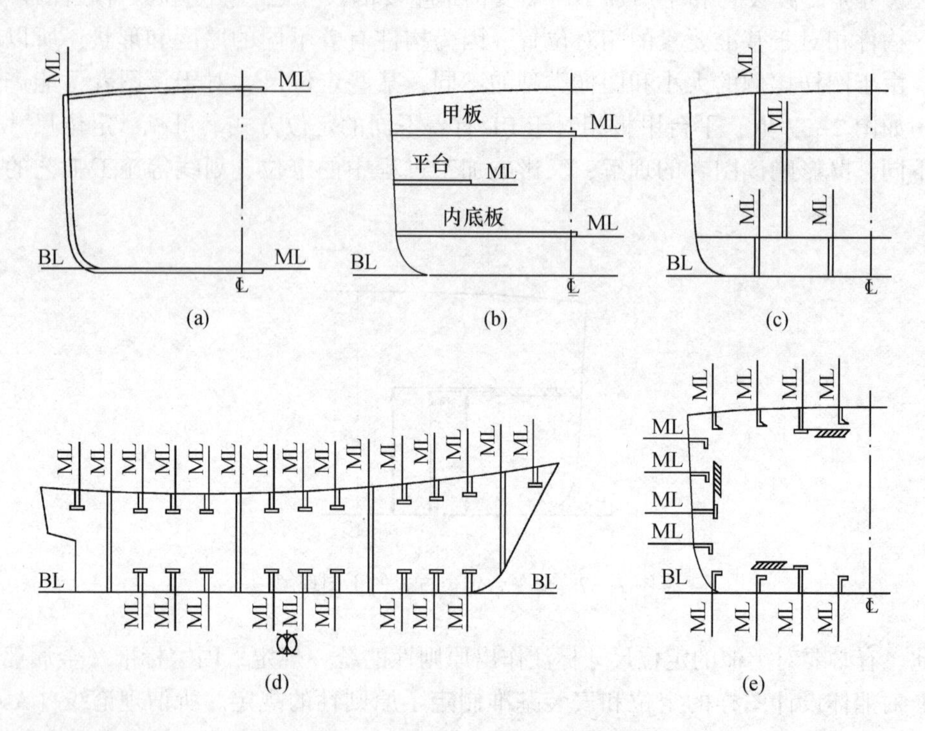


图 2-38　金属船体构件理论线基本原则

## 2.4.2　金属船体构件理论线的其他规定

为了测量和加工的方便与合理，部分构件的理论线并不遵循上述原则，《金属船体构件理论线》标准另行作出规定。

1. 船体中线面上的对称构件，理论线取板厚中间

因为船体横向的对称性，船体中线面上的对称构件，其理论线取构件对称面，如图 2-39（a）所示。

2. 封闭形对称型材取其对称轴

各种封闭形对称型材取其对称轴作为理论线，如图 2-39（b）所示。

3. 舱口围板和主机座纵桁取其中心线

如图 2-39（c）所示，舱口围板靠近舱口中心线一边为理论线，机座纵桁取靠近机器轴线一边作为理论线。

4. 边水舱纵舱壁背中线

边水舱纵舱壁取背向船体中线的一边为理论线，如图 2-39（d）所示。

在船体施工图样中，每一构件都要标示出理论线位置。规定理论线采用符号“——▨”表示。其中直线表示理论线，斜线表示板厚一侧的方向，如图 2-40 所示。

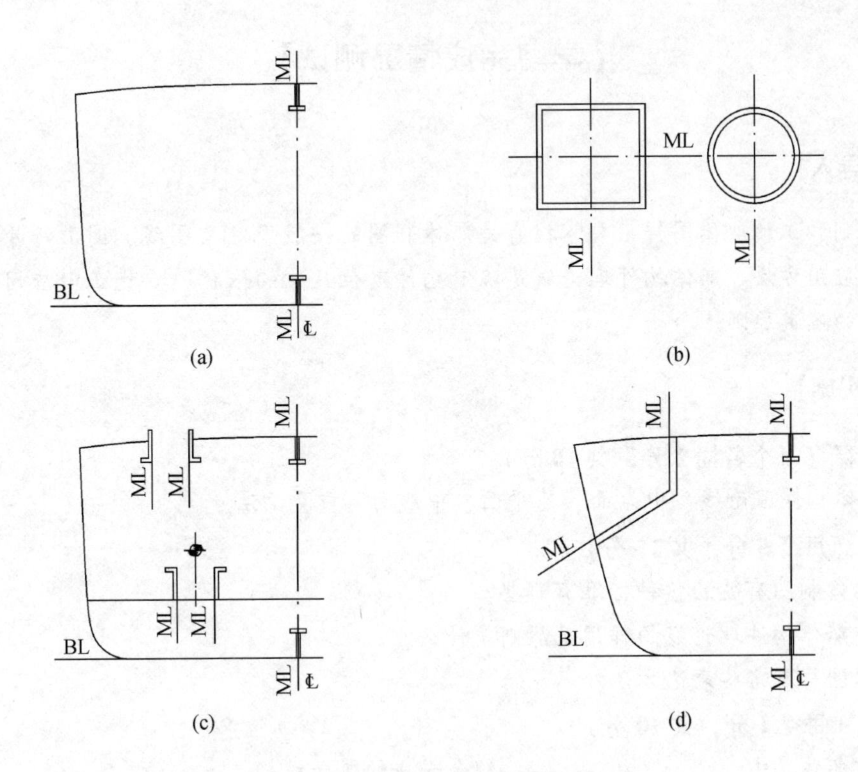


图 2-39　金属船体构件理论线其他规定

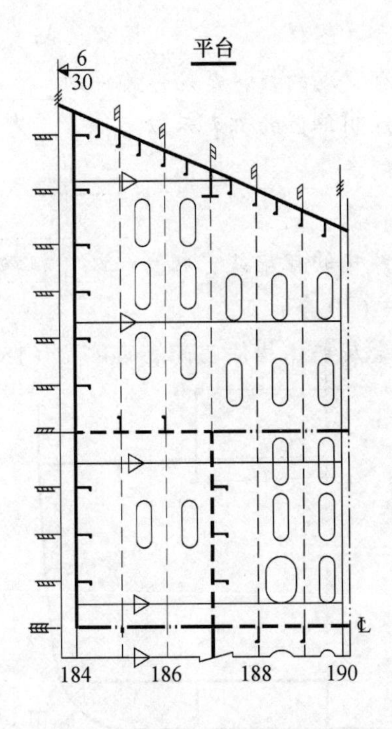


图 2-40　平台甲板施工图理论线

## 【学习完成情况测试】

### 【任务导入】

正确绘制和识读船体图样，要掌握有关船体制图的一般规定及图线、图形符号的含义和在图样上的应用方法。船体构件理论线是确定构件定位尺寸的依据，要能正确应用金属船体构件理论线的确定原则。

### 【任务实施】

**一、名词解释（每个名词 2 分，共 10 分）**

金属船体构件理论线、中站面、基平面、中线面、重叠画法

**二、简述题（每个 5 分，共 15 分）**

1. 与船体制图有关的各种标准有哪些？

2. 金属船体构件理论线的作用及原则是什么？

3. 船体图样有哪些表达方法？

**三、填空题（每空 1 分，共 10 分）**

1. 钢质船体是由________和________组合而成的薄壳结构。

2. 船体图样中所采用的简化画法，有的是用指定的________表示特定的构件，有的是用简化的________代表各类设备。

3. 船体图样通常分为________图样、________图样、舾装图样和工艺图样四类。

4. 理论线是一条理论上没有宽度的线，是船体构件的________和________基准线。

5. 图样中尺寸数字后面未注明单位的都表示以________为单位。

6. 曲面展开画法的典型实例是________图。

**四、绘图及标注**

1. 将表 2-8 中所列船体图线中的粗虚线、粗点画线、粗双点画线、轨道线手工（徒手）和在 CAD 软件中，各绘 3~5 条（10 分）。

2. 在习题图 2-1 中，标注金属船体构件理论线的位置（15 分）。

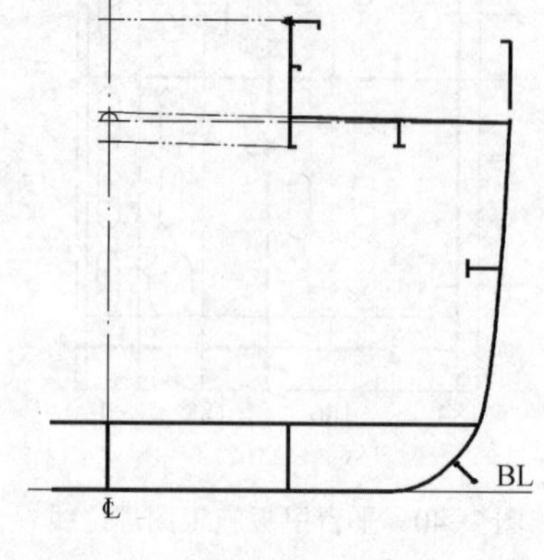


习题图 2-1

3. 习题图 2-2 中，标明图线的意义及符号名称（每个 2 分，共 16 分）。

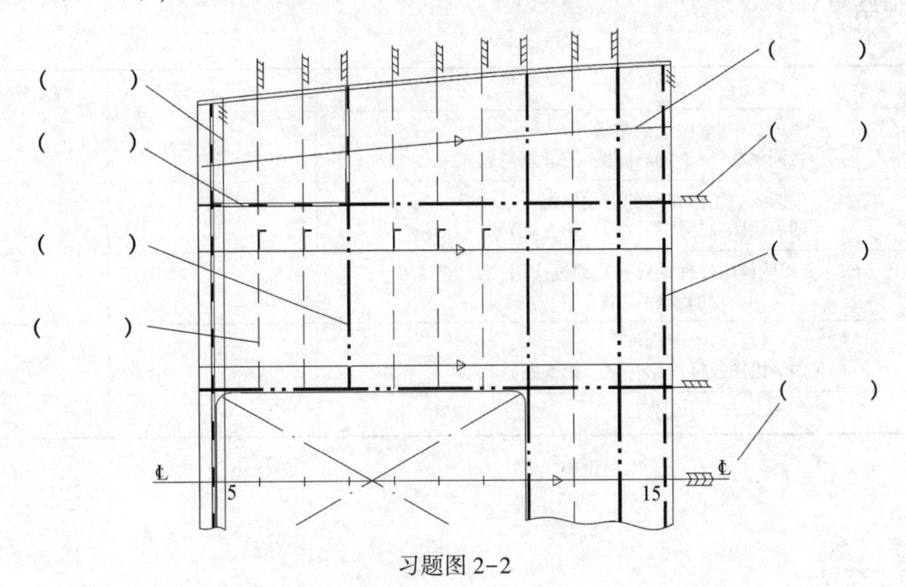


习题图 2-2

4. 写出下列图形符号并标注在习题图 2-3 中的相应位置（理论线符号及标注位置共 4 分，其他每个 2 分，共 14 分）。

（1）船舯；（2）船体中心线；（3）船体基线；（4）吃水；（5）轴系剖面；（6）理论线。

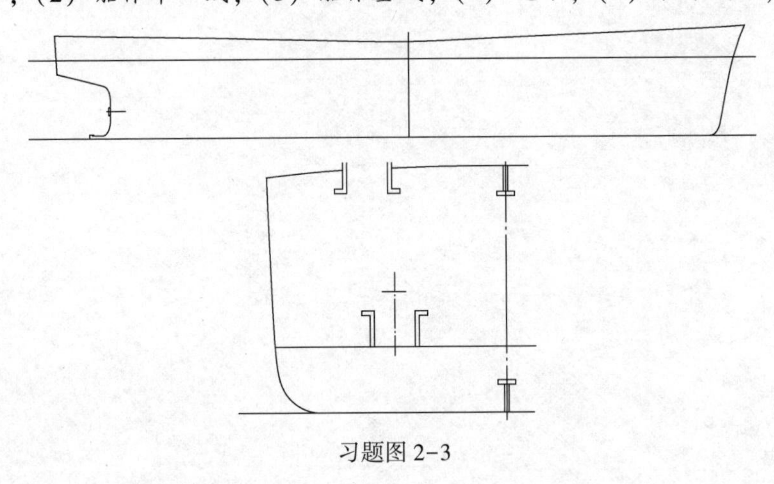

习题图 2-3

5. 根据习题图 2-4 所给尺寸作货舱口角隅形状（10 分）。

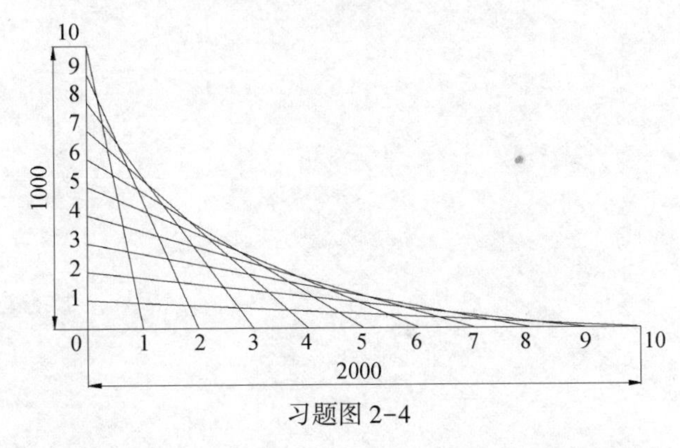


习题图 2-4

【测评结果】

| 测试内容 | 分　值 | 实际得分 |
| --- | --- | --- |
| 基本概念的掌握<br>（一、名词解释；二、简述题；三、填空题） | 35 | |
| 图线、图形符号的应用掌握<br>（四、绘图及标注第3题；第5题） | 30 | |
| 金属船体构件理论线确定原则应用<br>（四、绘图及标注第2题） | 15 | |
| 绘图训练<br>（四、绘图及标注第1题；第5题） | 20 | |
| 总分 | 100 | |

# 第3章　型　线　图

【学习任务描述】

型线图是通过几何作图方法表征船体曲面形状和尺寸的图形，由纵剖线图、横剖线图和半宽水线图组成。型线图是船舶设计、计算和建造放样的重要依据。通过本章学习，掌握船体曲面几何描述的基本原理；了解船体在正投影体系中的投影方法；熟悉型线图各视图之间的联系规律；了解型线图与型值、型值表之间的联系及运用投影规律绘制型线图。

【学习任务】

学习任务1：了解型线图的几何原理。

学习任务2：掌握型线图的绘制方法和步骤。

学习任务3：熟悉型线图的内容与识读方法。

学习重点：型表面与型线的概念，型线的投影；型值与型表面，型线与型表面的关系；船体表面求作任意几何要素、梁拱作图、舷弧线（甲板边线）作图等基本作图方法。

学习难点：型线图三个视图之间的空间关系。

【学习目标】

**知识目标**

(1) 掌握型线图三组型线的形成原理。

(2) 掌握型线图的型值及其与型表面的关系。

(3) 熟悉船体型表面的几何要素求作方法。

**能力目标**

(1) 正确理解并识读型线图。

(2) 掌握型线图的绘制方法，能够熟练使用AutoCAD绘制型线图。

**素质目标**

(1) 培养学生发现问题、解决问题的能力。

(2) 培养学生勇于探索的精神。

(3) 培养学生求真务实的优良品质。

【学习方法】

(1) 熟悉有关基本概念，如型表面、理论站、中线面、设计水线面、基平面等。

(2) 掌握描述船体曲面的方法：由点（型值点）到线（型线）到面（船体型表面）的近似过程。船体曲面的几何定义是通过三组相互垂直的有限条曲线进行描述的。型值点是指三组相互垂直的型线和一些特殊型线两两相交的交点。熟悉型值表中各型值与型线图上对应点之间的对应关系。

(3) 了解型线与各投影面之间的相对位置关系，即型线就是与三个相互垂直的投影面平行的面与船体型表面产生的截交线。进而将这些线对三个投影面分别进行正投影，从而产生三组型线。

(4) 通过型线图大作业练习，掌握格子线、型线和船体表面其他几何要素的作图方法与技巧，并通过练习，加深对型线几何定义的理解，熟悉二维图形和三维图形之间的思维转换。

## 3.1 船体型表面与主尺度

### 3.1.1 船体型表面及特殊型线

船体是由外板（Shell）和甲板（Deck）形成的封闭的内空壳体。船体表面形状因为船舶航海性能的特定要求，通常由形状复杂的曲面构成。船体各个部分的板厚也因为功能要求不同而不同。为了更加准确地描述船体的几何特征，消除因为板厚不同产生的差异，定义金属船体船壳内缘的表面（不包括壳板）或船体骨架的外缘表面为型表面（Surface Moulded）。船体表面的所有几何信息都是以型表面为基础定义的，如型表面上的曲线称为型线（Moulded Line）。木质船和玻璃钢船等非金属船舶，由于材质和加工的特殊性，定义船壳的外表面为型表面。

船体型表面由外板型表面和甲板型表面两部分组成，如图 3-1 所示。外板型表面一般是具有三向曲度的自由曲面，而甲板型表面多为母线（梁拱线）沿导线（甲板中心线）运动而形成的定母线曲面。通常，一艘船每层露天甲板的母线和导线的曲率是不变的。

甲板与外板的交线称为甲板边线（Deck Line at Side）。依据甲板部位和功能不同，分别称为上甲板边线（Upper Deck Line at side）、主甲板边线（Main Deck Line at Side）、艏楼甲板边线（Forecastle Deck Line at Side）、艉楼甲板边线（Poop Deck Line at Side）等。

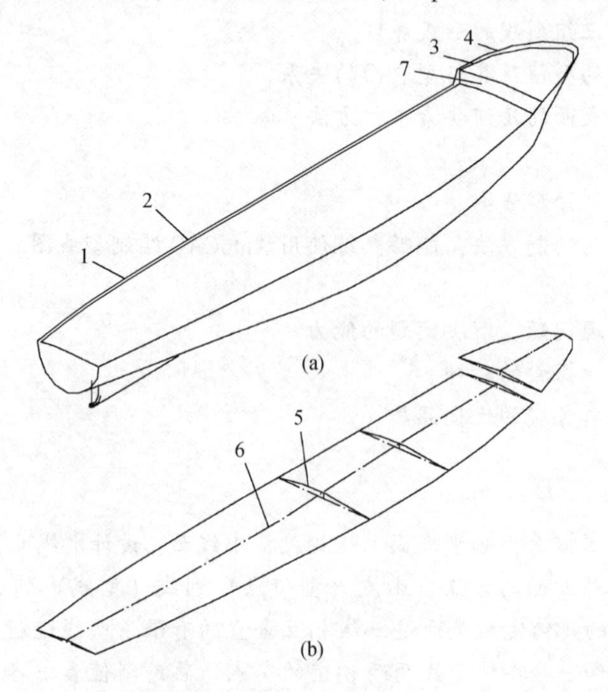

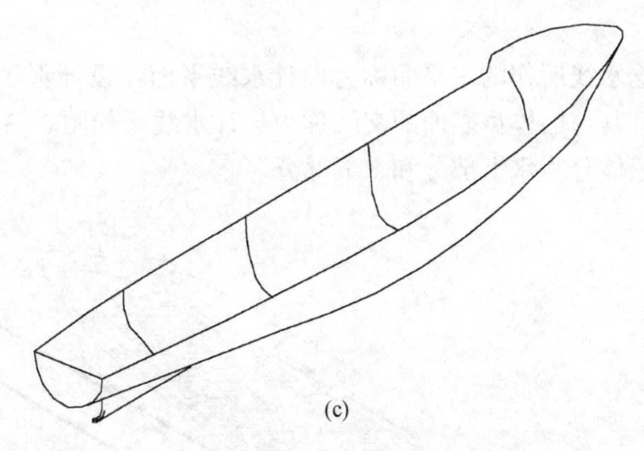


1—甲板边板；2—外板顶线；3—艏楼甲板边线；4—舷墙顶线；5—梁拱线；6—甲板中心线；7—艏楼。

图 3-1　船体型表面

（a）船体型表面；（b）甲板型表面；（c）外板型表面。

甲板边线的正面投影称为舷弧线。当外板超出甲板以上时，外板的顶端边线称为外板顶线（Shell Top Line）。如果船舶设有舷墙，则舷墙板顶端线称为舷墙顶线（Bulwark Top Line）。除了特殊甲板外，上述型线均为空间曲线，型线的三面投影不反映实形。

## 3.1.2　三个相互垂直的基本剖面

### 一、中线面

沿着船长方向即纵向将船体分为左右两部分的垂向剖面称为中线面。自船尾向船首看，左边部分为左舷，右边部分为右舷。中线面剖切船体得到的剖面称为中纵剖面。中线面与船体型表面的交线称为中纵剖线，由龙骨线和艏、艉轮廓线组成。中线面与外板型表面底部的交线称为龙骨线，中线面与外板型表面艏部和艉部的交线分别称为艏轮廓线和艉轮廓线，见图 3-2。

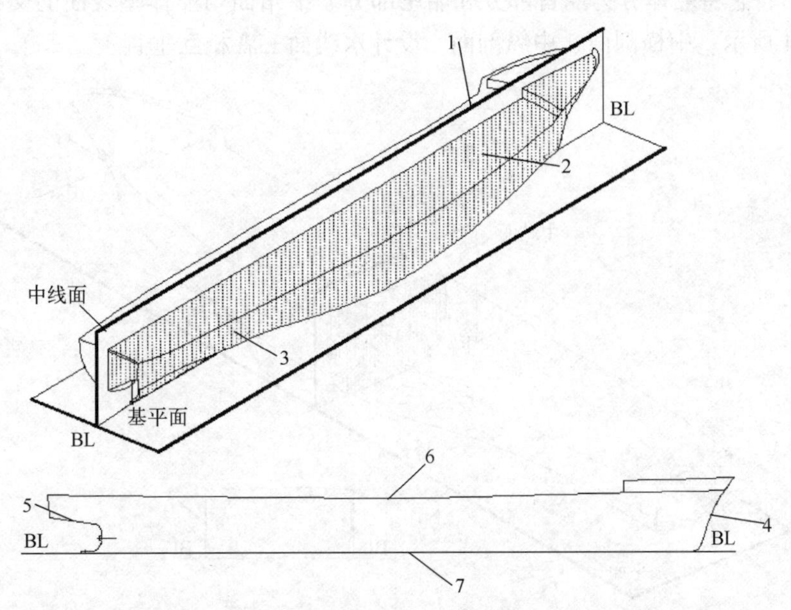


1—左舷；2—右舷；3—中纵剖线；4—艏轮廓线；5—艉轮廓线；6—甲板边线；7—龙骨线。

图 3-2　中线面与中纵剖线

## 二、设计水线面

通过船舶的设计吃水线所作的水平面称为设计水线平面。设计水线平面剖切船体得到的剖面称为设计水线面，其与船体型表面的交线称为设计水线，如图 3-3 所示。设计水线面与中纵剖面垂直，并将船体分为水上部分和水下部分。

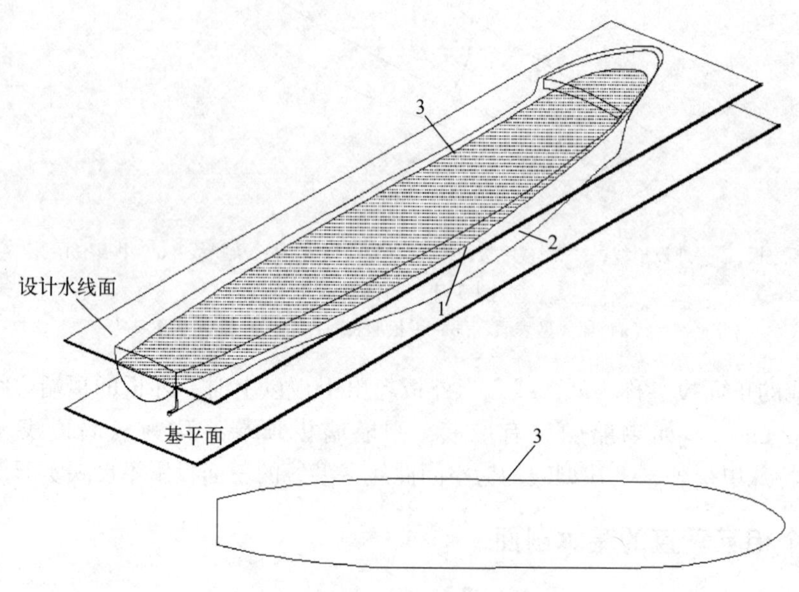


1—水上部分；2—水线部分；3—设计水线。

图 3-3 设计水线面与设计水线

## 三、中横剖面

在船宽方向通过垂线间长的中点作的垂直平面称为中站面。中站面剖切船体得到的剖面称为中横剖面，它将船体分为船首部分和船尾部分。中站面与船体型表面的交线称为中横剖线，如图 3-4 所示。中横剖面、中纵剖面、设计水线面三者相互垂直。

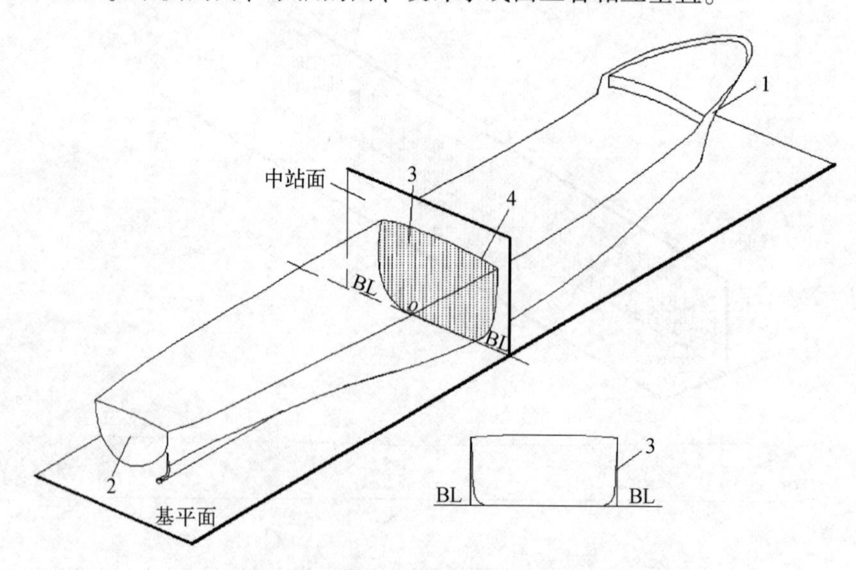


1—艏部；2—艉部；3—中横剖面；4—中横剖线。

图 3-4 中横剖面与中横剖线

船体型表面由外板型表面和甲板型表面两部分组成。外板型表面与甲板型表面具有不同的几何特征，因此在表达方法上也有所不同。甲板型表面一般为数学曲面，可以通过数学方法确定曲面几何要素，从而达到描述、绘制和生产制造的目的。

型线图是根据标高投影的原理进行绘制的，即用若干距离基本投影面一定间距的平面剖切外板型表面，得到一系列曲线，这些间距是预先设置的。曲线和曲面的边界曲线共同近似描述船体型表面，这些曲线称为型线。如图 3-5 所示，构成网格线的曲线一共有三组，分别是：平行于侧立投影面的一组平面（横剖面）截切外板型表面得到的一组横剖线；平行于水平投影面的一组平面（水平面）截切外板型表面得到的一组水线；平行于正立投影面的一组平面（纵剖面）截切外板型表面得到的一组纵剖线。

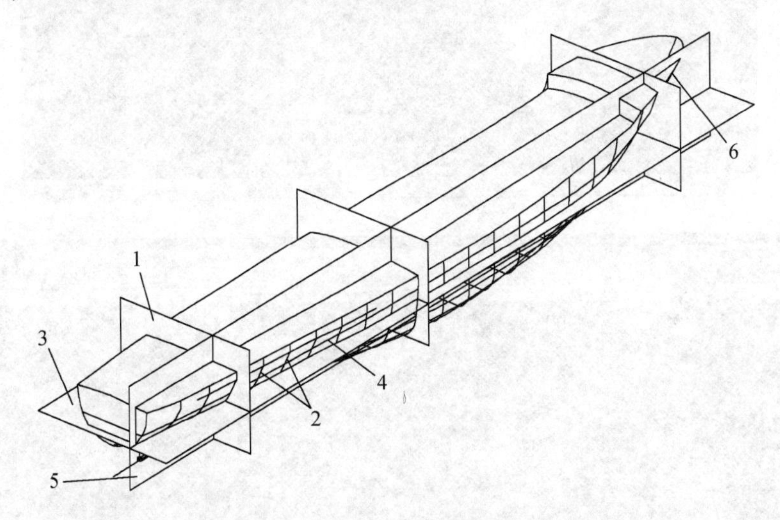


1—横剖面；2—横剖线；3—水平剖切面；4—水线；5—纵剖面；6—纵剖线。

图 3-5　船体型线的生成

这三组两两垂直的平行平面数量取得越多，则网格越密，所描述的曲面就越趋于真实的外板型表面。随着计算机技术的不断发展，使这一技术成为可能。图 3-6（a）为在 NAPA 软件下构造的某沿海货船的外板型表面网格图。它可以根据设计和生产的要求，进行插值，求取中间插值曲线或其他几何要素。图 3-6（b）为导入 CAD 软件后的三维图形。

工程上只需要选取有限数量的剖面，使其能够满足实际精度要求，进而准确地确定船体的几何形状。按照船舶大小和形状复杂程度不同，沿船长方向，一般取 21 个横剖面共 0~20 站或 11 个横剖面共 0~10 站，在型线图上，将这些横剖面所在的位置称为理论站点。对艏、艉型线变化比较大的船舶，在艏部或艉部可以根据需要添加中间站。两站之间的距离称为站距。水平剖切平面和纵向剖切平面的数量也可以根据船舶的型深和船宽，按需要确定。

### 3.1.3　船体主尺度

根据《金属船体制图》（GB 4476—2008）规定，民用船舶图样，一般将船舶置于和正立投影面平行的位置，船首绘于图纸右侧，船尾绘于图纸左侧。采用工程制图标准所规定的第一象限正投影方法，表达船体图样。人站立于船上，面向船首，人的左右手方向分别定义为船的左右两舷。

金属船体的主尺度是指船体型表面上量取的船体外形大小的基本度量。船体主尺度

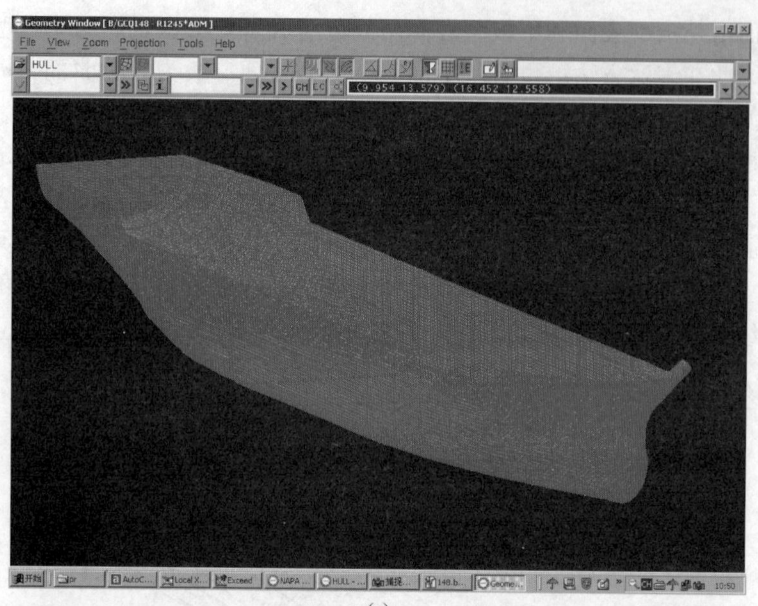


(a)

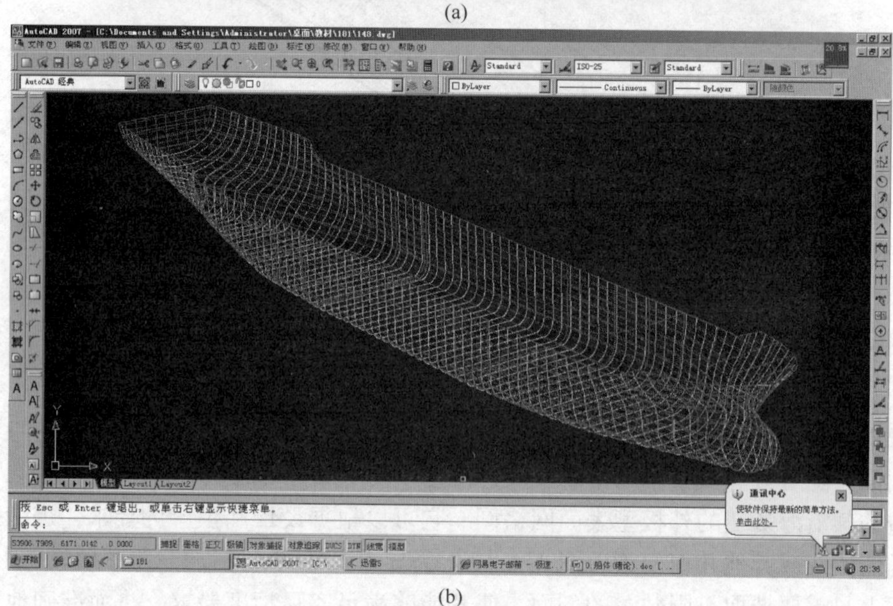

(b)

图 3-6　三维船体网格

（Principal Dimensions）既是影响船舶性能和使用功能的关键要素，也是绘制型线图的基本尺度，如图 3-7 所示。

**一、船长**

1. 总长

船舶总长（Length Overall）是指船体型表面（包括安装于船体艏、艉的永久结构物）最前端和最末端之间的水平距离，记为 $L_{OA}$。

2. 设计水线长

设计水线长（Length on Waterline）指满载水线与船体型表面艏、艉轮廓线交点之间的水平距离，记为 $L_{WL}$。设计水线面指船舶满载状态下，船体型表面与水面的交线所形成的平面。

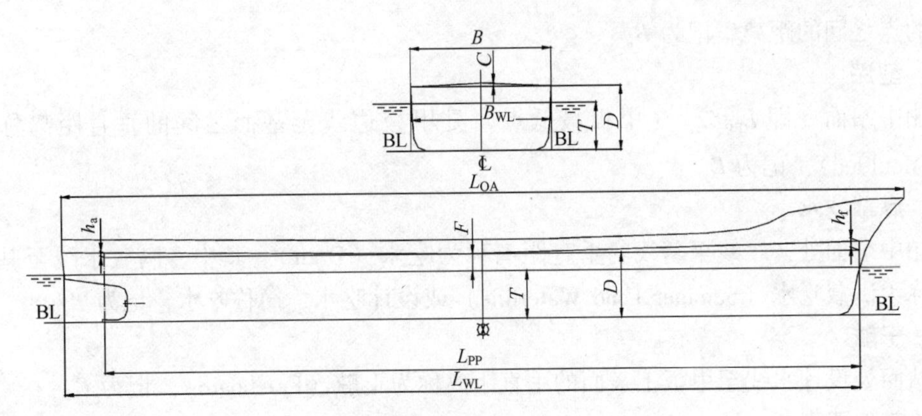


图 3-7　船舶主尺度

3. 垂线间长

垂线间长（Length between Perpendiculars）也称两柱间长。通过设计水线与首轮廓线的交点所作的垂线称为艏垂线（FP）；艉垂线（AP）是通过船尾某固定点所作的垂线，根据船型不同，固定点分别是：

（1）设计水线面与舵柱后缘的交点（有舵柱船舶）见图 3-8（a）；

（2）设计水线与舵杆中心线交点，见图 3-8（b）；

（3）设计水线与尾轮廓线交点（无舵船舶或海洋工程结构物等）见图 3-8（c）。

艏垂线与艉垂线之间的水平距离称为垂线间长，记为 $L_{PP}$。

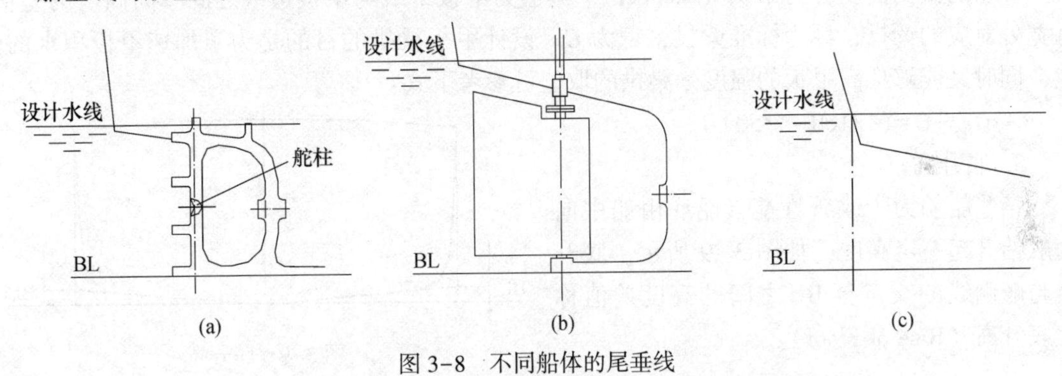


图 3-8　不同船体的尾垂线

（a）有舵柱船的艉垂线；（b）舵杆中心线；（c）无舵船的艉垂线。

## 二、船宽

1. 型宽

前文所述的 21 个或 11 个假想横剖面所在的位置，在船舶工程中被定义为理论站。过每一理论站所作的横剖面称为站面，各站面平行于侧立投影面。船体型宽（Breadth Moulded）是指船体型表面最大宽度处（多数船舶位于中站面处），船体两舷甲板边线上对应点之间的距离，记为 $B$。

2. 水线宽

水线宽（Breadth Waterline）指设计水线上船体最大宽度处两舷对应点之间的距离，记为 $B_{WL}$。

3. 最大宽度

某些船舶甲板宽度大于型宽，如舷伸甲板船。甲板最大宽度（Breadth Extreme）处指两舷对应的点之间的距离，记为 $B_{max}$。

**三、型深**

船舶中站面（即 $L_{PP}/2$）（甲板最低点）处甲板边线至基面之间的垂直距离称为型深（Depth Moulded），记为 $D$。

**四、满载吃水**

船舶中站面处，水线至基线的垂直距离称为吃水（Draft）。其中，满载水线至基线的垂直距离称为满载吃水（Summer Load Waterline）或设计吃水，简称吃水，记为 $T$。

**五、干舷**

中站面处设计水线至甲板上表面的垂直距离称为干舷（Freeboard），记为 $F$。

**六、其他要素**

1. 舷弧

甲板边线的纵向曲度称为舷弧（Sheer）。其值为各站处舷弧线与型深的高度差。在艏、艉垂线处，分别称为艏舷弧（Sheer at Forward Perpendicular）和艉舷弧（Sheer at After Perpendicular），记为 $h_f$ 和 $h_a$。

对于海船，标准舷弧可以参考下式求得：

$$艏舷弧\ h_f = 50(L_{PP}/3+10)\,\text{mm}$$

$$艉舷弧\ h_a = 25\ (L_{PP}/3+10)\ \text{mm}$$

2. 梁拱

甲板的横向曲度称为梁拱（Camber）。其值为甲板中线与甲板边线之间垂向高度的差值，型宽处对应的梁拱，称为标准梁拱，记为 $C$。设计甲板梁拱的目的是为了加速甲板积水的流泄，同时又能够提高甲板的强度。梁拱的取值可参考下式：

$$C = (1/100 \sim 1/50)B$$

3. 底升高

某些船舶为了改善性能，船底由船中向两舷抬升起一定高度，如图 3-9 所示。底升线与舷侧线的交点至 BL 之间的高度差值称为底升高（Rise of Floor）。

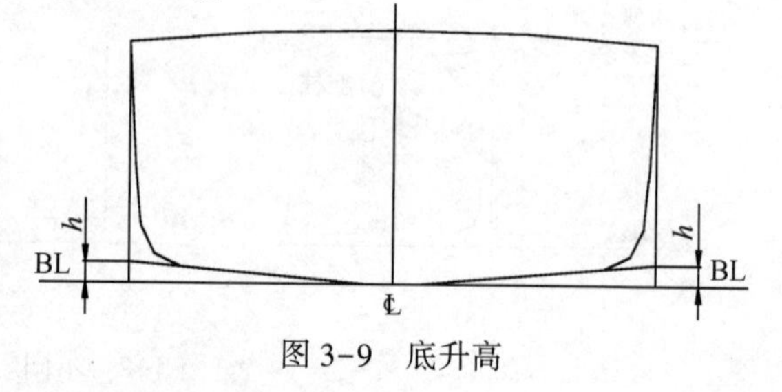


图 3-9　底升高

## 3.2　型线图的基本视图

将船体型线（包括艏艉轮廓线、甲板边线、舷墙顶线、外板顶线、水线、横剖线、纵剖线）分别向三个投影面上投影，得到三面投影图即为型线图的三视图。其中正面投影图称为纵剖线图；侧面投影图称为横剖线图；水平投影图，因为多数船体具有横向对称性，在绘图时，习惯上只绘出船体左侧这一半，所以型线图的水平投影称为半宽水线图，如图 3-10 所示（图中，因为控制幅面的原因，半宽水线图表达左舷）。

### 3.2.1　纵剖线图

用平行于中线面的纵向平面剖切船体得到与船体型表面的交线称为纵剖线。纵剖线在正投影面的投影为曲线，显示其真实形状，在侧立面和水平面的投影为直线。纵剖线图（Sheer

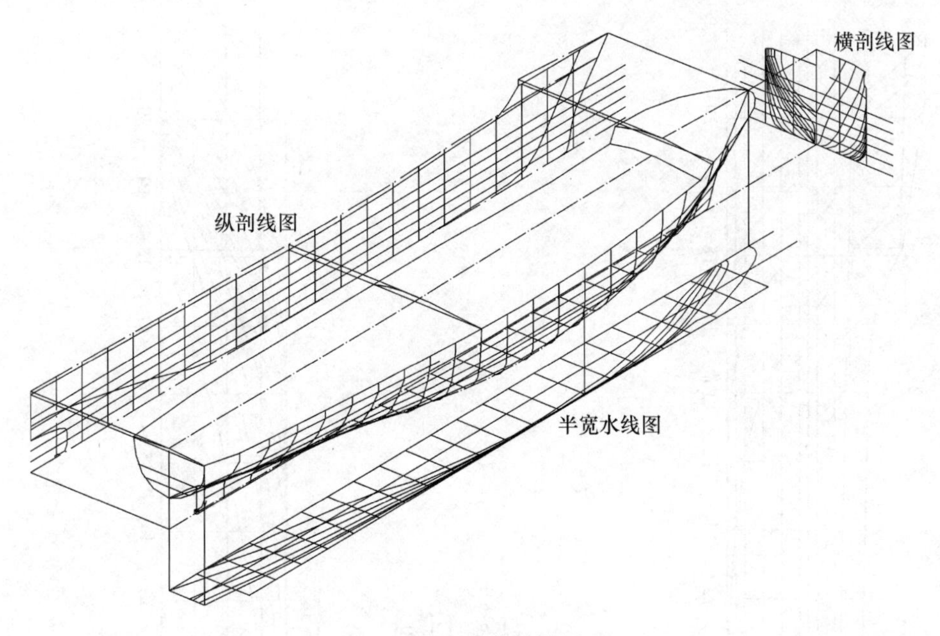


图 3-10　型线的投影原理

Profile）由轮廓线、甲板中心线、格子线和纵剖线组成。纵剖线图的轮廓线由外板型表面转向轮廓线（艏、艉轮廓线）、外板顶线、舷墙顶线、船底线和甲板中心线组成。外板型表面顶缘线称为外板顶线。如果外板之上设置有舷墙，则型表面的顶缘线为舷墙板的顶缘线，称为舷墙顶线。通过中站面与龙骨线的交点作的水平面称为基平面，基平面与中站面、中线面的交线称为基线（BL）。

因为甲板中心线和艏、艉轮廓线平行于正投影面，所以它们和各纵剖线在纵剖线图中反映其实形，其他各种型线在纵剖线图中不反映实形。

由于横剖线和水线所在的各平面与正投影面垂直，因此它们的投影分别积聚为垂直和平行于基线的垂直线和水平线，如图 3-11（a）所示，两组直线相互垂直形成所谓格子线。

### 3.2.2　横剖线图

平行于中站面的横向平面剖切船体得到与船舶型表面的交线称为横剖线。横剖线在侧立面的投影为曲线，显示真实形状，在正投影面和水平面的投影为直线。船体横剖线左右对称。为了使图面清晰，习惯上将中站线至船尾各站横剖线的左侧一半配置在船体中线左侧；而将中站线至船首各站横剖线的右侧一半配置于中线右侧。

横剖线图（Body Plan）的轮廓线由外板型表面转向轮廓线（最大横剖线）、船底线、外板顶线、甲板边线、舷墙顶线组成。

横剖线的数量根据具体要求确定。一般将船体的垂线间长 10 等分或 20 等分，形成 11 个或 21 个横剖面，等分点称为理论站，各等分点之间的间距称为站距，为 $1/10L_{PP}$ 或 $1/20L_{PP}$。一组横剖线反映船体型线沿船长方向的变化。

纵剖线和水线的投影分别积聚为垂直和平行于基线的直线，如图 3-11（b）所示，即横剖线图的格子线。

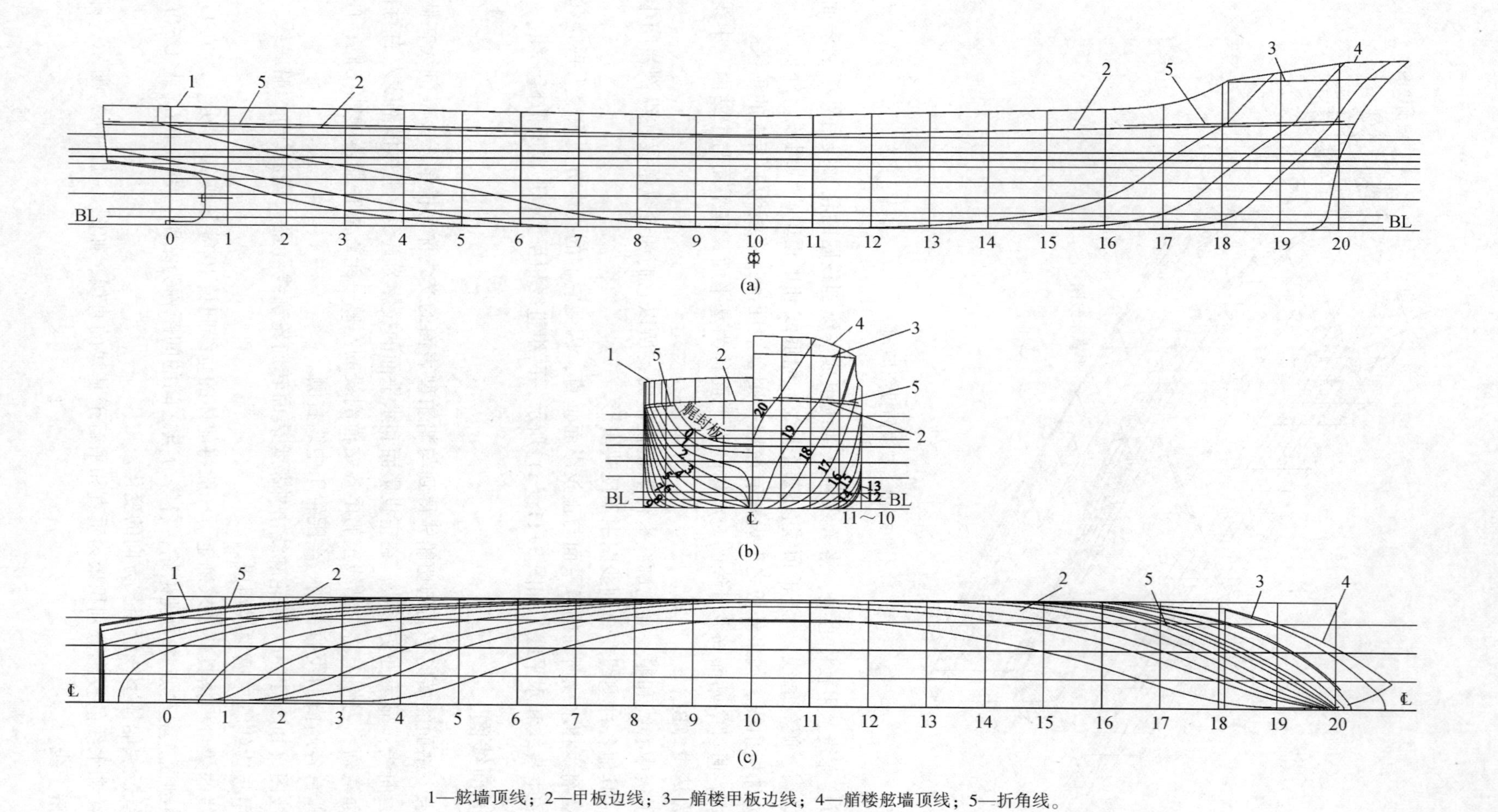


1—舷墙顶线；2—甲板边线；3—艏楼甲板边线；4—艏楼舷墙顶线；5—折角线。

图 3-11 型线的三视图

### 3.2.3 半宽水线图

平行于设计水线的水平平面剖切船体得到的剖面称为水线面，水线面与船体型表面的交线称为水线。水线在水平面的投影显示其真实形状，在正投影面和侧立面的投影为直线。由于船体左右对称，水线图通常只绘制水线的一半即左舷部分的水线，俗称半宽水线图（Half Breadth Plan）。半宽水线图的轮廓线由甲板边线、舷墙顶线、外板顶线组成，除水平甲板船之外，一般均不反映实形。

水线的数量依据型深、吃水、型线变化趋势和精度要求确定。对排水型船舶，一般水下部分对船舶性能的影响更大，取的水线数量较多，水上部分一般取 1 或 2 根，另外加上设计水线。水线间距一般取设计吃水的等分值，并尽量取整。一组水线反映出船体型线在型深方向的变化情况。

在半宽水线图中，纵剖线和横剖线分别积聚为平行于中线的平行线和垂直于中线的垂直线，形成格子线，如图 3-11（c）所示。

### 3.2.4 型线图的布置

因为型线图是确定船体几何形状的总体图样，所以为了尽量使图形在标准幅面内能绘制得更清晰，而又不使图纸过长，通常采用如图 3-12 所示的两种布置方式。其中图 3-12（a）为分离式，用于一般船舶型线图；图 3-12（b）为重叠式，用于有平行中体的船舶。

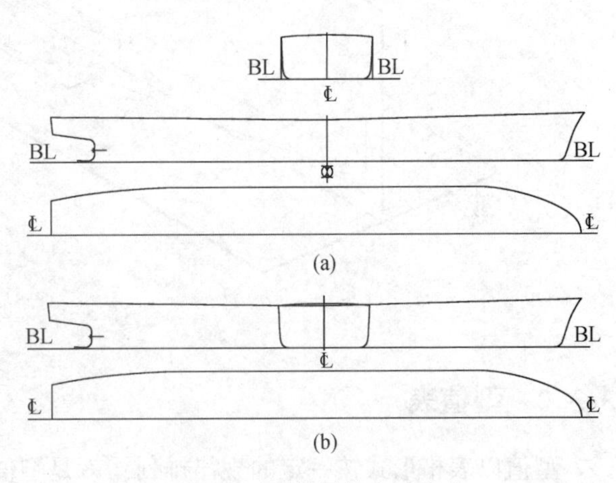


图 3-12 型线图的布置形式

## 3.3 型值和型值表

### 3.3.1 型值

船体型表面的形状是通过一系列型线进行描述的。这些共曲面的型线如果不平行则必然相交，交点就是型值（Offset）点。只要型值点在坐标体系中被确定，过这些点的型线就可以近似地被确定，整个型表面也就近似地在坐标体系中被确定了。

空间一条曲线上的点，其三面投影必在曲线的同面投影上。在型线图中，确定一个点的空间位置，即可在三个投影图确定点的三个投影。

型线图坐标系以中线面、中站面和基平面三个互垂平面的交线为 $x$、$y$、$z$ 坐标轴，船首、船舶右舷和基线上方分别为 $x$、$y$、$z$ 三个轴的正方向。

如图 3-13 所示，型表面上的点可以由三个坐标（$x_a$、$y_a$、$z_a$）即三个型值所确定。三个型值中，只要已知其中两个，就可以根据投影关系求得第三个。

在实船设计和建造中，船舶型表面的型值通常是横剖线、水线、纵剖线以及其他型线之间交点的型值，同时根据船舶性能需要确定纵剖线图中型表面的艏、艉轮廓线与各水线的若干交点的型值，就能确定完整的船舶几何形状。

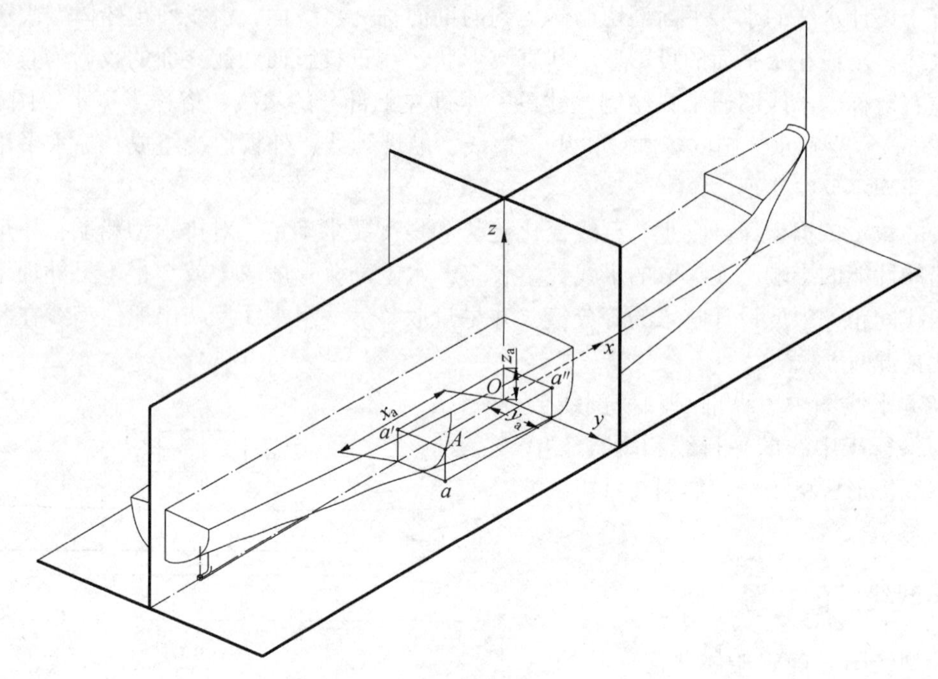


图 3-13　型值点

### 3.3.2　型值表

型值以表格形式按一定的规律排列，就是型值表（Offset Table）。型值表的布局如表 3-1 所示。

表 3-1　型值表的布局

| 型　值 | 型　线 | 站号（即型值点的 $x$ 坐标） |
| --- | --- | --- |
| 半宽值 | 水线值（即型值点的 $z$ 坐标） | 格子线型值点的 $y$ 坐标 |
| | 轮廓线 | 轮廓线型值点的 $y$ 坐标 |
| 高度值 | 纵剖线（即型值点的 $y$ 坐标） | 格子线型值点的 $z$ 坐标 |
| | 轮廓线 | 轮廓线型值点的 $z$ 坐标 |

表中型值点可分为三类：

（1）各水线与横剖线的交点。这些交点的 $x$ 坐标（站距）和 $z$ 坐标（水线高度值）已知，$y$ 坐标未知。

（2）纵剖线与横剖线交点。这些交点 $y$ 坐标（纵剖线距船体中线面位置）和 $x$ 坐标（站距）已知，$z$ 坐标（点距离基线的高度）未知。

（3）其他型线与横剖线交点。这些交点的 $x$ 坐标（站距）已知，$y$、$z$ 坐标未知。

型值表仅列出了型表面属于格子线上点的型值。还有其他如艏、艉轮廓线、型线上局部突变点和局部过渡线的型值、底升高值、有原始纵倾的船舶的倾斜龙骨的倾斜值等，是通过尺寸标注的形式直接在图中标示的，如表 3-2（1000t 沿海货船的型值表）所示。

## 表 3-2　1000t 沿海货船型值表

| | | 吃水 | 艉端点 | | 站号 | | | | | | | | | | | | | | | | | | | | 艏端点 | |
|---|---|---|---|---|---|---|---|---|---|---|---|---|---|---|---|---|---|---|---|---|---|---|---|---|---|---|
| | | | 距中 | 半宽 | 0 | 1 | 2 | 3 | 4 | 5 | 6 | 7 | 8 | 9 | 10~11 | 12 | 13 | 14 | 15 | 16 | 17 | 18 | 19 | 20 | 距中 | 半宽 |
| 半宽值 | 基线 | 0 | -29700 | 150 | — | 150 | 150 | 150 | 307 | 1101 | 2217 | 3156 | 3835 | 4284 | 4441 | 4324 | 3976 | 3479 | 2887 | 2112 | 1139 | 389 | — | — | 27981 | 0 |
| | 水线 | 400 | -27896 | 150 | — | 150 | 233 | 668 | 1635 | 2851 | 3666 | 4212 | 4703 | 5067 | 5125 | 5017 | 4850 | 4500 | 4000 | 3375 | 2450 | 1400 | 483 | — | 28756 | 0 |
| | | 800 | -27713 | 150 | — | 150 | 429 | 1556 | 2750 | 3556 | 4152 | 4623 | 5010 | 5266 | 5367 | 5284 | 5163 | 4920 | 4525 | 3908 | 3000 | 1800 | 659 | — | 28952 | 0 |
| | | 1600 | -27756 | 150 | — | 291 | 1963 | 3067 | 3772 | 4276 | 4638 | 4962 | 5222 | 5392 | 5500 | 5492 | 5447 | 5362 | 5075 | 4500 | 3600 | 2333 | 950 | — | 29103 | 0 |
| | | 2400 | -27836 | 150 | — | 1771 | 3330 | 3969 | 4402 | 4702 | 4944 | 5147 | 5324 | 5453 | 5500 | 5500 | 5500 | 5491 | 5300 | 4875 | 4031 | 2750 | 1280 | — | 29249 | 0 |
| | | 3200 | -31936 | 0 | 2654 | 3607 | 4220 | 4547 | 4810 | 4989 | 5156 | 5274 | 5385 | 5488 | 5500 | 5500 | 5500 | 5500 | 5400 | 5125 | 4378 | 3198 | 1706 | — | 29406 | 0 |
| | | 3600 | -32681 | 2304 | 3306 | 4012 | 4472 | 4773 | 4971 | 5112 | 5252 | 5336 | 5418 | 5499 | 5500 | 5500 | 5500 | 5500 | 5436 | 5228 | 4542 | 3422 | 1962 | — | 29500 | 0 |
| | | 4000 | -32722 | 2950 | 3743 | 4286 | 4661 | 4954 | 5103 | 5225 | 5326 | 5388 | 5444 | 5500 | 5500 | 5500 | 5500 | 5500 | 5463 | 5308 | 4683 | 3655 | 2201 | 197 | 29624 | 0 |
| | | 4800 | -32804 | 3641 | 4288 | 4706 | 5035 | 5257 | 5358 | 5421 | 5457 | 5476 | 5494 | 5500 | 5500 | 5500 | 5500 | 5500 | 5500 | 5456 | 4946 | 4132 | 2750 | 570 | 29938 | 0 |
| | 甲板边线 | | -32854 | 3929 | 4533 | 4912 | 5168 | 5380 | 5455 | 5500 | 5500 | 5500 | 5500 | 5500 | 5500 | 5500 | 5500 | 5500 | 5500 | 5500 | 5110 | 4482 | 3299 | 1149 | 30305 | 0 |
| | 艏楼甲板边线 | | — | — | — | — | — | — | — | — | — | — | — | — | — | — | — | — | — | — | — | — | 4233 | 2627 | 32031 | 0 |
| | 舷墙顶线 | | -32869 | 4000 | 4600 | 4981 | 5243 | 5422 | 5500 | 5500 | 5500 | 5500 | 5500 | 5500 | 5500 | 5500 | 5500 | 5500 | 5500 | 5500 | 5292 | 5169 | 4400 | 3150 | 33010 | 0 |
| | 折角线 | | — | — | 4600 | 4981 | 5243 | 5422 | 5500 | 5500 | — | — | — | — | — | — | — | — | — | — | 5152 | 4555 | 3413 | 1289 | — | — |
| 高度值 | 纵剖线 | CL | — | — | 2876 | 0 | 0 | 0 | 0 | 0 | 0 | 0 | 0 | 0 | 0 | 0 | 0 | 0 | 0 | 0 | 0 | 0 | 0 | 3600 | 150 | — |
| | | 1500 | — | — | 2944 | 2317 | 1386 | 777 | 357 | 55 | 0 | 0 | 0 | 0 | 0 | 0 | 0 | 0 | 0 | 0 | 11 | 486 | 2844 | 6065 | 150 | — |
| | | 3000 | — | — | 3384 | 2812 | 2176 | 1554 | 957 | 460 | 111 | 0 | 0 | 0 | 0 | 0 | 0 | 0 | 0 | 77 | 800 | 2850 | 5127 | 8476 | — | — |
| | | 4500 | — | — | 5181 | 4402 | 3633 | 3120 | 2566 | 1990 | 1317 | 645 | 235 | 24 | 6 | 24 | 141 | 400 | 776 | 1600 | 3492 | 5474 | — | — | — | — |
| | 甲板边线 | | — | — | 5249 | 5216 | 5187 | 5150 | 5128 | 5113 | 5017 | 4989 | 4941 | 4880 | 4900 | 4943 | 5016 | 5091 | 5160 | 5297 | 5371 | 5439 | 5505 | 5577 | — | — |
| | 舷墙顶线 | | — | — | 6249 | 6213 | 6187 | 6150 | 6112 | 6081 | 6033 | 5989 | 5942 | 5904 | 5894 | 5937 | 6016 | 6092 | 6160 | 6297 | 6555 | 7659 | 8247 | 8717 | — | — |
| | 艏楼甲板边线 | | — | — | — | — | — | — | — | — | — | — | — | — | — | — | — | — | — | — | — | — | 7807 | 7876 | — | — |
| | 折角线 | | — | — | 5393 | 5360 | 5329 | 5288 | 5264 | 5263 | — | — | — | — | — | — | — | — | — | — | 5514 | 5582 | 5648 | 5725 | — | — |

## 3.4 型线图的标注

为了便于识读和使用型线图，要对型线进行编号和标注。型线图的标注包括：理论站编号；水线、纵剖线、横剖线编号；基本符号；相关尺寸的标注（见型线图），如图 3-14 所示。

### 3.4.1 编号与标注

1. 基本符号标注

在型线图中，基线、船体中线和中站（即船舯）分别记为 BL、℄和⨂，在型线图的相应位置加以标注。

2. 纵剖线的编号与标注

根据纵剖面到中线面的距离，以 mm 为单位，记以“× ×纵剖线”。在半宽水线图中，标注于格子线两端所对应的纵剖线之上；在横剖线图中，标注于基线下方对应该纵剖线的位置；为便于阅图，在纵剖线图中，于视图首、尾两端区域，各纵剖线的标注沿着对应的纵剖线标注于曲线上方。

3. 横剖线的站号与标注

横剖线从艉垂线至艏垂线的站号依次编号为 0、1、2、3、…、10（或 20），半站或 1/4 站等记为 0、1/4、1/2、3/4、1、…、9、$9\frac{3}{4}$、$9\frac{1}{2}$、10 等。艉垂线以后的站号在各对应的数字前面添加负号“-”进行编号，例如-1/4、-1/2、-1 等。在纵剖线图中，横剖线的编号标注在基线下方每站对应的位置；在半宽水线图中，横剖线的编号标注于中线下方各站对应位置；而在横剖线图中，横剖线的编号标注于对应的横剖线上方。

4. 半宽水线的编号与标注

根据水平剖切面至基线的高度，以 mm 为单位，记以“× ×水线”。在横剖线图和纵剖线图中，水线的编号分别标注于各视图两端每条水线的上方。在半宽水线图中，在视图首、尾两端沿水线分别标注于对应的水线上方。

5. 其他型线的标注

在型线图中，甲板边线、舷墙顶线、外板顶线和折角线等，在三个视图首、尾区域对应的位置用文字标出。甲板中心线仅标注于纵剖线图中。

### 3.4.2 尺寸标注

1. 船舶主尺度

船舶主尺度和有关参数采用主尺度栏的方式表示，一般布置于型线图右上方。

2. 型值表

型值表以表格的形式布置于型线图左上方。

3. 其他尺寸

确定船体艏、艉形状、底升高度、底部纵倾、舭部圆弧和型线突变部位的尺寸，采用一般工程图样的尺寸标注方式，直接标注。

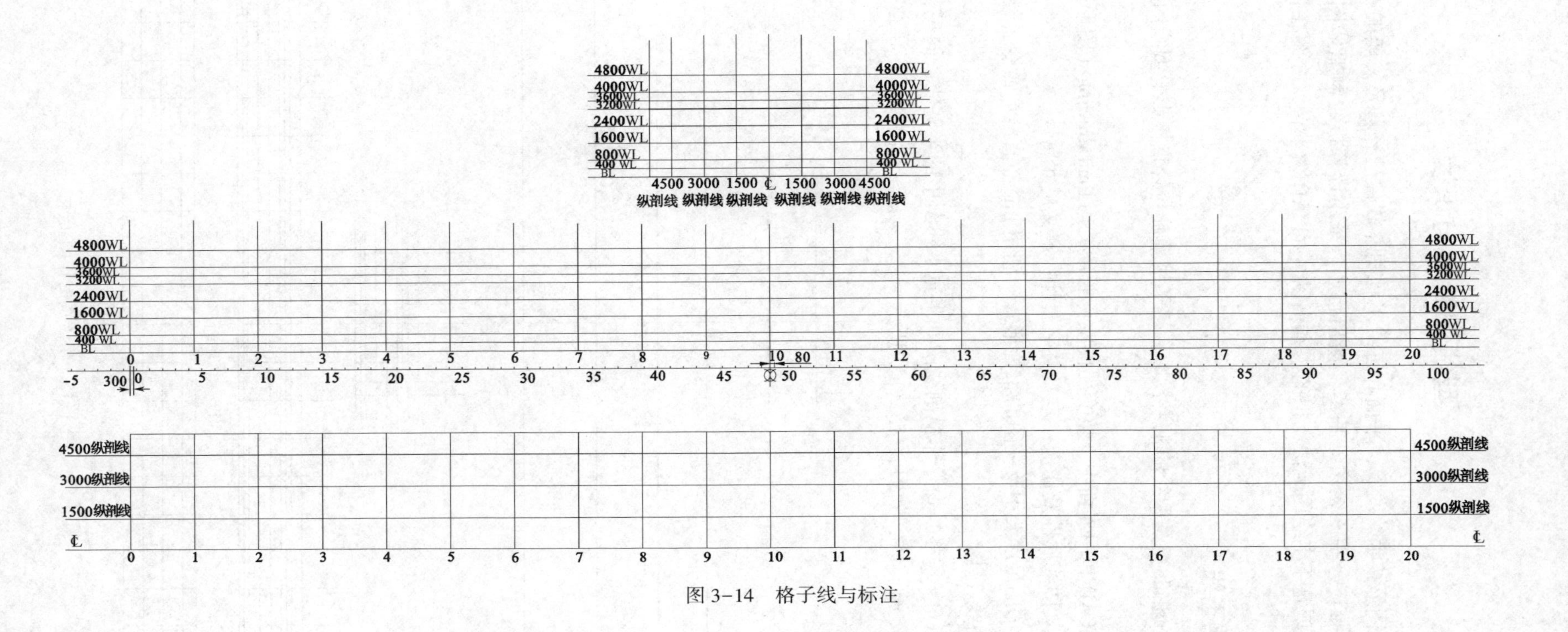

4800WL
4000WL
3600WL
3200WL
2400WL
1600WL
800WL
400 WL
BL
4500 3000 1500 ℄ 1500 3000 4500
纵剖线 纵剖线 纵剖线 纵剖线 纵剖线 纵剖线
0 1 2 3 4 5 6 7 8 9 10 11 12 13 14 15 16 17 18 19 20
-5 0 5 10 15 20 25 30 35 40 45 50 55 60 65 70 75 80 85 90 95 100
300
80
4500纵剖线
3000纵剖线
1500纵剖线
℄


图 3-14　格子线与标注

## 3.5 型线图绘制与识读

随着计算机图形技术的发展，平面和三维工程图样软件已经普及。船舶专用三维软件得到广泛地应用与推广。手工绘图已基本上淡出行业。采用计算机绘制船体图样，其精确性、美观性和绘图速度是手工绘图无法比拟的。本书以 AutoCAD 为平台，介绍在该平台下格子线绘制方法。

### 3.5.1 绘制格子线

格子线（Graticule）是型线的积聚投影，格子线精确与否直接影响型线图的准确性。

作图步骤：

(1) 在 AutoCAD 作图界面中，按实船的实际长度，用 limit drawing（图形范围）命令确定幅面的大小；定义图线属性及比例；定义文字属性；定义尺寸属性。

(2) 根据船舶的尺度大小及视图的布置形式，利用 line（直线）命令，绘出基线（BL）、中线（℄）、中站线（⌽）。

(3) 利用 effort（偏移）命令作横剖线图和半宽水线图中的半宽线；同理，作纵剖线图和半宽水线图中艏、艉垂线，如图 3-15（a）所示。

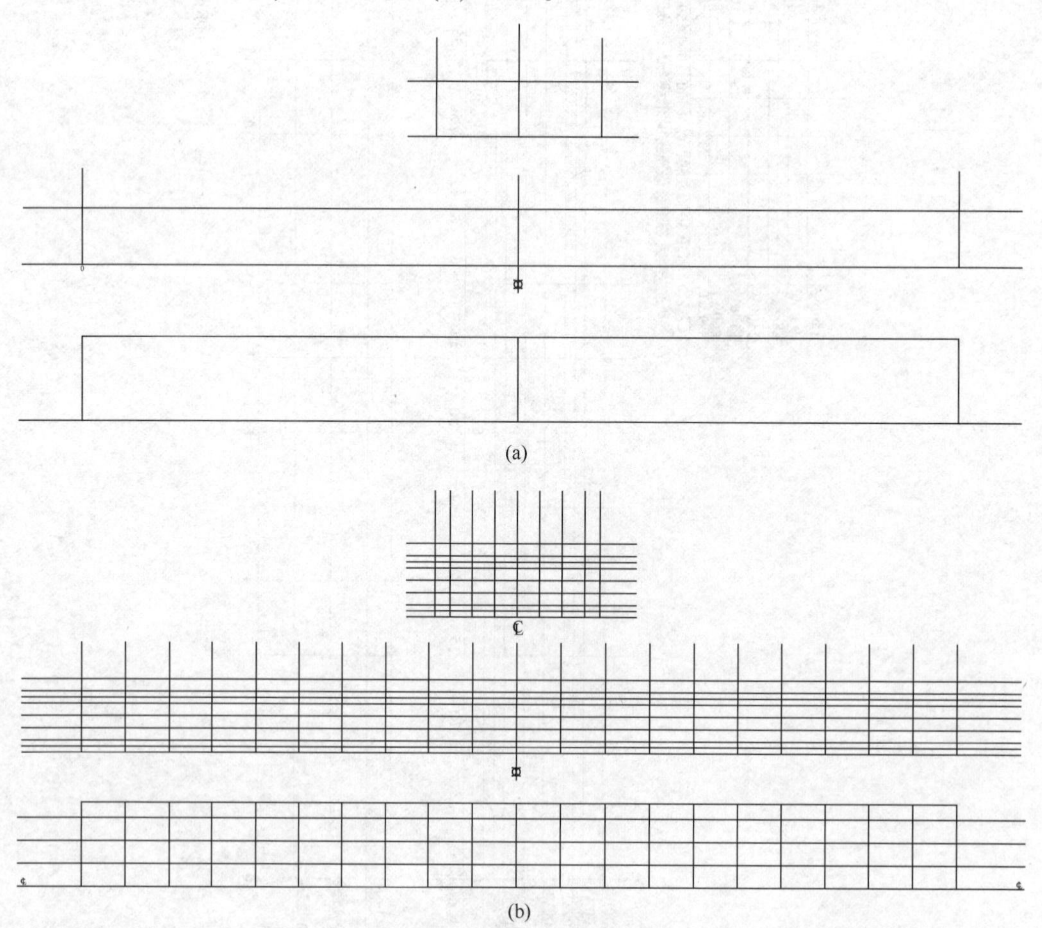


图 3-15 格子线的作图步骤

（4）按设计的站距，利用线性列阵或偏移命令，在半宽水线和纵剖线图中绘出各站站线；根据设置的水线间距，利用 effort（偏移）命令，在横剖线图和纵剖线图中绘出各条水线；根据设计的纵剖线间距，利用 effort（偏移）命令，在横剖线图和半宽水线图中绘出各条纵剖线，如图 3-15（b）所示。

（5）对各图进行对应的编号与标注，如图 3-14 所示。

### 3.5.2 绘制肋位线

理论站是用以确定船体几何形状的分站线。而肋骨站则是船体设计和建造过程中布置舱壁、骨架时，定位、划线和装配的依据。肋骨站也是绘制其他船体图样的依据，型线图上的某些特殊点也需要根据肋骨位置确定，所以在绘制型线之前应先绘出肋骨站线。

一般情况下，肋骨 0 站（记为#0）位于理论 0 站前或后半个肋位的位置，以避免在舵杆穿出船体时，截断位于#0 横向船体骨架，影响船体强度和结构完整性。

（1）在基线下方绘出肋位线。用垂直短线划绘出初始肋位站线，利用“线性阵列”或“偏移”命令，根据需要的站数绘出各肋位站线。

（2）为了便于读数和绘图，每隔 5 站进行一次标注，#0 向艉为负、向艏为正，记为-5、0、5、10、15、20……。为了标明肋位站线与理论站线之间的距离，在距艉垂线、中站线和艏垂线最近的肋位处标以相应的距离尺寸。

在上述工作完成后，确定打印出图比例、绘出图框、标题栏和型值表等。

### 3.5.3 轮廓线的绘制

1. 纵剖线图轮廓线及甲板边线

纵剖线图中，轮廓线是由艏、艉轮廓线、龙骨线、外板顶线或舷墙顶线的投影组成的封闭图线框。其中，龙骨如果是水平的，则龙骨线与基线 BL 重合，否则，根据设计的尺寸确定。艏、艉轮廓线的形式与船舶的性能关系密切，一般以图形尺寸的方式定形定位。

外板顶线、舷墙顶线一般是甲板边线的等距线。甲板边线的正面投影称为舷弧线（Sheer Line），多设计为抛物线。在纵剖线图中可以根据艏、艉舷弧的高度等用近似作图方式绘制。具体绘图步骤见附录一。艉舷弧线作图方法相同。外板顶线、舷墙顶线多为甲板边线的等距线，其方法类似。

2. 半宽水线图的轮廓及甲板边线

半宽水线图的轮廓线由艏、艉轮廓线、外板顶线或舷墙顶线的投影组成。而甲板边线是根据船舶的使用要求、性能特点设计确定的。半宽水线图中外板顶线和舷墙顶线，按照投影关系，并根据甲板边线的变化趋势确定。

注：本书各例图的绘图习题中，纵剖线图中的甲板边线、外板顶线和舷墙顶线均由上述方式绘制并提供尺寸和型值。绘图者无须根据上述方法重新绘制，只需按型值表中提供的高度值，绘制纵剖线图的相应曲线；根据型值表中半宽值绘制水线图中的相应曲线；按尺寸绘制艏、艉轮廓线。

3. 横剖线图轮廓

横剖线图的轮廓由船体最大横剖面的横剖线（包括船底、舭部、舷侧三部分）以及外板顶线、舷墙线、甲板边线的投影线组成。最大横剖面的轮廓线根据型值表提供的型值或设计提供的图形尺寸绘制。为了保证投影关系的一致性，减少多次读取型值和比例作图产生的误差，投影曲线（甲板边线、外板顶线、舷墙顶线）的绘制应按投影原理，根据主、俯两面视图的对应关系，求出横剖线图中投影曲线上的投影点，再依次连线绘出。

以舷墙顶线为例，如图 3-16 所示，作横剖线图中舷墙顶线的投影：

（1）将纵剖线图中舷墙顶线各站上的点及特殊点 $a'$、$c'$的高度记录下来。

（2）将半宽水线图中舷墙顶线各站上的点及特殊点 $a$、$c$ 的宽度记录下来。

（3）在横剖线图中，将舷墙顶线对应点按投影关系投影到侧面图中。如 $a'$、$a \rightarrow a''$，$b$、$b' \rightarrow b''$，$c'$、$c \rightarrow c''$，$d'$、$d \rightarrow d''$，……，然后依次光顺连接各点即为舷墙顶线在横剖线图中的投影。

（4）从图 3-16 中可见，过渡段 *CDEF* 不光顺。为此，调整曲线的侧面投影，以达到光顺。图中，保持各点高度不变，将 $d'' \rightarrow d_1''$，$e'' \rightarrow e_1''$。相应地调整水线图中 $d \rightarrow d_1$，$e \rightarrow e_1$，如果 $cd_1e_1f$ 光顺，则 $c''d_1''e_1''f''$即为所求。

用类似方法可绘制其他轮廓线。

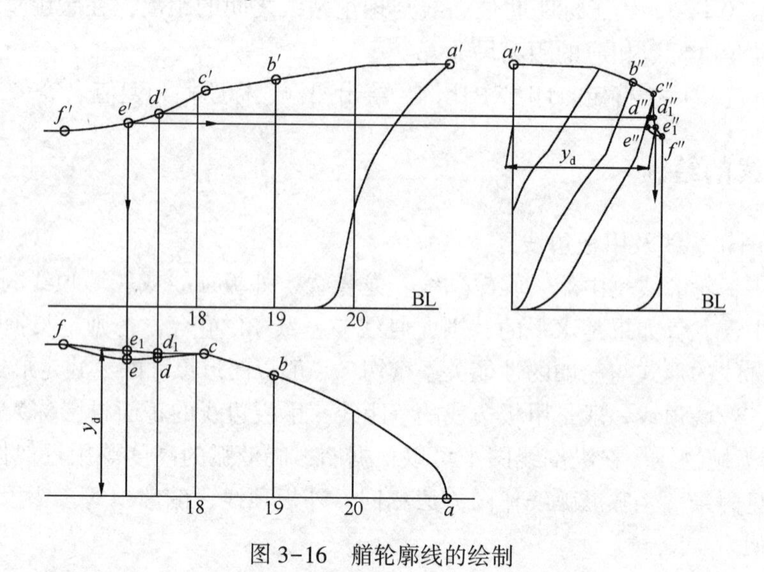


图 3-16　艏轮廓线的绘制

### 3.5.4　横剖线的绘制

横剖线具有在横剖线图中反映实形的特征。各站起点即每条横剖线与中线的交点。横剖线上船底线的半宽值 $y_{BL}$、各水线处的半宽值 $y_{iWL}$ 在型值表中读取。然后在横剖线图的格子线上标出相应的点，过这些点利用样条绘制曲线，并与轮廓线上对应站的各点相连接。横剖线要与船底线和最大半宽线相切，如图 3-17 所示。

完成各横剖线绘制后，在适当的位置，顺着每站横剖线的趋势，依次注出对应的站号，以便于读图。在横剖线绘制中，应注意各条曲线变化协调、光顺，以减少纵剖线调整的工作量。

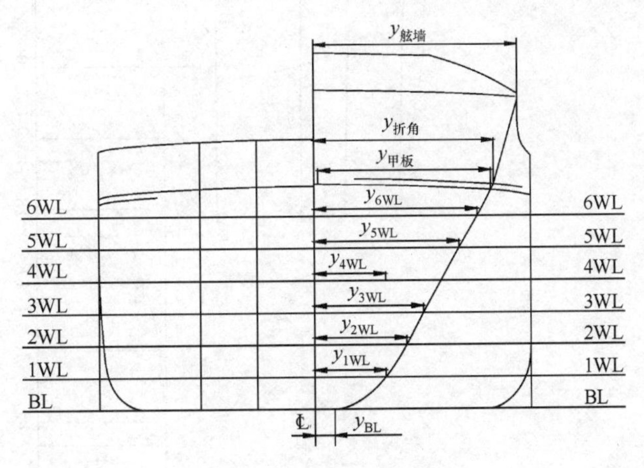


图 3-17　横剖线的绘制

### 3.5.5　半宽水线的绘制

各水线在半宽水线图中反映其实形。绘制水线时，不能再次使用型值表中绘制横剖线时使用过的半宽值，而是利用横剖线图与半宽水线图中各站水线的型值在两个视图中具有半宽相等的投影原理，将横剖线图中某一水线与各横剖线的交点（即半宽值）投影至半宽水线图相应的站线上，利用样条曲线依次光顺地连接各点，并与该水线对应的艏、艉轮廓相连接，即为所求的水线。图线绘制完成后，分别在艏、艉部分标注出对应的水线名，如图 3-18 所示。

### 3.5.6　纵剖线的绘制

纵剖线图是在横剖线图和水线图的基础上绘制的。基本原理是根据已知几何要素（点）的两面投影，求作第三面投影。纵剖线又是检验横剖线、半宽水线的投影关系是否一致、图线是否光顺、曲线变化是否协调的主要手段。

绘制纵剖线图步骤如图 3-19 所示。

（1）将横剖线图中各站横剖线与纵剖线（格子线中的垂直线）的交点，即图中的 1″、2″、3″、4″、……各点，标记于纵剖线图对应的各站站线上，得到 1′、2′、3′、4′、……各点。

（2）将半宽水线图中各条水线及轮廓线与纵剖线（格子线中的水平线）的交点，即图中 $a$、$b$、$c$、$d$、……各点，投影于纵剖线图对应的各水线上，得 $a'$、$b'$、$c'$、$d'$、……各点。

（3）利用样条曲线将这些点连接，即可绘出纵剖线。

（4）调整型线。因为绘图精度及作图的误差，纵剖线绘制很难同时完全满足投影关系正确、曲线光顺和各纵剖线变化趋势协调一致的要求，所以，为保证纵剖线绘制的光顺、协调和投影关系正确，对局部点的调整是必不可少的。这是绘制纵剖线的难点。

如图 3-20 所示，纵剖线（双点划线 $a'$点处）不光顺，需要按光顺、协调的要求将曲线调整。调整某一点会影响到水线图、横剖线图上相邻更多点的投影。比如，将纵剖线调光顺

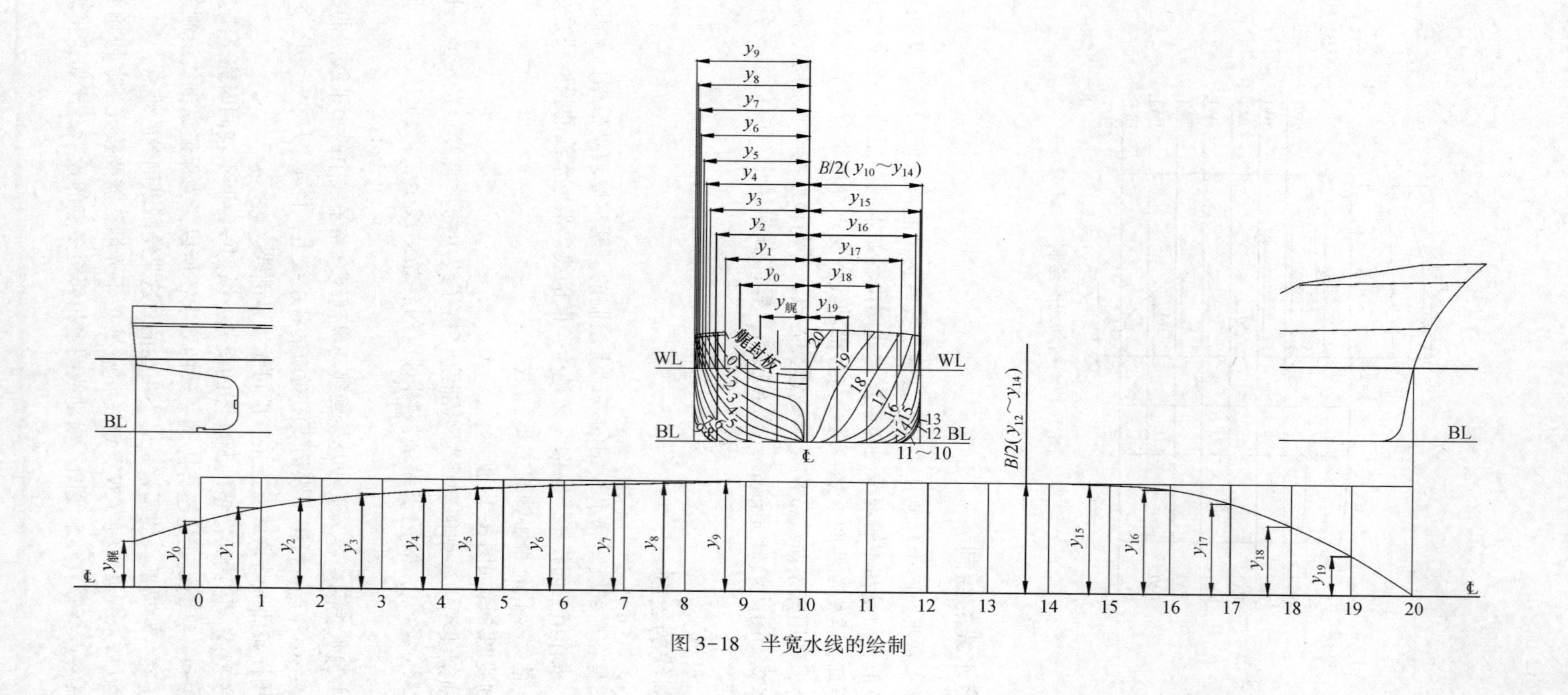


图 3-18 半宽水线的绘制

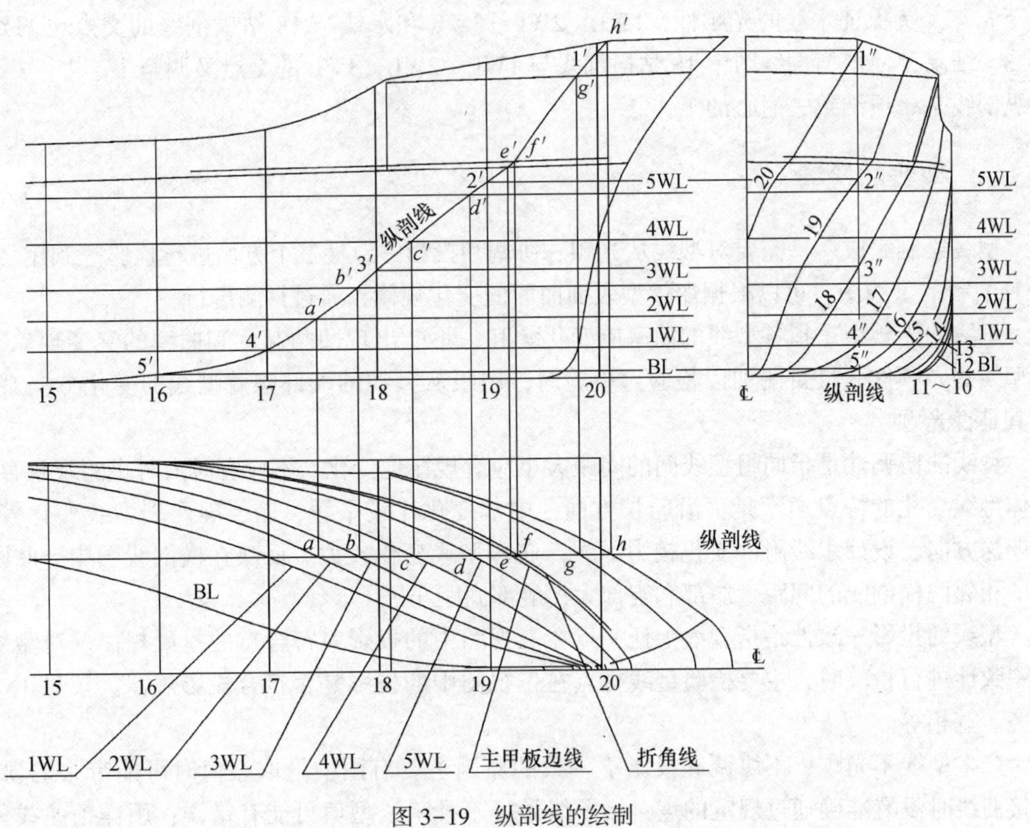

图 3-19 纵剖线的绘制

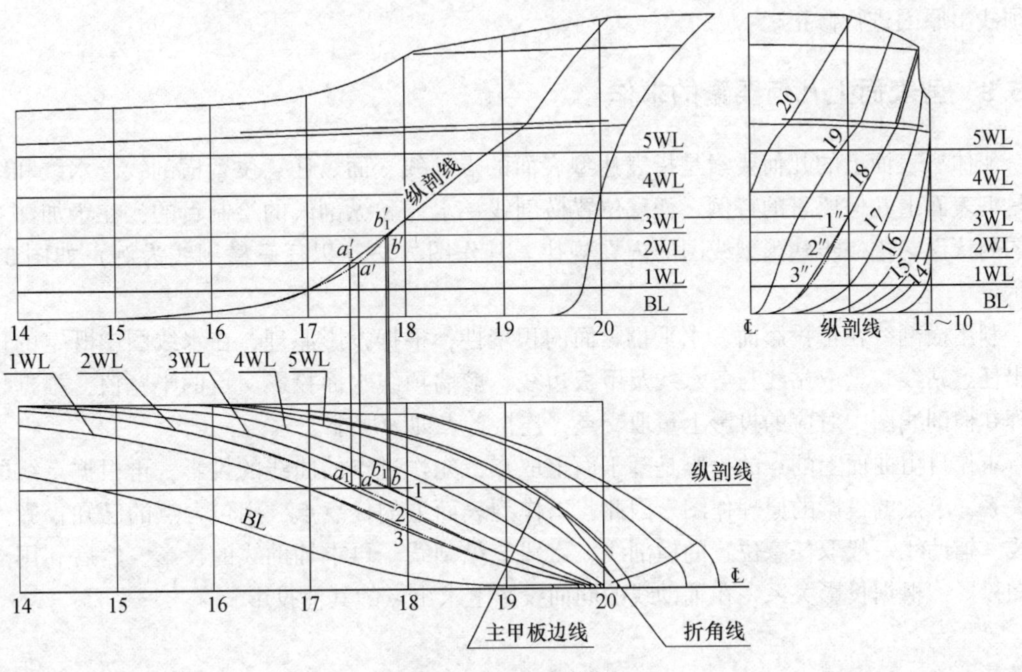

图 3-20 光顺纵剖线

(实线)，即 $a'$调至 $a_1'$时，影响到 $b'$（移动至 $b_1'$）。这样，又影响到水线图中点 $a$ 调至 $a_1$，$b$ 移至 $b_1$点。为保证水线的光顺性，1WL、2WL、3WL 和水线与 18 站横剖线的交点也调到 1、2、3。结果，使得横剖线图中 18 站横剖线与 1WL、2WL、3WL 的交点又调至 1″、2″、3″。调整纵剖线是一项细致、耐心的工作。

### 3.5.7 型线的检验

型线绘制完成后，需要对型线从光顺、协调和投影一致性三个方面进行检验。利用 AutoCAD 绘制的型线图，可以根据船体型表面曲面的变化规律，通过目测进行。

型线的光顺型是指各型线的曲率应变化缓和，不能出现凹凸起伏和曲率的突变现象。单根型线的光顺性通过目测加以检验。检验时，用眼从型线的端部顺着型线的变化方向观察，看其是否光顺。

型线的协调性是指同组型线间的间距大小应有规律地变化，不应有时大时小的现象存在。船体型线变化的特点通常是：沿船长方向，中部变化比较平缓，艏、艉两端型线变化较大；沿船深方向，设计水线附件变化较为平缓，底部型线变化较大。反映在横剖线图中，站距相等的相邻两横剖线的间距，艏部和艉部大，舯部间距小。

型线的投影一致性是指型线上任一点在三视图中的投影应符合点的投影规律。对型线投影一致性进行检验时，主要检验型线交点在三视图中的投影是否符合投影规律：长对正、高平齐、宽相等。

产生型线不光顺、不协调和投影不一致的原因主要有图中量取型值时可能带来的误差；连接曲线时没有准确通过规定的点；格子线做得不准确；型值可能有错误；用样条曲线分段连接曲线时，两段间的连接不好；等等。当发现型线有不光顺、不协调以及投影不一致时，必须找出原因进行修正。

### 3.5.8 型表面上几何要素的求作

船体型表面上的几何要素是指表达型表面的点、线、面。任意位置横剖线、水线和纵剖线是型表面上几何要素的特例。任意位置横剖线、水线和纵剖线的绘制目的，在于加深对型线图的认识，进一步熟悉型线图的内在规律。其作图方法（以任意横剖线为例）如图 3-21 所示。

利用横剖线在正投影面、水平投影面的积聚性，根据投影原理，在水线图中既定的位置作出任意站线。量取站线与各水线及甲板边线、舷墙顶线水面投影交点的半宽值，根据投影原理在横剖线图中对应的投影上量取交点，连接各点即为所求。

求作自由曲面上的点的投影是基于面上取点，先作过点的曲线的投影，再根据点线的从属关系，求点的投影的原理作图。因此，求作型表面上的任意点，用包含点的已知投影作辅助线，辅助线一般取任意位置的横剖线、水线或纵剖线，再求辅助线的投影，然后利用点的已知投影，根据投影关系，在辅助线的同面投影上求出点的其他投影。

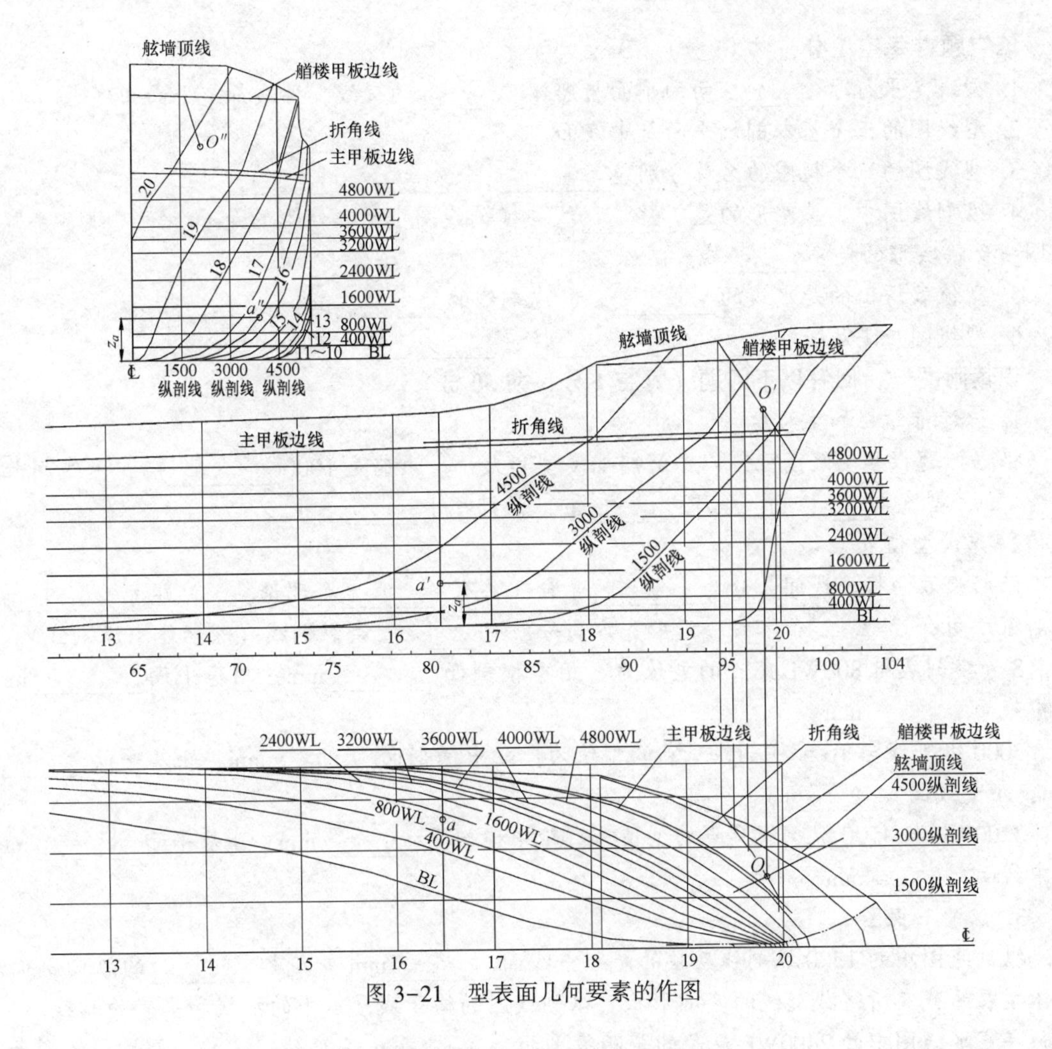


图 3-21　型表面几何要素的作图

## 【学习完成情况测试】

### 【任务导入】

型线图是通过几何作图的方法表征船体曲面形状和尺寸的图形，是船舶设计、计算和建造放样的重要依据。通过本章学习，掌握船体曲面几何描述的基本原理；了解船体在正投影体系中的投影方法；熟悉型线图各视图之间的联系规律；了解型线图与型值、型值表之间的联系及运用投影规律绘制型线图。

### 【任务实施】

**一、简述题（每题 2 分，共 10 分）**

1. 什么是型线图的理论站？如何划分理论站？
2. 型线图是如何生成的？有什么作用？
3. 什么是船体的型表面？为什么要引入型表面的概念？
4. 格子线的几何定义是什么 ？为什么格子线作图要精确？
5. 什么是艏垂线、艉垂线？什么是水线长？什么是垂线间长？

**二、填空题（每空1分，共15分）**

1. 型线是平行于________面的平面与船体________的交线，型线都是平面曲线。

2. 型线图的三个基本剖切平面是中线面、________、________。

3. 型线图的三个视图的名称分别是________、________、________。

4. 纵剖线图中反映实形的是________线。横剖线图中反映实形的是________线。半宽水线图中反映实形的是________线。

5. 型值表给出的是水线的________值、纵剖线的________值。

6. 型线图应满足________性、________性、________性的要求。

**三、识读附图一，回答以下问题（每空1分，共30分）**

1. 识读标题栏和主尺度

根据标题栏和主尺度栏可以了解船舶类型和大小。该船是1000t________船，垂线间长________m、型宽________m、型深________m、设计吃水________m。

2. 识读型值表

沿船长方向将垂线间长分为________等分，共有________个理论站，站距为________m。沿船深方向有________条水线，沿船宽方向每舷有________条纵剖线（除船体中纵剖线）。

8号横剖线与800WL交点的型值为：距中横剖面________mm，距基平面________mm，距中线面________mm。

3000纵剖线与16号横剖线交点的型值为：距中横剖面________mm，距基平面________mm，距中线面________mm。

3200WL与4500纵剖线交点的型值为：距中横剖面________mm，距基平面________mm，距中线面________mm。

3. 识读三视图

纵剖线图中的1500纵剖线反映的是距中线面________mm并与之________的纵向剖面和船体型表面截交所得截交线的实际形状。纵剖线图的格子线是水平的水线和垂直的站线。

半宽水线图中的2400WL反映的是距基平面________mm高度处________剖切船体型表面所得截交线________舷的实际形状。半宽水线图的格子线是________的水线和________站线。

横剖线图中线左面的各横剖线反映的是从________站到________站各横向剖面剖切船体型表面所得截交线________的________。

**四、绘图与标注（共45分）**

1. 求型表面上各点的另两个投影（$A$、$B$、$C$、$D$、$E$五点）（每个点4分）。

2. 在习题图3-1上求作2000纵剖线（15分）。

3. 在习题图3-1上求作$7\frac{1}{2}$理论站的横剖线（10分）。

**【测评结果】**

| 测试内容 | 分　值 | 实际得分 |
|---|---|---|
| 基本概念的掌握<br>（一、简述题；二、填空题） | 25 | |
| 型线图识读训练<br>（三、识读附图一） | 30 | |
| 型线图绘图训练 | 45 | |
| 总分 | 100 | |

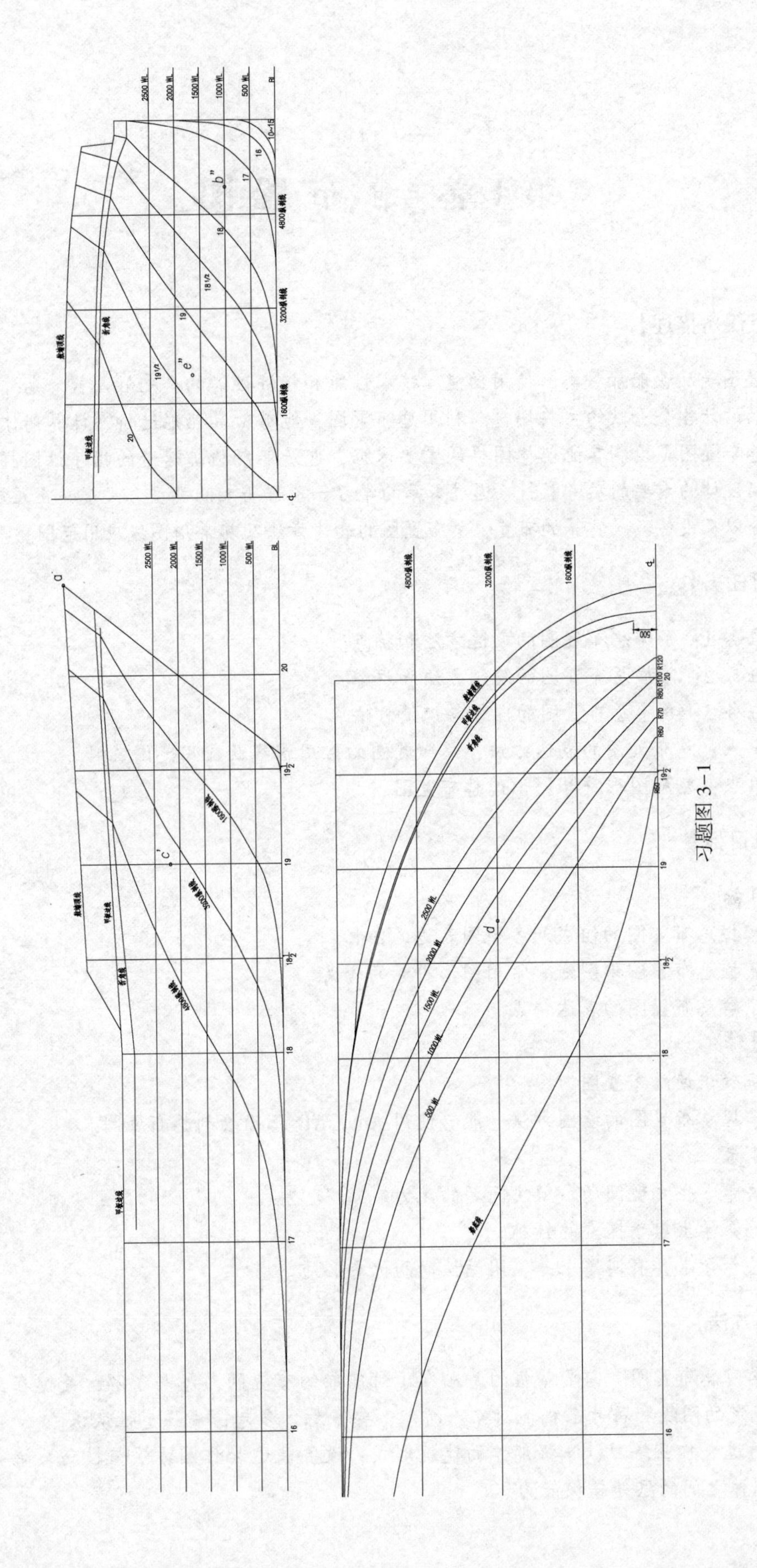


习题图 3-1

# 第4章 总布置图

【学习任务描述】

总布置图是反映船舶种类、使用功能、技术性能和经济性能的全船性图样。船体总布置图是贯穿船舶设计各个阶段的主要图样。利用总布置图，能够估算船舶造价、计算船体重量和重心位置。总布置图是绘制其他船体图样的主要依据，也是船舶施工建造的指导性图样之一，还是同类新船设计的重要的参考资料。通过本章的学习，了解船舶的类型、尺度、上层建筑型式、舱室的划分以及设备、属具等的布置，总布置图的表达方法及其常用图线应用范围。

【学习任务】

学习任务1：了解总布置图的表达方法和特点。
学习任务2：掌握总布置图的绘制方法和步骤。
学习任务3：熟悉总布置图的内容与识读方法。
学习重点：总布置图的表达方法，总布置图的常用图线及应用范围。
学习难点：熟悉图形符号，识读总布置图。

【学习目标】

**知识目标**

(1) 掌握总布置图的组成和各视图表达的内容。
(2) 掌握总布置图中图线和常用图形符号的含义。
(3) 了解总布置图的表达特点。

**能力目标**

(1) 正确识读总布置图。
(2) 掌握总布置图的绘图方法，能够使用AutoCAD正确绘制总布置图。

**素质目标**

(1) 培养学生发现问题、解决问题的能力。
(2) 培养学生勇于探索的精神。
(3) 培养学生具有实事求是、团结协助的优秀品质。

【学习方法】

(1) 学习总布置图，需要掌握的基础在于对船舶的布置的熟悉与了解，关键在如何利用制图标准规定的图线和符号来描述对象。所以，要多看，多想，增强感性认识。

(2) 通过大作业练习，掌握船体的建筑形式，设备表达和作图方法与技巧，培养二维图形和三维船体之间的思维转换能力。

（3）反复识读各种船舶的总布置图，通过对比、重复、找出规律。

# 4.1 总布置图表达方法的特点

总布置图（General Arrangement Plan）表达的内容涉及面广、种类繁多，包括：船型、船舶布置形式、船舶造型形式；各种设备设施；各种船舶舱室属具，如门窗、梯盖等。如果这一切内容都按正投影方式表达，图纸必然过大，既不便于使用，也不容易绘制。因此，一般采用小比例绘图。为了表达清晰、完整，又便于绘制和识读，总布置图采用了图形符号和省略尺寸的特殊表示方法。这样就很好地解决了矛盾。

## 4.1.1 图形符号表示

形象而又简化的图形符号，由船舶标准委员会制定的《船舶总布置图图形符号》具体规定。采用图形符号，既能完整表达船舶布置特点，又能简化作图过程。船舶图形符号包括：舱壁和围壁上的门窗、舱室内部的属具、生活卫生设备、船舶各种航行设备和信号设备以及救生、消防设备等。图形符号采用的线型与总布置图线型基本相同。标准对图形符号的尺寸没有具体规定，画图时，可以根据所表达的设备或属具的外形尺寸按比例绘制。附录二收录了该标准中常用的图形符号。

采用图形符号，既能完整表达船舶布置特点，又能简化作图过程。因此，绘制和识读船舶图形符号是船体设计和制图和基本技能。船舶图形符号包括舱壁和围壁上的门窗、舱室内部的属具、生活卫生设备、船舶各种航行设备和信号设备，以及救生、消防设备等。图形符号采用的线型与总布置图线型基本相同。

图形符号也可以与其他图形符号组合使用，以满足多种式样的要求。如图 4-1 所示表示带有柜和双层抽屉的单人床的图形符号。它实际上是将单人床、拉门柜和双层屉的图形符号组合使用的。将可拉出床与沙发的图形符号可以组成两用沙发的图形符号，如图 4-2 所示。

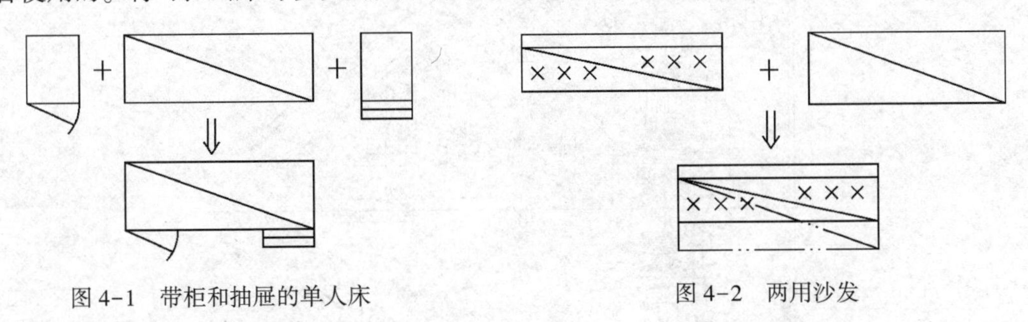

图 4-1 带柜和抽屉的单人床　　图 4-2 两用沙发

标准没有的设备或属具，一般按投影方法表达。也可以采用与实际形状相似的图形符号来表示，但应在图样上加以注明。

## 4.1.2 视图省略尺寸

### 一、定形尺寸

工程上，要完整地表达某一物体，除该物体的视图之外，还需要标注物体的定形尺寸（Size Dimensions）。总布置图中所要表示的各类设备和家具内容多、图形小，要将定形尺寸完全标注在图上不仅困难，而且会影响图面的清晰，给识读带来困难。所以，总布置图中有关图形的定形尺寸一般省略不注。这并不会影响到后期的设计和制造，因为船上许多设备是标准件，或由专业厂家生产的系列产品。只要根据图形符号和全船说明书或设备明细表所提供的设备类型和规格说明，就能够正确外购。即使有些设备需要自行制造，也会由专用图样提供。

**二、定位尺寸**

总布置图是全船布置的总图，涉及船体舱室的划分，各层甲板的布置和利用，以及航行和安全设备的布置等方面。这些内容布置在船的什么位置，就是定位尺寸（Positioning Dimensions）。显而易见，定位尺寸是很重要的，对于使用和安全都有重要的影响。

总布置图上的定位尺寸可以采用尺寸线的方法直接标注在图上，也可以根据表达内容的不同，用不同的方法获得其定位尺寸。总布置图定位尺寸的基准线为基线、舯线和艉垂线。

船长方向的定位尺寸以艉垂线为基准线。但为了使用方便，可采用沿船长分布的肋位号为基准。主船体舱室是由横舱壁分隔的，而横舱壁都设在肋位上。有些设备因为有骨架支撑，定位基准往往也设在肋位上。所以，长度方向的定位尺寸都能够以这种方法确定。

船深方向的定位尺寸以船舶的基线为基准线。有些设备设在各层甲板或平台上，则其高度的尺寸由所在甲板、平台的高度确定。不位于甲板上的设备，在图上量取其离甲板的高度作为定位尺寸。

船宽方向的定位尺寸以舯线为基线。有些设备如锚机、舵机和桅就设在舯线上，定位就很明确了。不在舯线面上的设备，要用比例尺在图上量取其离舯线的距离来作为定位尺寸。

如果施工需要，总布置图可以标注部分定位尺寸。如图4-3表达的是某海船艏楼甲板的锚泊、系泊设备的定位情况。

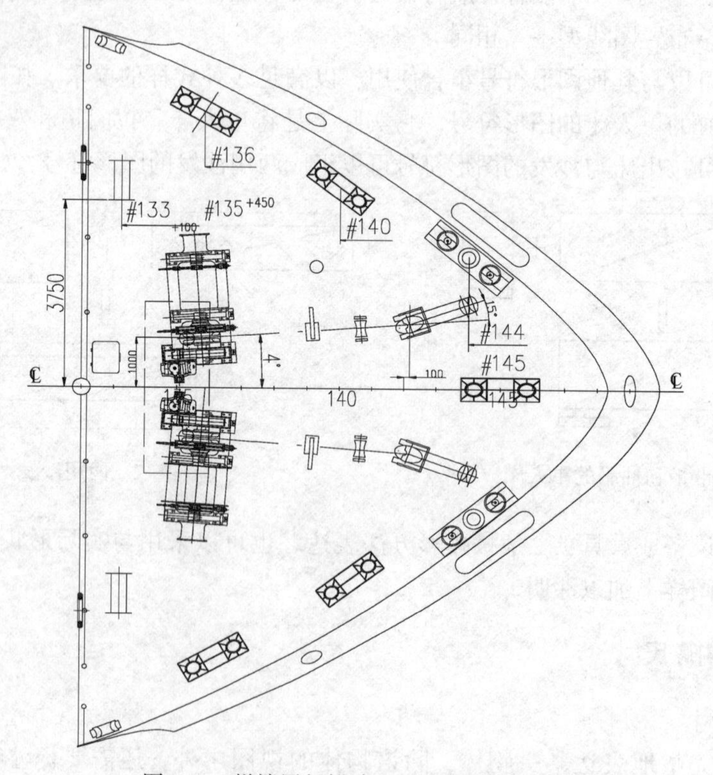


图4-3　艏楼甲板锚泊、系泊布置和定位

## 4.2 总布置图的组成和画法

总布置图的视图有侧面图，以各甲板功能命名的甲板图或平台图以及舱底图等。除侧面图外，都要在视图的上方标注甲板或舱底的名称即视图名称，以便配合侧面图读图。

### 4.2.1 侧面图的画法

侧面图（Side View）是从船舶右舷外侧面向正投影面投影所得的视图，故称侧面图，是总布置图的主视图。图 4-4 为 1000t 沿海货船的侧面图。船舶总布置图的侧面图一目了然，是船舶侧面的视图，不需要标注图名。船内很多设备在侧面图上是重叠的，看不见的设备轮廓线一般都不画。侧面图的可见轮廓采用细实线表达；不可见的轮廓采用细虚线表达；甲板和主要舱壁、围壁与外板的交线采用粗虚线表达；可见设备用图形符号表示。

此外，对于布置空间较复杂或要求较高的船舶，可利用中纵剖视图表达清楚布置空间的相互关系。对于注重造型的船舶，还在侧面图的右侧绘制船舶的右视图。在侧面图的左上方绘制更小比例（如 1∶1000 等）的侧影图（图分虚、实面，与剪影相似），对船型更可一目了然，如图 4-5 所示。

### 4.2.2 甲板和平台图的画法

船舶一般设有多层甲板，以满足起居和工作舱室的需要。这些甲板通常是以其用途或主要设施命名的，如驾驶甲板（Navigation Deck）是设有驾驶室的甲板。以 1000t 沿海货船为例，最顶部是顶棚甲板；其下设驾驶甲板，驾驶甲板设在最高处，可以保证驾驶员视野宽阔，减少盲区；驾驶室下面一层甲板设有救生筏等救生设备，如图 4-6 所示。有些船根据安全的需要设救生艇，习惯上都称艇甲板。

艇甲板（Boat Deck）以下是上甲板，如图 4-7 所示。在上甲板以上，艏部设有艏楼甲板。

船的各层甲板及平台都要绘制视图，称为甲板和平台（Platform）图。俯视可见的各甲板，如顶棚甲板、艏楼甲板以及设有起货机的平台甲板，可直接用俯视图的方式表达。

其他各层甲板图则是沿该甲板的上一层甲板下缘剖切后，对该甲板进行投影而得到的剖视图。

图线应用：

（1）甲板、舱面设备和属具的可见轮廓用细实线；不可见轮廓用细虚线。

（2）被剖切到的围壁为金属围壁时，剖面简化线用粗实线；被剖切到的围壁为非金属围壁时，剖面简化线用双细线，双线间距为粗实线的宽度。

（3）如果舱室围壁为金属，内装饰壁为非金属，则用一粗一细两条线表示轮廓，双线间距为粗实线的宽度。

（4）当上层甲板轮廓被剖切，但需要投影在下一层甲板表达时，用细双点划线表示其轮廓。例如，图 4-6 中的双点划线表示起遮阳作用的部分驾驶甲板在艇甲板上的投影线。

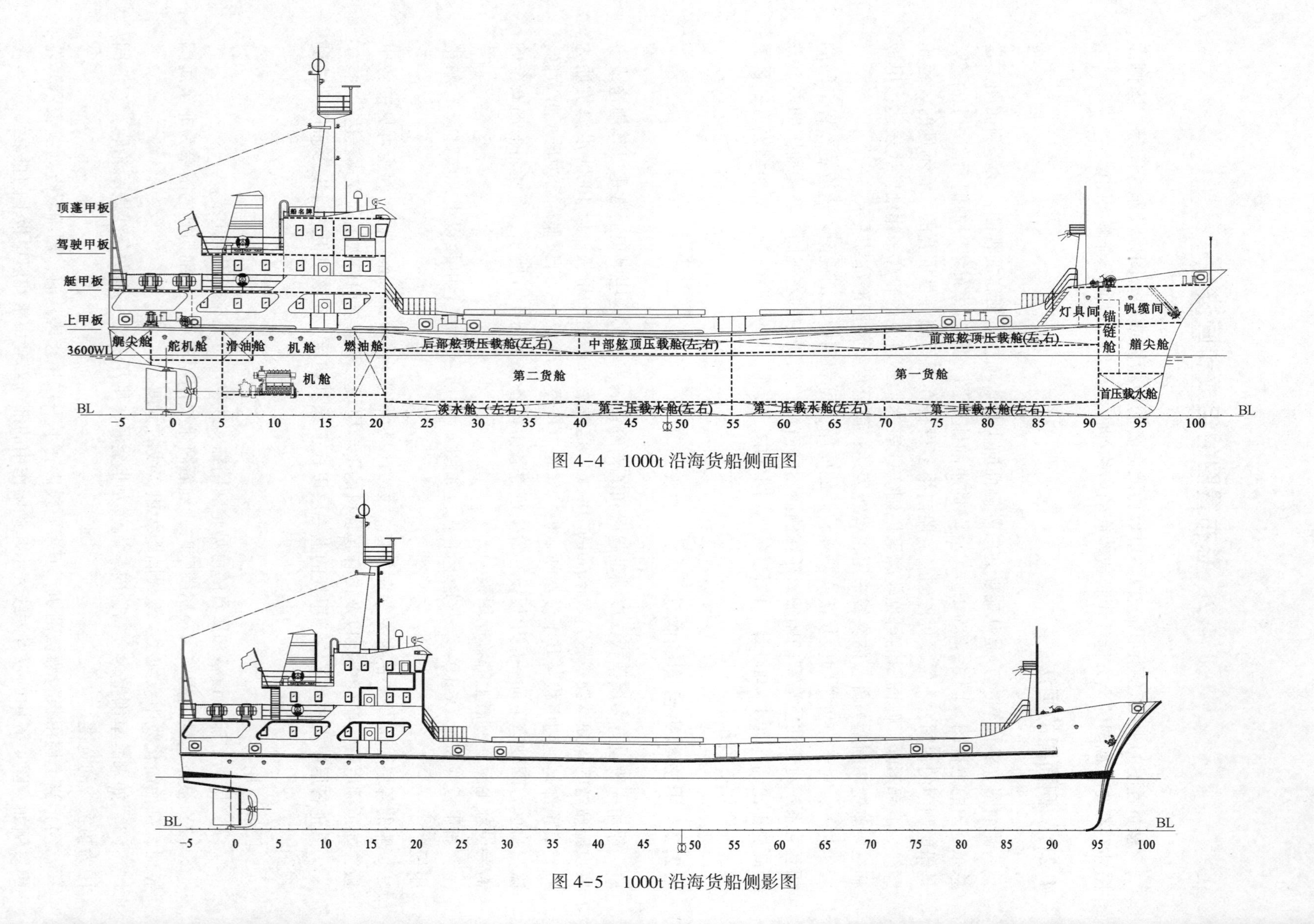


图 4-4　1000t 沿海货船侧面图

图 4-5　1000t 沿海货船侧影图

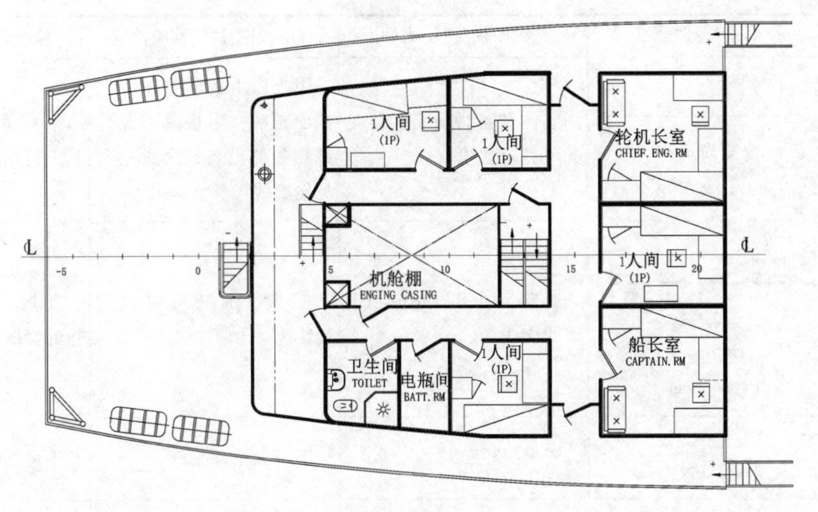


图 4-6　1000t 沿海货船艇甲板图

## 4.2.3　舱底图的画法

具有一层或两层艏艉纵通甲板的船称为单甲板或双甲板船。具有两层以上艏艉纵通甲板的船称为多甲板船。

单甲板船的舱底（Bilge）图是沿主甲板下表面剖切后，表示船舱布局的剖视图。双甲板或多甲板船则是沿最下层甲板下表面剖切后的剖视图。最下一层甲板下设有平台时则要沿平台下表面剖切。总之，取能够见到舱底的剖视图。

不设置内底板的船舶称为单底船；设置内底板的船称为双底船。双底船的艏尖舱和艉尖舱因为工艺的原因，都设置成单底。舱底图的外形轮廓形状取自所剖切甲板下表面的甲板轮廓。如图 4-8 为 1000t 沿海货船舱底图。

图线应用：

（1）被剖外板、舱壁的剖面简化线用粗实线表示。

（2）单底部分的肋板边线属假想线，用细双点划线表示。

（3）货舱口、机舱口等被剖去的轮廓线也用细双点划线表示。

（4）液舱范围，用细点划的对角线表示。

## 4.2.4　总布置图的图线应用

总布置图中应用的图线较多，归纳总结见于表 4-1。

表 4-1　总布置图图线

| 图线名称 | 形式与规格 | 侧面图中图示构件 | 甲板图中图示构件 | 舱底图中图示构件 |
|---|---|---|---|---|
| 粗实线 | $b$<br>$b=0.4\sim1.2$mm | 栏杆的简化线 | 甲板以上钢质的舱壁、围壁截面轮廓；栏杆的简化线 | 船体外轮廓；<br>船体内各舱壁的剖面轮廓；<br>被截构件（如支柱等）的截面轮廓线 |

（续）

| 图线名称 | 形式与规格 | 侧面图中图示构件 | 甲板图中图示构件 | 舱底图中图示构件 |
| --- | --- | --- | --- | --- |
| 细实线 | 线宽为 $b/3$ | 船体和各种设备、属具的可见轮廓线 | 甲板以上的非金属围壁截面轮廓；甲板的可见轮廓和各种设备、属具的可见轮廓线 | 船体和各种设备、属具的可见轮廓线 |
| 粗虚线 | $l$ $b$ $e$<br>$l=5$mm<br>$e=1\sim2$mm | 舱壁、甲板与外板和围壁的交线 | 舱壁、围壁与甲板的交线 | 肋板、底桁等和内底板的交线 |
| 细虚线 | 线宽为 $b/3$ | 不可见轮廓线 | 不可见轮廓线 | 不可见轮廓线 |
| 点划线 | 线宽为 $b/3$ | 中心线；中纵舱壁上的可见扶强材 | 开口、开孔线，液舱范围线；对称中心线 | 开口、开孔线，液舱范围线；对称中心线 |
| 粗点划线 | 线宽为 $b/3$ | 钢索、绳索、链等的简化线 | | |
| 双点划线 | 线宽为 $b/3$ | 被剖去构件的假想轮廓线（如遮阳棚轮廓线等） | 被剖去构件的假想轮廓线（如上层甲板轮廓线等） | 肋板边线；被剖切后的内底板边线 |
| 阴影线 | | | 甲板上的复板、垫板的轮廓线 | 内底板上的复板、垫板的轮廓线 |

## 4.2.5 总布置图梯道表达特点

绘制和识读船舶图形符号是船体设计和制图的基本技能。在所有船舶图形符号中，斜梯的平面图形符号是绘图过程中最具有设计意味和空间理解的图形符号，也是总布置图学习过程中，最容易表达出错的图形符号。

1. 独立梯

图 4-9 表达了两具由主甲板通达艏楼甲板的露天梯。其平面图形符号如图 4-9（b）所示。

斜梯图形符号用细实线表达，主要包括以下几个要素：

（1）梯长及梯宽。梯长等于斜梯的投影长度。其投影长度取决于该梯所通达的两层甲板间高和斜梯的斜倾角。该斜倾角由相关法规根据不同船舶类型所确定；梯宽为斜梯的实际宽度。

（2）斜梯与甲板的关连。斜梯图形符号的两端分别为封闭端和截切端。标准规定：斜梯与所在甲板相连接的一端封闭。图 4-9（b）中，斜梯在艏楼甲板图中，右端与该甲板相连，故右端封闭；斜梯在主甲板图中，左端与该甲板相连，故左端封闭。梯道踏步不要求按实际踏步数绘出，协调、美观即可。

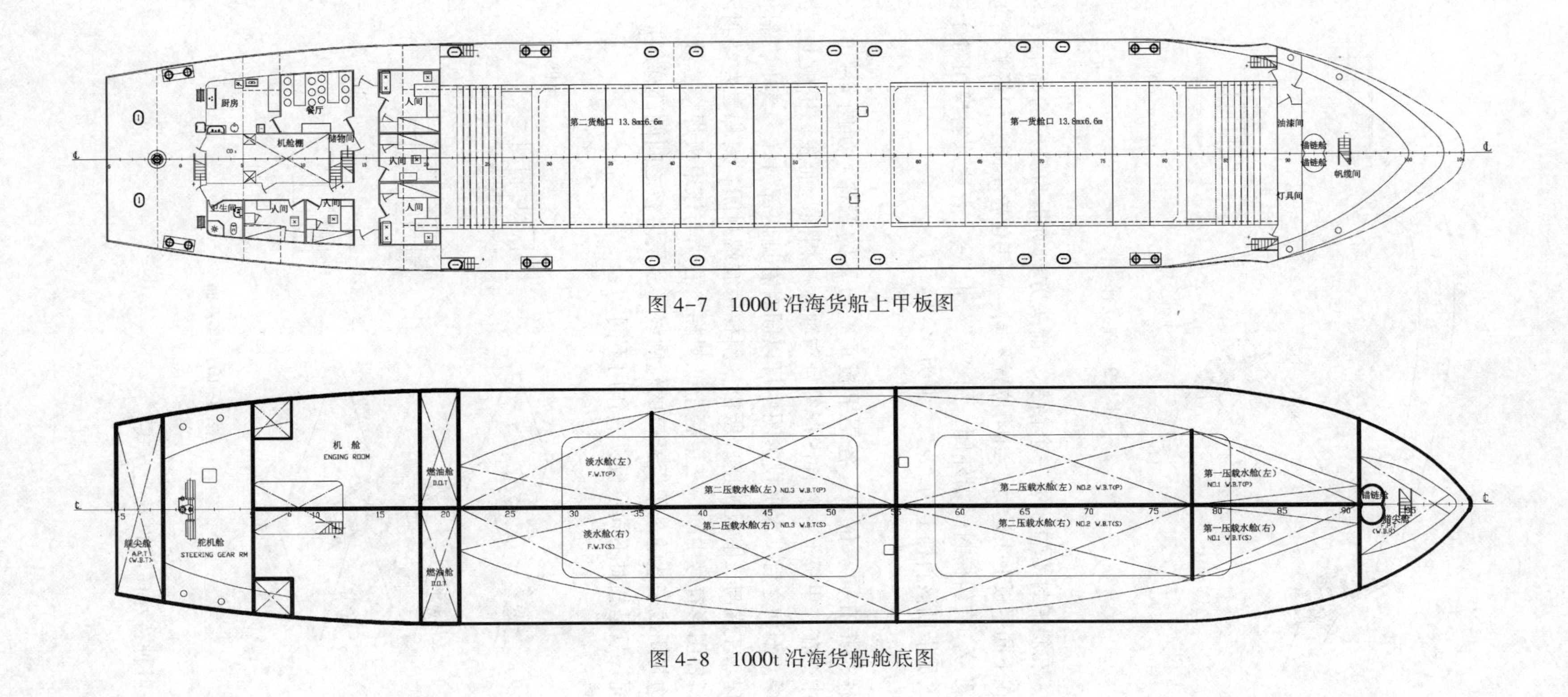


图 4-7 1000t 沿海货船上甲板图

图 4-8 1000t 沿海货船舱底图

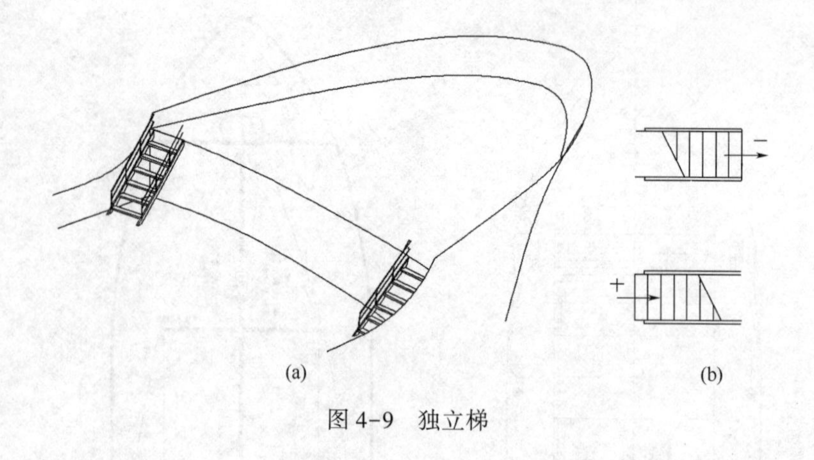


图 4-9　独立梯

(3) 箭头。在斜梯封闭端标示一个箭头。箭头方向所指为斜梯的高端（与上下无关）。同一具斜梯，在不同甲板上表达时，封闭位置不同、箭头位置不同，但箭头指向相同。

(4) 上下符号。在斜梯封闭端外侧，用“+”和“-”表达该斜梯相对于本层甲板的功能。即该甲板人员借助该斜梯上为“+”，下为“-”。

2. 重叠梯

所谓重叠梯是指在同一位置，各层甲板重叠布置的斜梯，如图 4-10（a）所示。在图 4-10（b）中，在一甲板上，斜梯图形符号与独立梯相同。而在二甲板上，因为剖切平面选在三甲板下缘，剖切之后，水平投影图中可以同时看见两部斜梯。其中，斜梯一右端与二甲板相连，斜梯二左端与二甲板相连。所以，斜梯一右端封闭；斜梯二左端封闭。两梯另一端斜截线绘于斜梯图形符号中间。三甲板上，斜梯二右端与该甲板焊接，故右端封闭，左边截断。图中左边封闭线表达的是甲板开口的轮廓线。三层甲板之间两部梯斜向相同，所以所有箭头指向相同。只是相对不同甲板，其作用不同。

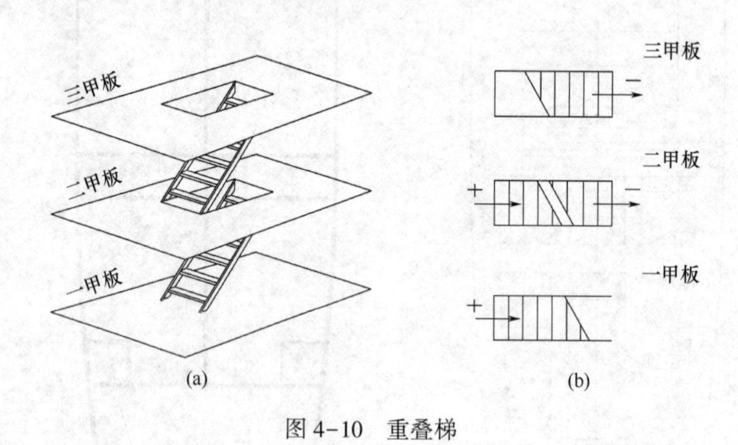


图 4-10　重叠梯

图 4-11 是各种特殊梯道的表达方式。

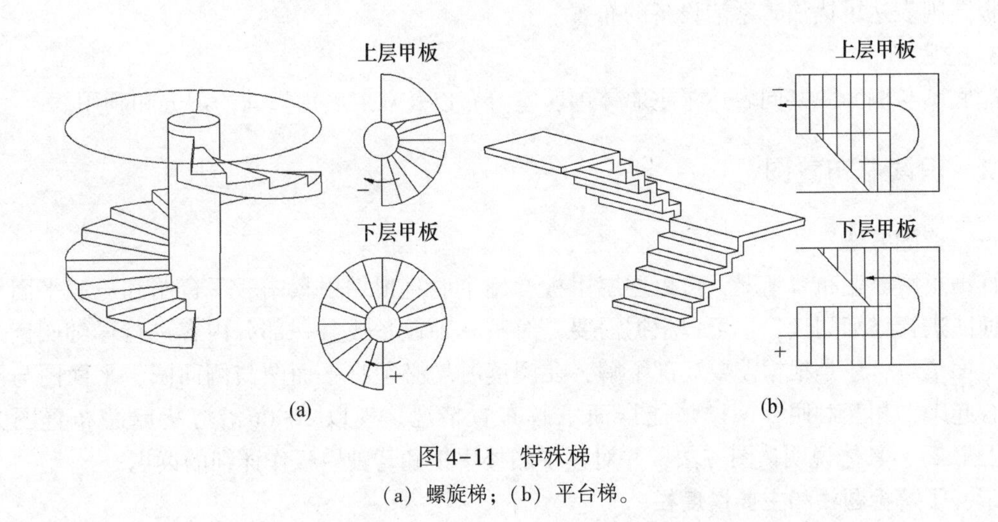


图 4-11　特殊梯

（a）螺旋梯；（b）平台梯。

## 4.3　总布置图的表示内容及识读方法

总布置图是表示船舶总体布置的图形，一般包括船舶的侧面图、各层甲板平面图、平台和舱底图等。在图的右上角有主要量度栏，右下角是标题栏。

### 4.3.1　布置图表示的内容

#### 一、标题栏和主要量度栏的内容

通过阅读标题栏，主要了解船舶类型及功能、船舶名称、船舶航区（内河、沿海等）和载运能力（吨位、载量等）。

#### 二、主要量度栏的内容

主要量度栏表征船舶大小以及主要技术性能要素，通常包括船体主尺度、载货量或载客人数，主机额定功率、航速、船员定额及甲板间高等项。

#### 三、各视图表达的内容

总布置图的侧面图，甲板、平台图和舱底图等，共同表达了船的外形、舱室的划分、各种主要设备、装置等的布局

1. 侧面图

侧面图表达了：船的外貌，包括艏、艉型式，上层建筑型式以及烟囱外形等；船舶设备的布置，如桅、通信设备、救生设备、锚、系泊设备以及部分门、窗、扶梯等的布置；主船体舱室划分的布局及双层底内液舱的分布。

2. 甲板和平台图

各层甲板的用途不同，其布置也不同。驾驶甲板图布置有驾驶室、海图室（Chart Room）、报务室（Radio Room）和居住舱室（Accommodation）以及驾驶和通信设备。艇甲板除居住舱室外，露天甲板（Weathen Deck）还布置有救生艇、救生筏等救生设备。

主甲板布置有居住舱室、公用的餐厅、厨房、浴厕以及系泊设备等。各类舱室根据用途布置家具和其他设施及门、窗等。甲板图还反映了各层甲板上的通道和梯道的布置情况。艏

楼甲板图则表达了锚泊、系泊设备的布置。

3. 舱底图

舱底图与侧面图共同表达了主船体内舱室分布以及双层底内空间的划分和利用。

### 4.3.2　识读总布置图

**一、读图方法**

详细了解全船布置情况，可以逐层甲板、逐个舱室根据甲板图、平台图和舱底平面图对照侧面图进行详细阅读；也可以根据需要，对某一种设备或某一部分内容进行详细阅读。不论是全面了解，还是根据需要局部了解，在阅读时均必须将平面图与侧面图、平面图与平面图配合起来，相互对照，这样才能全面了解布置情况。现以 1000t 沿海货船总布置图为例(见附图二)，具体说明读图方法，并对其中艏楼甲板和驾驶甲板作详细的读识。

**二、了解标题栏和主要量度栏**

对船舶类型及主要性能有概括的了解。本船是一艘沿海货船，总长 65. 88m、垂线间长 59. 00m、型宽 11. 0m、型深 4. 9m、吃水 3. 6m、排水量 1699. 965t、载重量 1000t，此外，还应了解航速、主机型号及功率和主机转速、船员人数、甲板间高等参数。

**三、侧面图**

识读侧面图，了解船舶的船型、外观、上层建筑的形式、船体分舱和设备布置的概貌。

1. 船型及外观

本船为沿海货船，单甲板、飞剪形艏轮廓、切平的巡洋舰尾，单舵、单螺旋桨的艉机型船。设有艏楼，艏楼设置安装天线和信号灯的箱形桅。艉部设有三层上层建筑，顶蓬甲板上设有桅杆。

2. 主船体舱室划分

从侧面图结合舱底图可看到：船尾至#-2 为艉尖舱；#-2 至#5 为舵机舱；本船为艉机型船，#5 至#18 肋位为机舱；#18 至#21 设置有燃油舱；#21 至#55 肋位为第二货舱；#55 至#91 肋位为第一货舱；#91 号到船首为首尖舱。货舱部分分别设有底压载水舱和舷顶压载水舱。货舱和机舱部位为双层底结构，船首和船尾为单底结构。艏楼内设有帆缆间。

**四、甲板图**

1. 上甲板图

艉部#1 和#2 设上至艇甲板斜梯一部，在艇甲板可以找到该梯的对应投影；#12 至#14 设置梯间，布置上至艇甲板的室内梯和下至机舱的斜梯各一部，分别与艇甲板和舱底图中相应的梯道对应。

上甲板艉部设有船员间、储物间、厨房、餐厅和卫生间等。#5 至#12 为机舱棚。上甲板至艏楼甲板设有左右舷各一架斜梯；舯部设有两个货舱，货口分别位于#29 至#52 和#58 至#81。货舱口的大小及位置在舱底图中采用假想画法表达。货口采用滚翻式舱口盖，图中显示的是关闭状态，结合侧面图可以看出，舱盖开启状态采用假想画法，用双点划线，表示分别堆放于艉部上层建筑前端壁和艏楼后壁。货舱的左、右舷均设有系缆桩和进入舷边压载水舱的人孔盖。上甲板艏部#88 至#91 肋位之间左舷为油漆间，右舷为灯具间，油漆间设有钢质门进入帆缆间。

2. 艇甲板

艇甲板位于船尾至#21肋位，布置有斜梯下达上甲板，#12至#14设置梯间，布置上至驾驶甲板的室内梯和下至上甲板的斜梯各一部，分别与驾驶甲板和上甲板图中相应的梯道对应。艇甲板布置有船长室、轮机长室、船员室、卫生间和电瓶间。艉部设有三脚桅和救生筏（Liferaft）。

3. 驾驶甲板

如图4-12所示，驾驶甲板位于船尾至#21肋位，#5向艉部布置有由左舷下至右舷的斜梯到达艇甲板。#5左右舷布置有通风筒（13）；#5至#9布置烟囱，烟囱两侧是采光天窗（12）；#11至#16左舷布置报务员室，报务室内有单人床（16）一张，报务台（6）一张，软椅（7）两把，条桌（9）一张，衣柜（8）一个，双人沙发（10）一张，地柜一个。右舷布置海图室，室内配海图桌（14）一张，软椅（7）一把，海图柜（15）一个，地柜（17）一个。中间布置配电间和由艇甲板上至驾驶甲板的斜梯（19）；#16至#21为驾驶室，室内设驾控台（2）一个，雷达显示屏（1）一台，磁罗经（3）一部，旗箱（4）一个，操作椅（18）一把。驾驶室两舷出移门（5）可至观测平台。

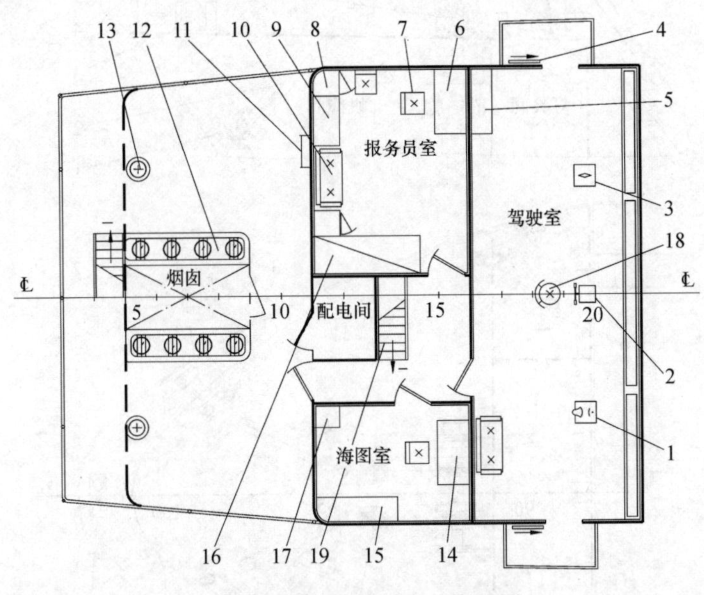


图4-12　1000t驾驶甲板布置图

图4-13显示了驾驶甲板布置的空间情况。

4. 顶棚甲板

布置有三脚桅、信号灯等。

5. 艏楼甲板

如图4-14所示，艏楼甲板位于#88肋位与船首之间。艏部锚设备和系泊设备布置在艏楼甲板上。

锚设备：电动起锚机（5），锚机的链轮中心线位于#92向艏一点；螺旋止链器（7）一对，位于#94；导向滚轮（8）一对，导向滚轮的中心线位于#95；锚链筒（2）一对，锚链筒在艏楼甲板上的开口位于#95与#96之间；霍尔锚（1）两只，位于船舶两舷。

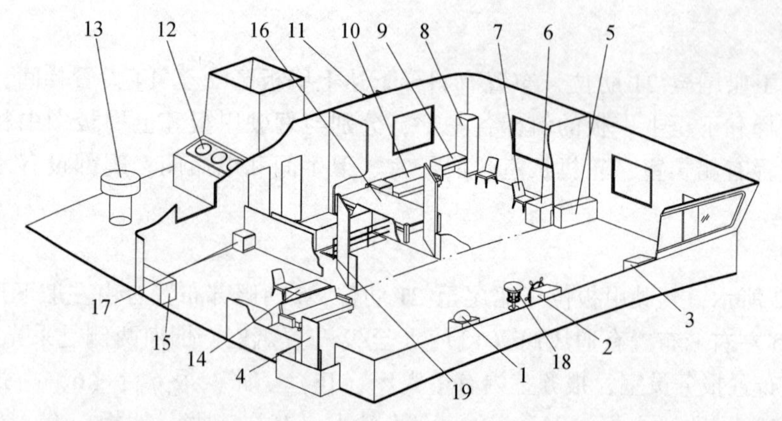


1—雷达显示仪；2—驾控台；3—磁罗经；4—移门；5—旗箱；6—报务台；7—软椅；8—立柜；9—桌子 10—沙发；11—直梯；12—采光窗；13—通风孔；14—海图桌；15—海图柜；16—单人床；17—地柜；18—驾驶椅；19—斜梯。

图 4-13 1000t 驾驶甲板图

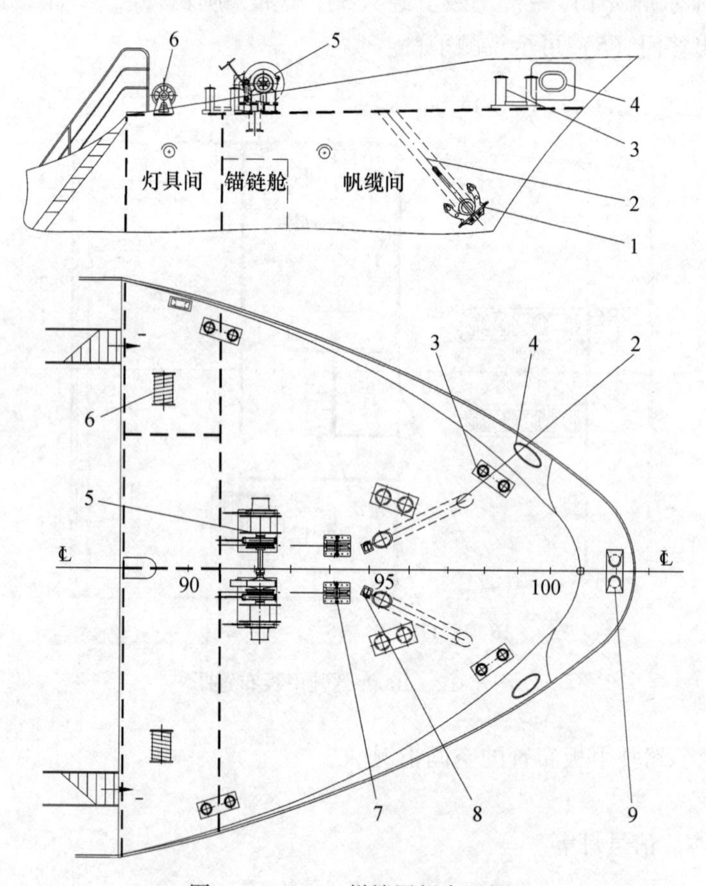


图 4-14 1000t 艏楼甲板布置图

系泊设备：钢索卷车（6）两部，其轴线位于#89 肋位向艏；带缆桩（3）两对，一对位于#91，另一对位于#99；拖桩（10）一对，位于#95 与#96 之间；导缆孔（4）一对，位于#100左右舷舷墙上；艏导缆器（9）一个，设于#103 老鹰板上。

图 4-15 显示了艏楼甲板布置的空间情况。

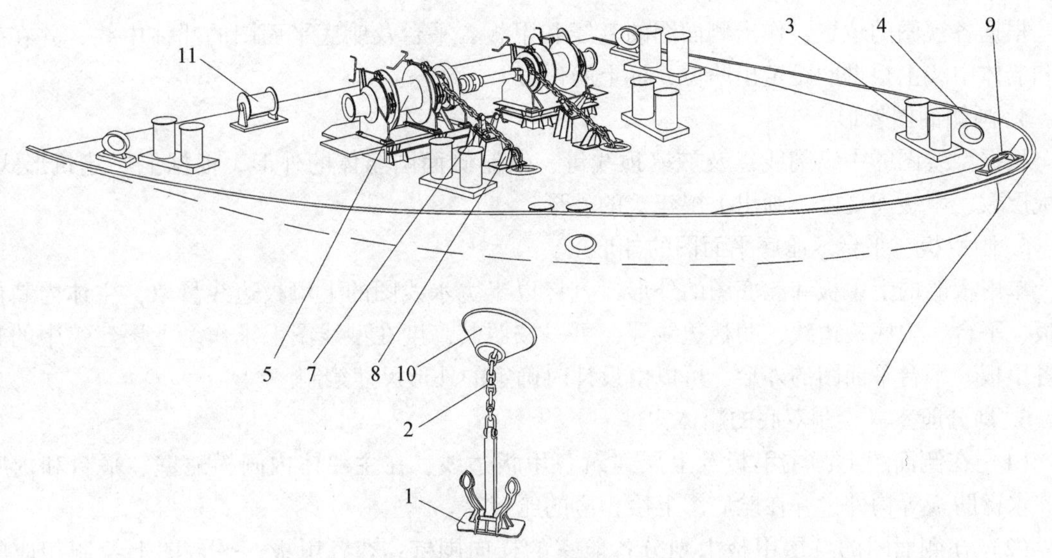


1—锚；2—锚链；3—带缆桩；4—导缆孔；5—起锚机；6—卷车；
7—螺旋止链器；8—导向滚轮；9—导缆钳；10—锚台；11—导缆孔。

图 4-15　1000t 艏楼甲板图

6. 舱底图

全船设 6 道横舱壁，分别位于#-2、#5、#18、#21、#55、#91 肋位。#-5 至#-2 之间为艉尖舱；#5 至#18 为机舱，#5 至#12 之间为机舱开口对应区域；#13 至#14 右舷设有斜梯，上到主甲板；#18 至#21 设有燃油舱；#21 至#40 设有淡水舱；#40 至#55、#55 至#70、#70 至#91 之间左右舷各设有舱底压载水舱，#91 肋位至艏部设艏尖舱，#91 至#93 之间左右舷各设一圆形锚链舱。

## 4.4　总布置图的绘图步骤

总布置图表达内容的深度和广度，不同设计阶段虽有所不同，但绘制步骤和方法基本是一致的。通常绘制总布置图的方法和步骤如下：

1. 选取比例和图纸幅面

利用计算机绘制总布置图，可以按实船大小图样采用 1∶1 的比例绘图。出图比例的大小应根据船舶大小和不同设计阶段的要求而定。原则上表达清楚、合用方便。通常初步设计阶段的比例可选小些；技术设计阶段的比例可选大些。船舶尺度大的船舶，比例可取小些。为了便于绘图，一般采用同一设计阶段中型线图的比例，常用的有 1∶100、1∶50、1∶25。打印机时，只需按设定的比例出图即可。

2. 布置图面

选好比例和幅面后，合理布置图面。标题栏在图面的右下方，主要量度栏一般布置在图纸右上方，以便于读图。侧面图布置在图纸上方，甲板、平台平面图，按自上而下的次序逐层对应布置在侧面图下方，最下面是舱底图。当甲板层数较多时，为了减少图纸幅面，局部甲板和平台的平面图可以不按照投影关系布置，而布置在侧面图下方的适当位置。其他甲板图、舱底图与侧面图应保持投影关系，即肋位上下对齐。

3. 作基线和船体中线

根据各视图的位置，作出侧面图的基线和甲板、平台及舱底平面图的船体中线，并在基线和船体中线上根据肋距定出肋位，标上肋位号。

4. 画侧面图外形

根据型线图的中纵剖线以及舷墙顶线等，绘制侧面图船体的外形。根据上层建筑形式、甲板层数、甲板间高度，画出上层建筑的外形。

5. 画甲板、平台、舱底平面图的外形

单甲板船的上甲板和舱底图的外形，直接以半宽水线图的上甲板边线量取，主体内其他甲板、平台、内底板边线、肋板边线等，可以按照其高度在型线图上求作。上层建筑中的其他各甲板、平台平面图的外形，可以由设计时确定的外形尺寸绘制。

6. 划分舱室、绘制双底的船体构件

(1) 在侧面图上画主甲板及上层建筑各甲板边线，在主船体内画横舱壁、平台和内底板、水密肋板等构件，并在舱底图上绘相应的舱壁等。

(2) 在侧面图的各层甲板上划分各舱室的横向围壁；在各甲板、平台图上绘制相应的围壁。

7. 绘制船舶设备、装置和室内的设备

船舶的各种设备主要通过甲板平面图表达布置情况；对有些对布置高度有要求的设备，则先在侧面图上绘制。不论先在哪个图上绘制，都要投影到相应的图上，如果不可见，则一般不表达。

8. 绘制入口、通道、扶梯及门窗

先在甲板、平台图中画出，然后投影到侧面图的相应位置。

9. 检查内容，标注相关要素

各视图的内容绘制完成后，逐图逐项仔细检查是否有遗漏，设置位置是否有错误，以及相关图的投影位置是否一致（所处的肋位号是否相同）等。

在总布置图上还要一些文字说明的标注：在甲板图的上方标注图名，侧面图上不必标注图名，在各舱室内标注其名称，在基线下和船体中线上标注肋位号（每五档肋位标注）；填写标题栏内的内容，以及主要量度栏的要素。

## 【学习完成情况测试】

### 【任务导入】

船体总布置是表示全船总体布置的图样，集中反映了船舶的技术性能和经济性能，是重要的全船性基本图样之一。总布置图在施工时，可作为具体施工的一张指导性图样，对船舶建造时的舾装工作有着重要意义，起到协调各机械设备布置的相关关系，因此必须正确识读和绘制船体总布置图。

【任务实施】

## 一、简述题（每题4分，共28分）

1. 总布置图的表达有什么特点？

2. 总布置图的作用是什么？

3. 船舶内部舱室围壁上的门以及外走道围壁上的门分别是向内开还是向外开？为什么？

4. 同一楼梯在上下两层甲板上的图形符号有什么相同和不同？箭头方向表示什么含义？“+”“-”号分别表示什么？

5. 总布置中，各层甲板图、舱底图的剖切平面如何选择？投影轮廓线如何求作？

6. 总布置图中哪个视图能够表达船型、龙骨形式和推进器的形式？哪些视图能够反映船舶压载舱的设置情况？哪些视图表达船舶的锚泊和系泊设备布置情况？

7. 总布置图中，床沿船长方向布置还是沿船宽方向布置更为合理，为什么？

## 二、填空题（每空1分，共25分）

1. 总布置图反映出主船体及________的形式，全船________的划分以及________的布置情况。

2. 总布置图中一般省略设备的________尺寸和________尺寸。

3. 总布置图中反映船舶的经济技术性能和使用功能的是________栏。

4. 侧面图是从船舶________舷，向________面投影得到的视图，它是总布置图的________图。

5. 总布置图的视图包括________图、________图和________图。

6. 反映船体内部划分，甲板、平台的层数的视图是________图。

7. 双层底部分的舱底平面图表示了双层底上舱壁及________布置和双层底下________布置的情况。

8. 识读总布置图的顺序：先看标题栏和________，再识读________图，后逐个识读各________、________和舱底图。

9. 总布置图中三个方向定位尺寸分别以________、________和________为基准。

10. 总布置图中船舶和设备的可见轮廓线用________线表示，不可见轮廓线用________线表示、不可见板材用________表示。

## 三、识读习图4-1，填空回答下列问题（每空1分，共24分）

1. 该船为________艏、________艉、________龙骨、________舵、________甲板船。

2. 该船上层建造共有________层甲板，分别为________甲板、________甲板、________甲板和________甲板。

3. 本船尾楼设于船尾至#________肋位之间，艉尖舱舱壁设于#________肋位。

4. 舵机舱设于船尾至#________肋位之间。

5. 救生筏的位置约在#________肋位。两舷布置有________个气胀式救生筏。

6. 顶棚甲板上设有________桅、各种信号灯、________和标准罗经。

7. 烟囱的位置在#________~#________肋位之间。

8. 艏尖防撞舱壁位于#________肋位。锚链舱设于#________~#________肋位之间。

9. 艏楼内布置有________间和________室。

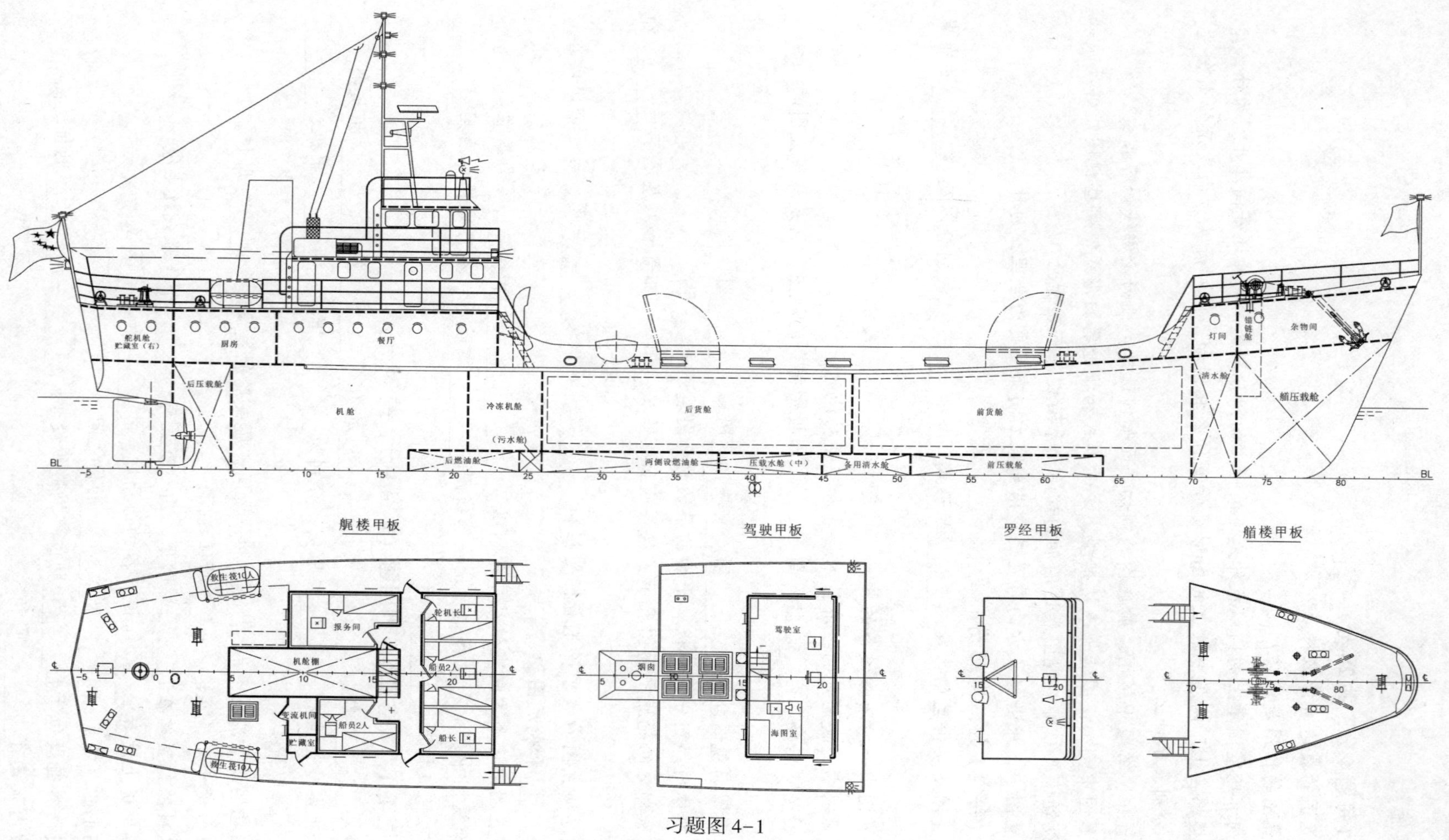
舵机舱
贮藏室（右）
厨房
餐厅
后压载舱
机舱
冷冻机舱
（污水舱）
后货舱
前货舱
灯间
锚链舱
杂物间
清水舱
艏压载舱
后燃油舱
两侧设燃油舱
压载水舱（中）
备用清水舱
前压载舱
BL
艉楼甲板
驾驶甲板
罗经甲板
艏楼甲板
救生筏10人
报务间
机舱棚
轮机长
船员2人
船长
交流机间
贮藏室
烟囱
驾驶室
海图室

习题图 4-1

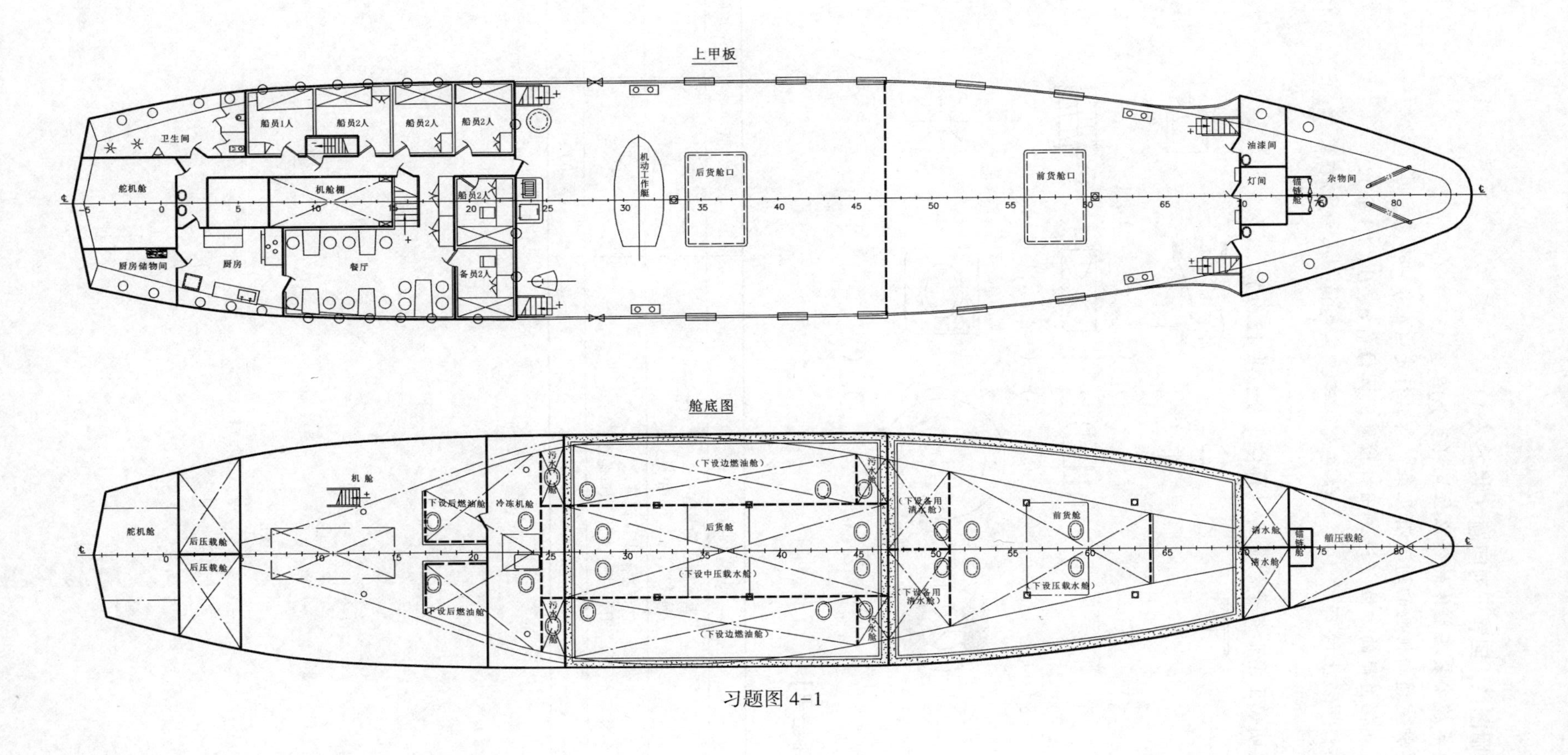
上甲板
卫生间
船员1人
船员2人
船员2人
船员2人
舵机舱
机舱棚
船员2人
机动工作艇
后货舱口
前货舱口
油漆间
灯间
锚链舱
杂物间
厨房储物间
厨房
餐厅
备员2人
舱底图
机舱
舵机舱
后压载舱
后压载舱
下设后燃油舱
冷冻机舱
污水舱
（下设边燃油舱）
后货舱
（下设中压载水舱）
（下设边燃油舱）
污水舱
（下设备用清水舱）
前货舱
下设压载水舱
清水舱
清水舱
锚链舱
艏压载舱

习题图 4-1

## 四、识读附图二，回答下列问题（共 23 分）

1. 前后桅安装在船体的什么位置（2 分）？

2. 驾驶室通向机舱的通道有几条？怎么行走（4 分）？

3. 说明锚链筒的方位（进、出口位置，方位角 $\alpha$、$\beta$）（3 分）。

4. 艏楼甲板上共有________台缆索卷车，其卷筒中心线约在#________肋位（每空 1 分）。

5. 说明船上图形符号的意义（每空 1 分，共 12 分）：

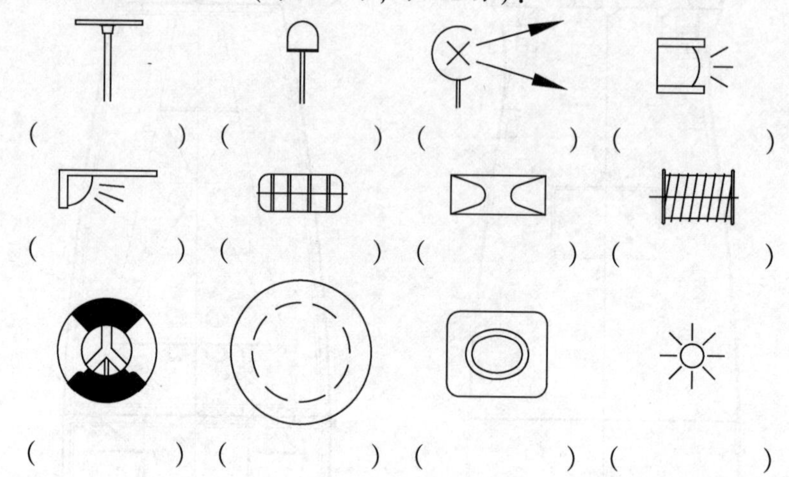

（　　　　）（　　　　）（　　　　）（　　　　）

（　　　　）（　　　　）（　　　　）（　　　　）

（　　　　）（　　　　）（　　　　）（　　　　）

【测评结果】

| 测试内容 | 分　值 | 实际得分 |
|---|---|---|
| 基本概念的掌握<br>（一、简述题；二、填空题） | 53 | |
| 总布置图识读训练<br>（三、识读习图；四、识读附图） | 47 | |
| 总分 | 100 | |

# 第 5 章　船体主要结构

【学习任务描述】

了解船体结构的类型、特点；熟悉船体各部位的有关构件名称；区分船体骨架的形式。

【学习任务】

学习任务 1：了解船体结构的类型和特点。

学习任务 2：掌握船体各部位结构名称及表达方法。

学习重点：三种基本船体骨架形式；船体甲板、舷侧和船底结构的形式和特点、构件名称。

学习难点：区分各种类型船体结构、了解船体构件的连接方法及节点形式。

【学习目标】

**知识目标**

(1) 掌握船体各部位结构的组成和表达方法。

(2) 了解船体各部分结构类型与特点。

**能力目标**

(1) 正确识读船体各部位结构名称及相互间的连接方式。

(2) 正确分析船体各部分结构的类型、主要组成构件及特点。

**素质目标**

(1) 培养学生发现问题、解决问题的能力。

(2) 培养学生勇于探索的精神。

(3) 培养学生实事求是、团结协助的优秀品质。

【学习方法】

(1) 加强实践性学习和认识，开展现场教学，了解船体结构及装配工艺过程。

(2) 熟悉、记忆船体主要结构的名词和作用。

(3) 熟悉、记忆船体各部分结构的主要组成构件和连接方式。

## 5.1　船体强度与船体骨架

将船体抽象为一个箱形结构梁。在静水中，因为重力分布的不均衡，对箱形梁产生静水弯矩。在航行时，因为波浪的作用，可能引起箱形梁的中拱和中垂，形成所谓总纵弯曲，如图 5-1 (a)、(b) 所示，使甲板和船底分别受到拉伸和挤压。除纵向的总纵弯曲外，船体在水中还受横向载荷的挤压以及其他横向力的作用，会对船体结构产生横向或局部影响，波浪中的船舶在横摇时，还会产生船体的扭转，如图 5-1（c）、（d）所示。

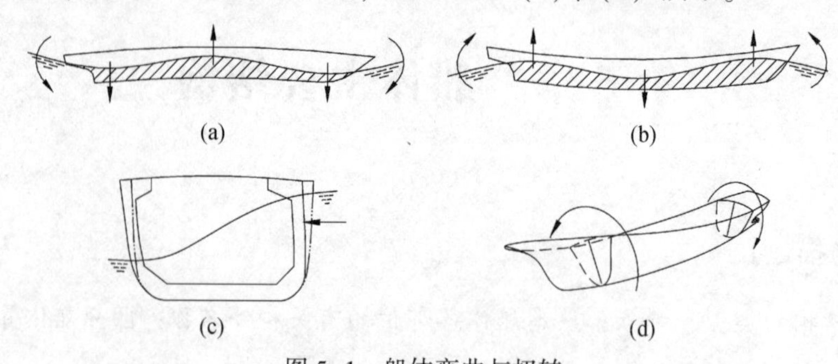


图 5-1　船体弯曲与扭转

（a）中拱弯曲；（b）中垂弯曲；（c）船体歪斜；（d）扭转变形。

如果强度或刚性不足，船体便会产生断裂或变形。所以，在船壳内部支承有纵横交错的骨材、桁材，这些骨材和桁材被称为船体骨架。船体壳板与骨架使船体箱形梁成为坚固的水密结构，以抵抗纵向、横向和局部作用力，保证船体不遭破坏或产生变形。这种抵抗能力称为船体强度（Ship Strength）。

## 5.2　船体骨架的结构形式

不同的船舶类型有不同的结构形式。船体骨架（Ship Framing）结构根据骨材和桁材沿船舶纵、横两方个向布置数量的多少以及排列的疏密，可分为纵骨架式（Longitudinal System of Framing）、横骨架式（Transverse System of Framing）和混合骨架式（Multi-system of Framing/Combined System of Framing）三种类型，如图 5-2 所示。

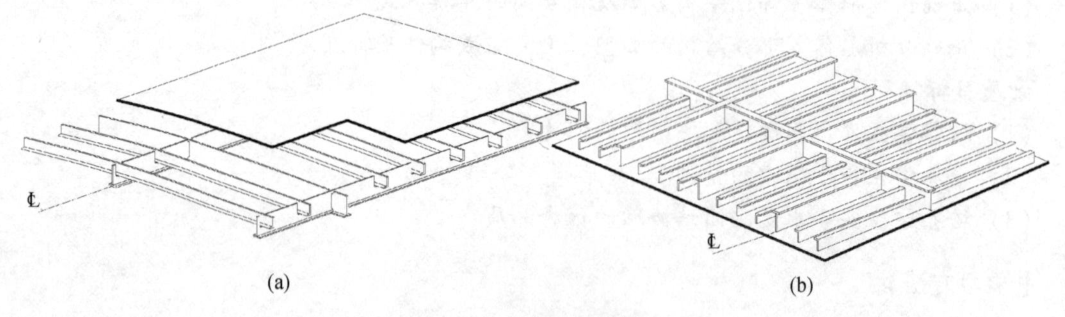


图 5-2　船体骨架形式

（a）横骨架式；（b）纵骨架式。

三种骨架形式各有特点，分别适用于不同类型的船舶。

纵骨架式因纵向构件密集，提高了船体梁的抗弯能力，增加了总纵强度。板厚及骨架尺寸可适当减小，结构重量减轻，但施工工艺性相对复杂一些；相反，横骨架式的横向强度好，工艺性好，但骨架结构尺寸较大，重量相对会增加；混合骨架综合两者优点，纵、横两方个向布置数量的多少以及排列的疏密基本相同。在船体结构的具体设计中，也可将几种骨架形式在一条船上组合采用，扬长避短，比如甲板和船底采用纵骨架结构，舷侧采用横骨架结构，这种形式也称为混合骨架式。

## 5.3 船体基本结构（一）

船体由船壳板、甲板板以及支撑它们的内部骨架组成。按照船体的横向结构布局，船体结构主要可分为甲板结构（Deck Structure）、舷侧结构（Side Structure）、船底结构（Bottom Structure）三大基本结构及艏、艉结构（Foreship/Aftship Structure）、舱壁结构（Bulkhead Structure）、上层建筑结构（Superstructure Structure）等其他结构。图 5-3 表示了某货船货舱段的甲板、舱底和舷侧结构。

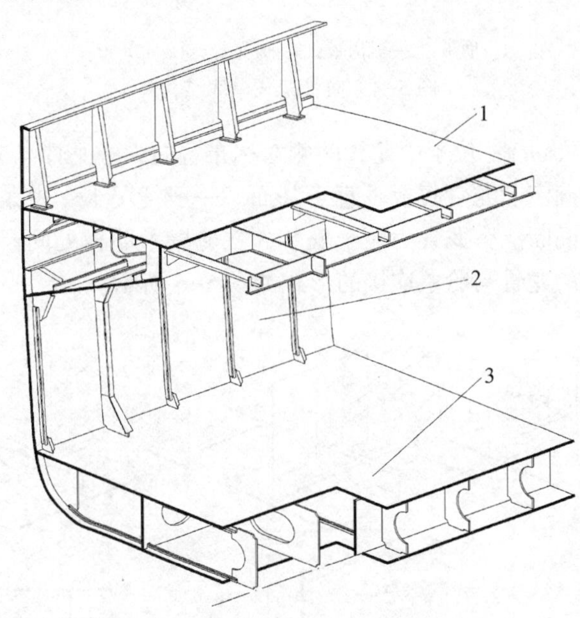


1—甲板结构；2—舷侧结构；3—舱底结构。

图 5-3　船体主要结构

### 5.3.1 船底结构

船底结构（Bottom Structure）是船体箱形梁的下翼板，是承受船体各部分垂向力并最终与浮力平衡的船体强力部位。它除了参与总纵弯曲，受到拉、压及水挤压力外，还可能在航行中遭遇撞击、触礁、搁浅等外力的冲击。所以，船底结构是保证船舶总体强度和局部强度的重要部分。

按船舶大小、航区及使用功能的不同，船底结构可分为单底结构（Single Bottom Structure）和双层底结构（Double Bottom Structure）。

**一、单底结构**

1. 横骨架式船底结构

单底结构可分为横骨架式单底结构和纵骨架式单底结构。如图 5-4 所示是横骨架式的单底结构图及主要结构件的名称。这种结构适用于小型船舶和大型船舶的艏、艉端结构。

单底结构的主要构件有：

1）龙骨

龙骨（Keelson）是船底纵向的强力构件，通常由焊接的 T 型材构成。位于中线面内的龙

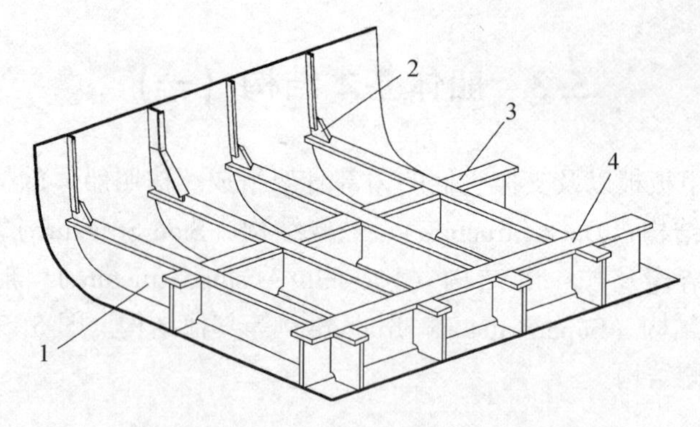


1—肋板；2—舭肘板；3—旁龙骨；4—中龙骨。

图 5-4　横骨架式单底结构

骨为中龙骨（Center Keelson）；位于中龙骨两侧对称布置的为旁龙骨（Side Keelson），旁龙骨的数量根据船体的宽度确定。龙骨腹板垂直于基面。一般情况下，中龙骨从艏柱至艉柱纵通连续，仅仅在横舱壁处间断。旁龙骨为便于安装，在舱壁及肋板处间断。为保证强度不受影响，船舶建造规范推荐的龙骨与舱壁连接的形式如图 5-5 所示。

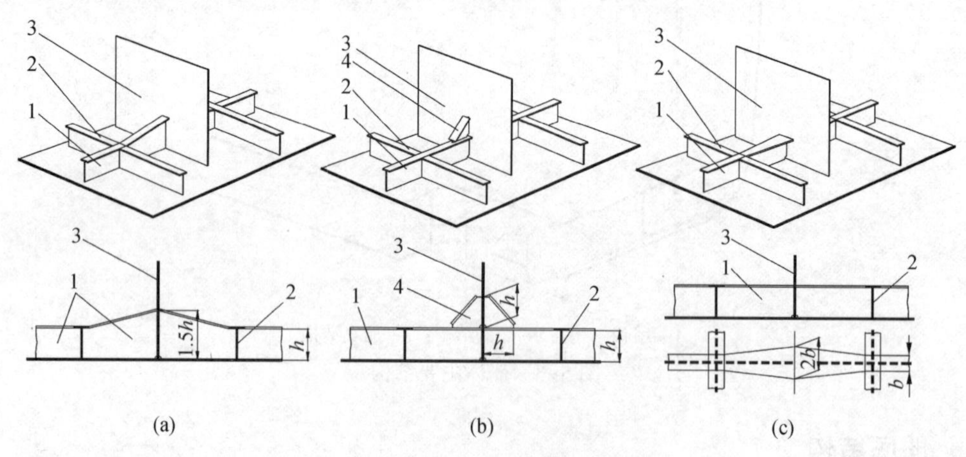


1—中龙骨；2—肋板；3—横舱壁；4—肘板。

图 5-5　龙骨与舱壁连接

舱壁处龙骨腹板高度升高至原高度的 1.5 倍，见图 5-5（a）；

双面加 T 型肘板，肘板各边边长等于龙骨腹板高度，见图 5-5（b）；

舱壁处龙骨面板宽度加宽至原来宽度的 2 倍，见图 5-5（c）。

2）肋板

单底船通常每个肋位设置肋板（Floor）。肋板可以用焊接 T 型材，也可用折边板（机舱内不允许用折边板）。肋板在中线面间断并与中龙骨焊接。在舭部，肋板可采用升高或加舭肘板的形式与外板连接。船舶建造规范对升高肋板尺寸的要求及连接形式见图 5-6。

为疏通船底积水，靠近龙骨处的肋板下缘开有流水孔。

3）舭肘板

为加强节点强度，肋板与肋骨下端可采用舭肘板（Bilge Bracket）连接，其连接尺寸见图 5-6。肘板与肋板面板采用角接形式，见图 5-6（a）。肋板与肋骨可采用角接或搭接形式，如图 5-6（b）所示，省去肘板。

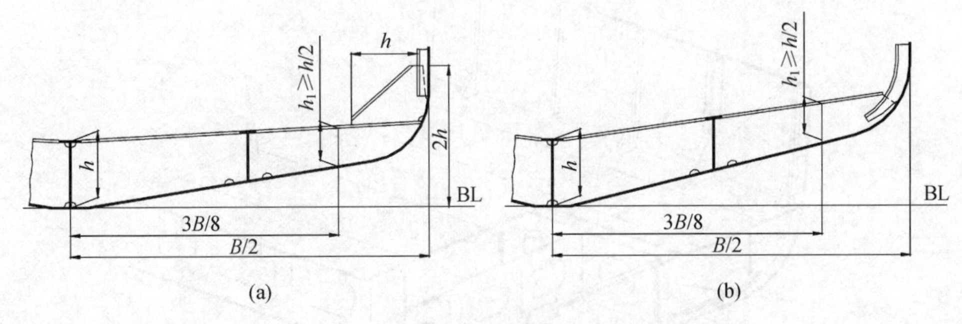


图 5-6　横内架式单底肋板结构

2. 纵骨架式单底结构

纵骨架式单层底的主要纵向构件有纵向强构件——龙骨（中龙骨、旁龙骨）和纵向普通构件——船底纵骨。龙骨多采用焊接 T 型材，船底纵骨一般为角钢、球扁钢或折边板。安装时，习惯上普通型材向船体中线面方向折边。

纵骨架式单底结构的横向构件一般只有强构件——肋板，多为焊接 T 型材。纵骨架式单底结构的结构图及连接形式见图 5-7。

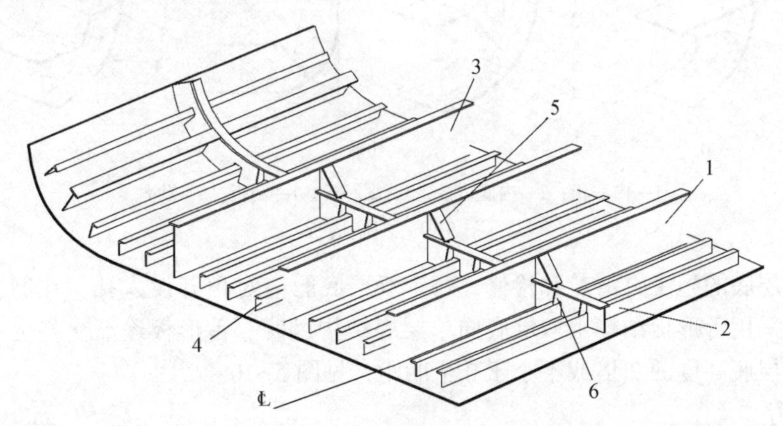


1—中龙骨；2—肋板；3—旁龙骨；4—船底纵骨；5—防倾肘板；6—防倾肘板。

图 5-7　纵骨架式单底结构

## 二、双层底结构

双层底不仅能够提高船底强度，而且在船底板和内底板之间的空间还可以装载油水。双层底结构也有横骨架式和纵骨架式两种结构形式。

1. 横骨架式双底结构

如图 5-8 所示为横骨架式双底结构。这种船底结构的主要构件有：

1）内底板

内底板（Inner Bottom Plate）是构成双层底的上层水密板。内底板的各列板纵向布置，与外板相连接的列板称为内底边板（Margin Plate）。边板厚于其他列板，其宽度至少大于舭肘板宽度 50mm。

内底边板如图 5-9 所示，有三种基本结构形式，即水平式（图 5-9（a））、下倾式（图 5-9（b））和上倾式（图 5-9（c）），分别具有加工方便、易于排水和保证舭部安全的特点。

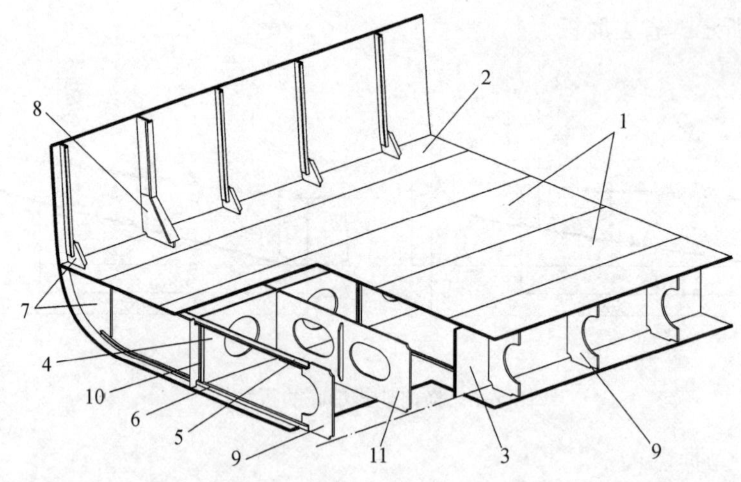


1—内底板；2—内底边板；3—中底桁；4—旁底桁；5—内底横骨；6—船底横骨；
7—舭肘板；8—舭部强肘板；9—月牙肘板；10—加强筋；11—实肋板。

图 5-8　横骨架式双层底结构

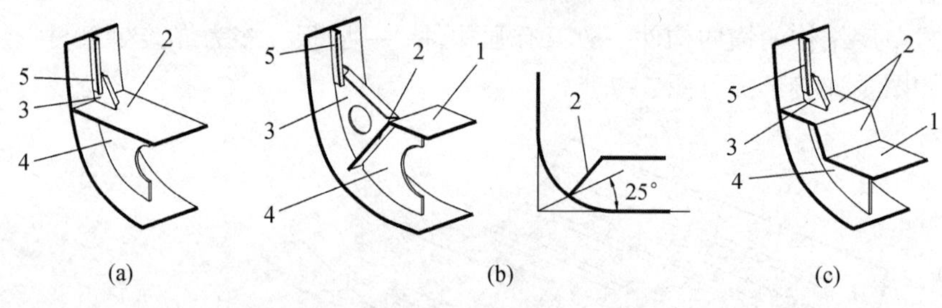


1—内底板；2—内底边板；3—舭肘板；4—肋板；5—肋骨。

图 5-9　内底边板

为便于双层底的施工、清舱和检修，每个双层底舱应对角开设人孔。在艏、艉端，双层底终止的区域采用舌形板结构由双层底向单层底结构过渡。舌形板逐渐交替变窄，其伸长的长度不小于双层底高度的 2 倍或不小于 3 个肋距，见图 5-10。

2）船底桁

两层底板之间的纵向强骨架称为船底桁（Girder）。中线面内的称为中底桁，两侧称为旁底桁。通常，桁材仅仅为钢板，中底桁根据功能要求，也可以是箱形板结构形式。旁桁材的数量由船宽及强度要求确定。

3）肋板

横向强骨架称为肋板（Floor）。肋板从中底桁延伸至两舷。旁底桁在肋板处断开。肋板每 3 或 4 个肋位设置一道。肋板又分为水（油）密肋板和实肋板两种，实肋板上可开设人孔或减轻孔。

4）普通骨架

安装在内底板下表面和船底板上表面的普通骨架分别称为内底横骨和船底横骨。横骨两端分别用舭肋板和焊接于中底桁上的肘板搭接。横骨在旁底桁处开口穿过。

2. 纵骨架式双层底结构

1）内底板（船底桁及肋板）

内底板的形式与功能和横骨架式双层底基本相同。

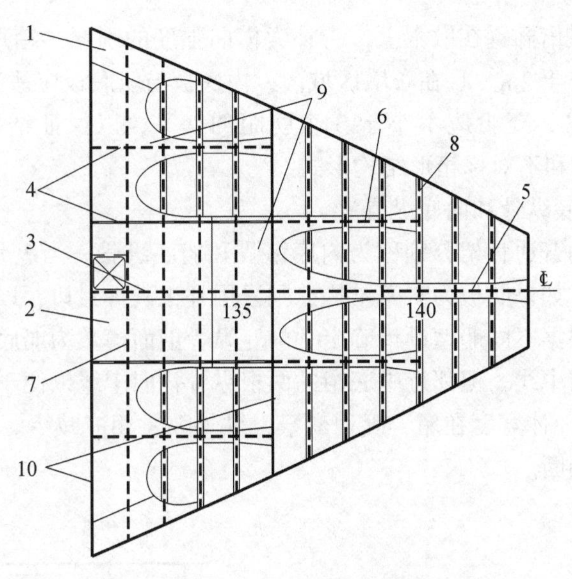


1—内底板；2—内底边板；3—中底桁；4—旁底桁；5—中龙骨；6—旁龙骨；
7—肋板；8—肋板；9—舌形板；10—横舱壁。

图 5-10　双层底向单底过渡

2）强骨架

纵骨架式双层底结构及构件名称见图 5-11。强骨架的结构名称与横骨架式双层底结构相同。

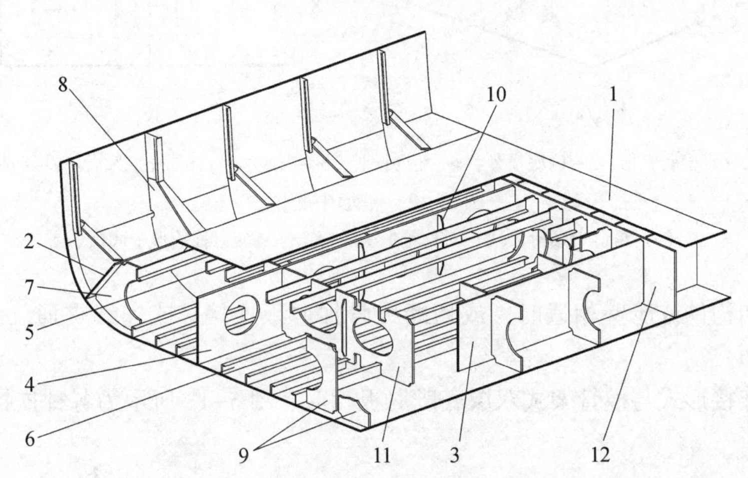


1—内底板；2—内底边板；3—中底桁；4—旁底桁；5—内底纵骨；6—船底纵骨；
7—舭肋板；8—舭部强肘板；9—肘板；10—加强筋；11—实肋板；12—水密肋板。

图 5-11　纵骨架要式双层底结构

纵骨架式双层底纵向强度较好。船舶建造规范要求 $B>20$m 时，每舷至少设置两道旁底桁。对于 12m$<B\leqslant$20m 的船舶，允许每舷只设置一道旁底桁。

大型船舶的中底桁也有设计成箱形结构的，如图 5-12（a）所示，即由两道水密侧板加船底板与内底板形成水密空间。这种结构形式主要用作集中布置管系，又称为管隧，可兼作应急通道。通常箱形结构从防撞舱壁设至机舱前壁。

船舶进坞时，底纵桁搁置在墩木上，为补尝横向强度的削弱，箱形结构侧板板厚与水密肋板相同，其间距不小于 2m。且在布墩区域内，内底板与船底板应适当增厚。箱形结构形式在端部与中底桁过渡区，至少应不小于 3 个肋距的交叉，以保证结构的连接性。图 5-12（b）、（c）分别为对称和不对称箱形结构形式。

3）普通骨架（船底纵骨和内底纵骨）

位于内底和船底的普通骨架分别称为内底纵骨和船底纵骨。当纵骨遇到肋板时，在肋板上开孔，使纵骨通过。如果肋板为水密结构，则采用补板满焊封口，以保证水密性。

双层底纵骨间距根据不同船型设计确定。内底纵骨剖面模数为船底纵骨的 0.85 倍。习惯上型材凸缘或折边朝向中线。但邻近中底桁的两根纵骨背向中线以便于安装中底桁处的肘板，见图 5-12（b）。由于船体宽度在艏、艉处变窄，纵骨数量相应减少。减少的过程逐渐完成，且不在同一肋位同时间断。

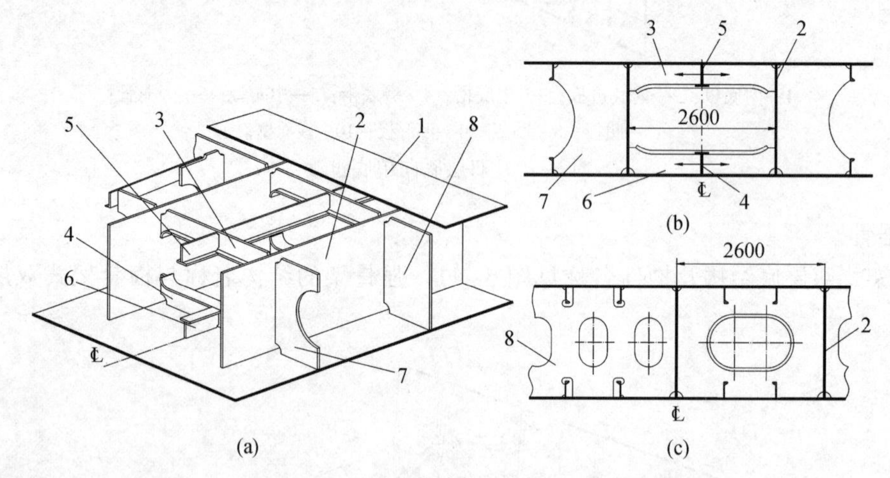


1—内底板；2—水密底纵桁；3—内底横骨；4—船底横骨；5—内底纵骨；6—船底纵骨；7—肋板；8—肋板。

图 5-12　箱形中底桁

（a）箱形中底桁；（b）对称箱形中底桁；（c）非对称箱形中底桁。

纵骨与横向构件或舱壁相遇时，或切断纵骨加肘板连接，或连续贯通。船长大于 200m 时必须连续贯通。

舭肘板的连接形式与横骨架式双层底舭肘板相似。图 5-13 所示为各种连接情况。

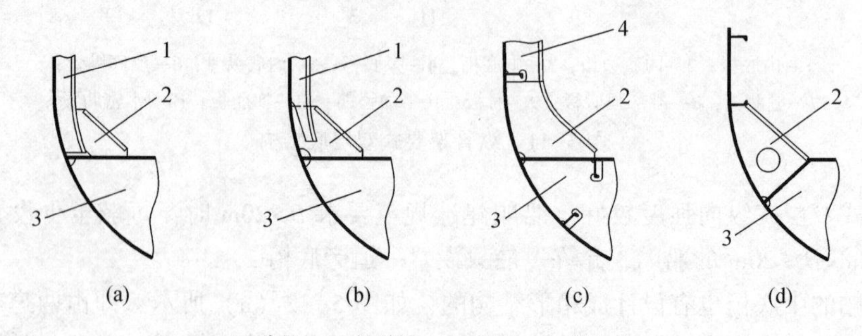


1—肋骨；2—舭肘板；3—肋板；4—强肋骨。

图 5-13　双层底舭肘板结构形式

## 5.3.2 舷侧结构

舷侧结构主要抵抗舷外水压力、货物和舷内液体挤压力、波浪冲击力、水中飘浮物撞击力，部分舷侧纵向构件也参与总纵弯曲。舷侧结构有单壳和双壳乃至多层壳之分。根据骨架形式不同，分横骨架式和纵骨架式舷侧结构两种。

舷侧结构的主要构件有肋骨、纵骨、强肋骨、船舷纵桁，如图 5-14 所示。双壳舷侧结构在内壳板（内舷板）上加装有扶强材、水平桁、垂直桁等构件，如图 5-15 所示。

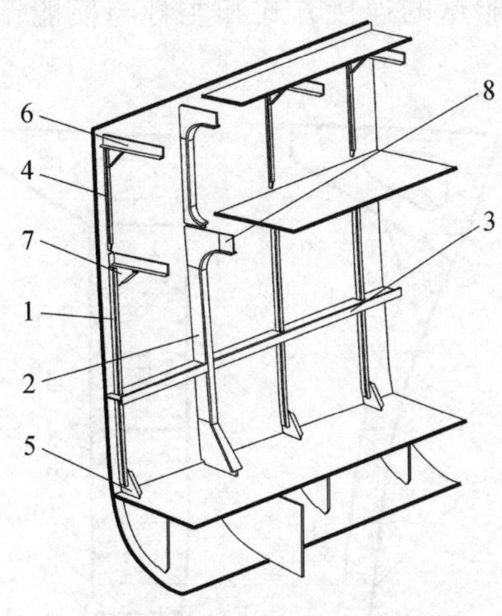


1—肋骨；2—强肋骨；3—舷侧纵桁；
4—甲板间肋骨；5—舭肘板；6—横梁；
7—梁肘板；8—强横梁。

图 5-14 横骨架式交替肋骨舷侧结构

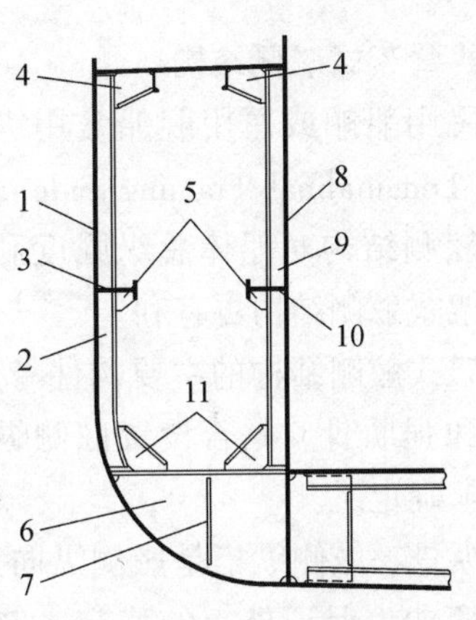


1—舷侧外板；2—肋骨；3—舷侧纵桁；4—肘板；
5—防倾肘板；6—肋板；7—加强筋；8—内舷板；
9—扶强材；10—水平桁；11—肘板。

图 5-15 双壳舷侧结构

### 一、横骨架式舷侧结构

横骨架式舷侧结构（Transverse Framing Side Structure）可分为单一肋骨（主肋骨）形式、交替肋骨（隔若干档普通肋骨设一档强肋骨）形式。肋骨间距应按照规范确定，一般为500~900mm。肋骨跨距中间按强度需要可设置舷侧纵桁。

1）肋骨

肋骨（Frame）通常采用不等边角钢或球扁钢。对于多层甲板船，船底至强力甲板间肋骨称为肋骨。图 5-14 为横骨架式舷侧结构图。

在冰区航行船舶，为抵抗浮冰撞击和挤压，增加中间肋骨（Intermediate Frame）如图 5-16 所示。

具有多层甲板的船舶舷侧，两层甲板之间设甲板间肋骨（Tween-deck Frame），如图 5-14 所示。因为甲板间肋骨承载相对较小，所以其剖面尺寸相对也较小。

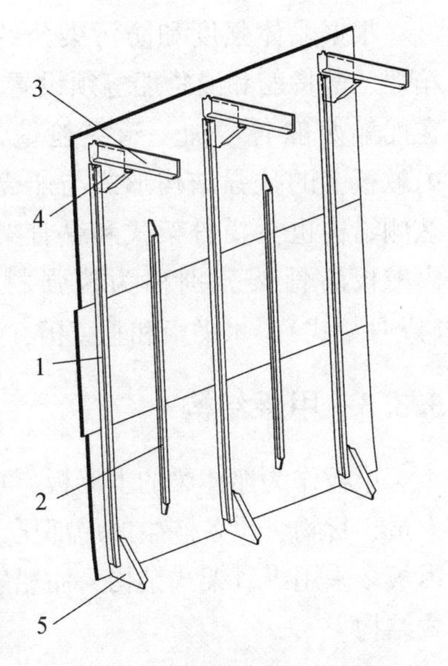


1—肋骨；2—中间肋骨；3—横梁；
4—梁肘板；5—舭肘板。

图 5-16 舷侧冰区加强结构

2）强肋骨

强肋骨（Web Frame）一般采用T型材。强肋骨间距一般不大于4个肋距，强肋骨与舷侧纵桁构成舷侧强力结构，将受力传至船底和横舱壁。

3）舷侧纵桁

舷侧纵桁（Side Girder）一般也采用T型材，其腹板高通常与强肋骨相同，舷侧纵桁作为肋骨的支点，将部分受力传递至强肋骨或舱壁。舷侧纵桁与强肋骨相交时，舷侧纵桁间断，强肋骨连续。舷侧纵桁遇到肋骨时，其腹板开切口让肋骨穿过。肋骨穿过舷侧纵桁时，在每个肋位处加设防倾肘板。舷侧纵桁与横舱壁的连接方式和龙骨与横舱壁的连接方式相同。

**二、纵骨架式舷侧结构**

大型民用船舶或军用舰船常用纵骨架式舷侧结构（Longitudinal Framing Side Structure）。纵骨架式舷侧结构对船体总纵强度和外板稳定性比横骨架式舷侧结构更有利。

纵骨架式舷侧结构的主要构件有舷侧纵骨、舷侧纵桁和强肋骨。是否设置舷侧纵桁由船体的结构要求确定。

舷侧纵骨、舷侧纵桁是舷侧纵向连续构件。参与总纵弯曲，保证外板的稳定。舷侧横向强度由强肋骨保证。强肋骨作为纵骨的支点，能分担、传递部分受力并减小纵骨尺寸。舷侧纵骨结构见图5-17。

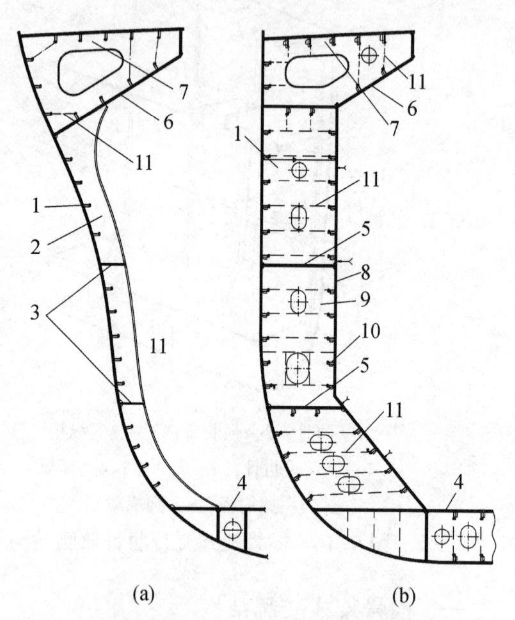


1—舷侧纵骨；2—强肋骨；3—舷侧纵桁；
4—内底板；5—平台板；6—顶边舱封板板；
7—顶边舱强框架；8—内舷板；9—舷边舱隔板；
10—水平扶强材；11—加强筋。

图5-17　纵骨架式舷侧结构

（a）单壳舷侧结构；（b）双壳舷侧结构。

**三、双壳舷侧结构**

根据船体强度和防污染公约的要求，集装箱船、散货船和液货船等须设置双壳舷侧结构。在船舶两舷各增加一道纵舱壁，称为内舷板。内舷板上的扶强结构形式与船壳板相同。双壳舷侧结构也分横骨架式和纵骨架式两种。支承内舷板的骨架分别称为扶强材、水平扶强材（纵骨架式）、水平桁和垂直桁，见图5-15和图5-17（b）。

### 5.3.3　甲板结构

甲板作为船体梁的上翼板，承受总纵弯曲和扭转引起的拉力、压力和剪力，承受甲板上人员、货物、设备产生的局部压力。因为甲板受力情况复杂，所以大、中型海洋船舶的强力甲板多采用纵骨架式结构，而船舶的其他下甲板以及内河船舶的各层甲板更多的采用横骨架式结构。

**一、横骨架式甲板结构**

横骨架式甲板结构（Transverse Framing Deck Structure）由甲板纵桁、甲板横梁以及甲板强横梁组成，如图5-18所示。

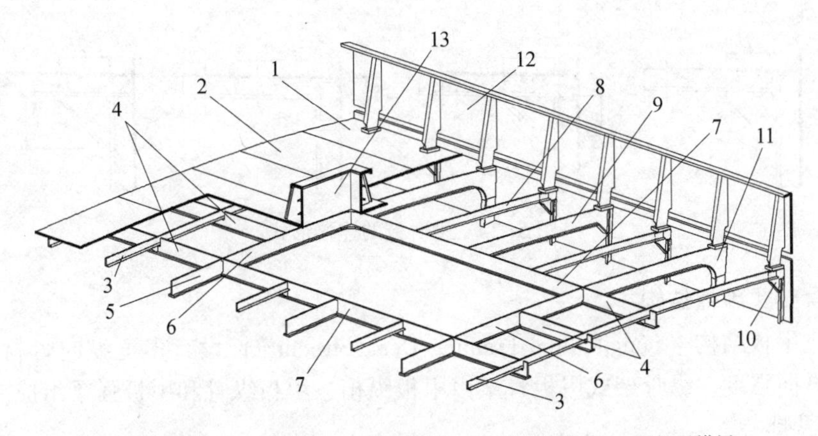


1—甲板边板；2—甲板板；3—甲板横梁；4—甲板纵桁；5—甲板强横梁；
6—舱口端横梁；7—舱口纵桁；8—半梁；9—半强梁；
10—梁肘板；11—强梁肘板；12—舷墙结构；13—舱口结构。

图 5-18　横骨架式甲板结构

1. 横梁

甲板横梁（Beam）是横骨架式甲板的主要构件，采用不等边角或球扁钢在每一肋位设置。

2. 强横梁

强横梁（Web Beam）一般采用 T 型材，沿纵向每隔 3~5 个肋距应设置一道强横梁。与舷侧和船底横向强构件对应，支持纵骨并形成横向的强力框架。强横梁与强肋骨连接的几种典型方式如图 5-19 所示。

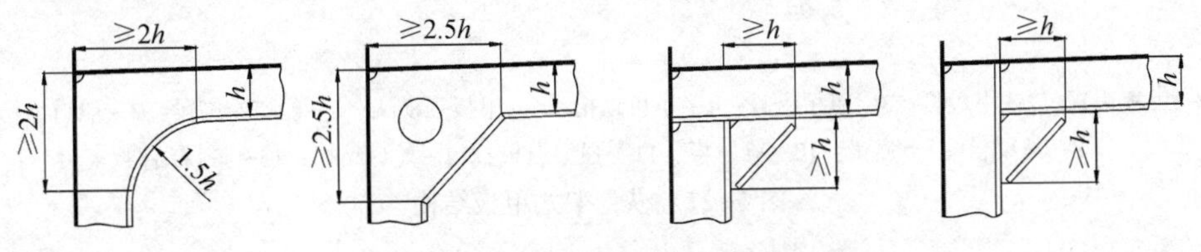


图 5-19　强梁肘板的连接形式

在舱口端部的强横梁称为舱口端梁（Hatch End Beam）。舱口端梁与舱口纵桁腹板构成舱口角隅的强构件交叉点，杂货船的舱口角隅下端可设置支柱，以支撑舱口结构。

3. 甲板纵桁

甲板纵桁（Deck Girder）与甲板强横梁类似，构件采用 T 型材，其腹板高度与强横梁相同。位于舱口两边的纵桁称为舱口纵桁（Hatch Side Girder）。为了减少磨损起货索具，舱口纵桁和舱口端梁的面板可设计成不对称形式，或采用折边板及其他型材。

4. 梁肘板

为增加节点刚性、传递作用力，横梁与肋骨连接处用三角肘板或折边三角肘板牢固连接，这种肘板称为梁肘板。各种梁肘板连接形式见图 5-20。肘板与其他构件连接，其两边的长度不小于肋骨高度的 2 倍。

横梁与甲板纵桁相交时，通常在纵桁腹板上开口让横梁穿过。甲板纵桁的腹板高度应不小于切口高度的 1.6 倍，否则，应加设防倾肘板。

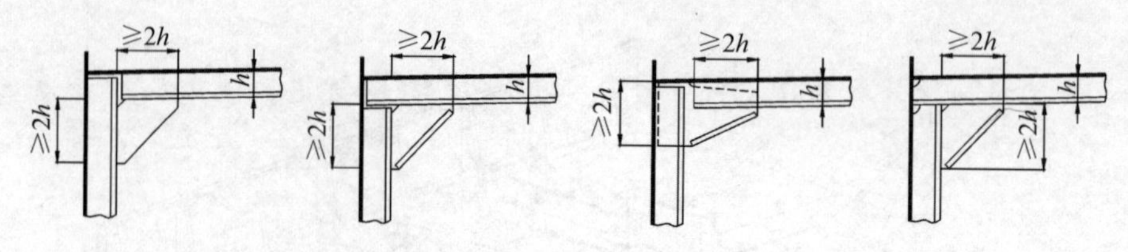


图 5-20　梁肘板的连接形式

## 二、纵骨架式甲板结构

纵骨架式甲板结构（Longitudinal Framing Deck Structure）设有多道纵向骨材，使得甲板具有更好的纵向强度。纵骨架式甲板骨架由甲板纵桁、甲板纵骨和甲板强梁组成。

### 1. 甲板纵骨

甲板纵骨（Deck Longitudinal）采用不等边角钢或球扁钢。安装间距与船底纵骨相同，型钢折边朝向中线面。若舷侧为横骨架式时，在不设置强梁的肋位，最靠近舷侧的一道甲板纵骨采用肘板与肋骨连接。其形式如图 5-21 所示。

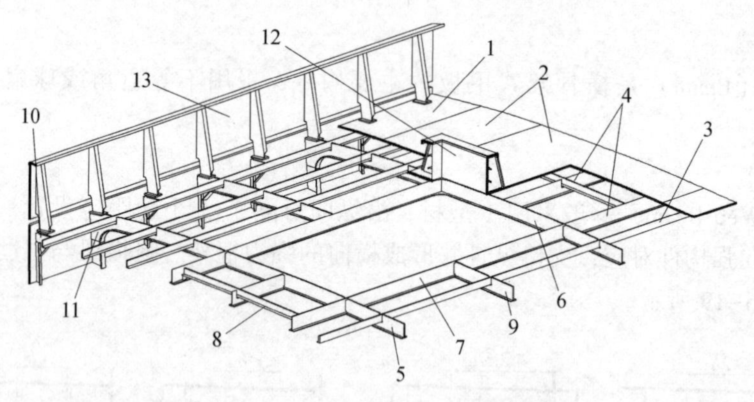


1—甲板边板；2—甲板板；3—甲板纵骨；4—甲板纵桁；5—甲板强横梁；6—舱口端横梁；7—舱口纵桁；8—短梁；9—半强梁；10—梁肘板；11—强梁肘板；12—舱口结构；13—舷墙结构。

图 5-21　纵骨架式甲板结构

### 2. 甲板纵桁

甲板纵桁为设置在甲板下方的纵向主要强力构件，采用 T 型材，用作支撑横梁，参与总纵弯曲。

甲板纵桁与船底桁位于同一平面内，构成船体纵向框架。当与甲板强梁相交时，甲板中纵桁保持连续，甲板旁纵桁可以间断。甲板纵桁与横舱壁相遇时，连接形式如图 5-22 所示。

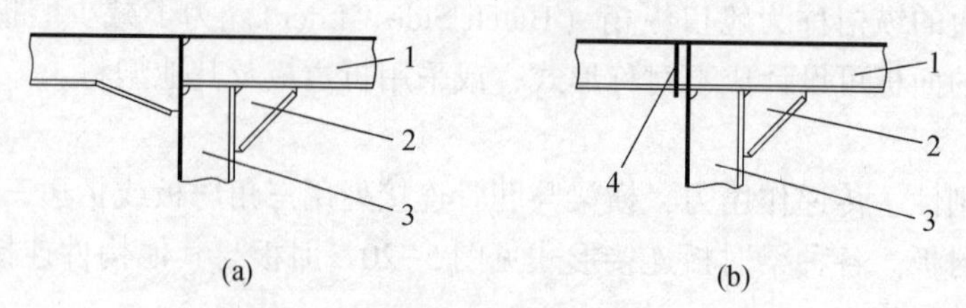


1—甲板边板；2—肘板；3—舱壁扶强材；4—补板。

图 5-22　甲板纵桁与横舱壁连接形式

3. 强横梁

强横梁采用T型材，当纵骨与强横梁相交时，在强梁腹板上开口，让甲板纵骨通过。一般情况下，当强横梁与甲板中纵桁相交时，甲板中纵桁保持连续，强横梁间断；当强横梁与甲板旁纵桁相交时，强横梁保持连续，甲板旁纵桁间断。

## 5.3.4 舱口结构

货舱舱口（Cargo Hatch）四周设舱口围板（Hatch Coaming），用于防止海水浸入和人员跌落。露天围板高度不小于600mm，并于每一肋位处设置扶强材以提高围板强度。甲板以下舱口围板对应位置设置舱口纵桁（Hatch Side Girder）和舱口端梁（Hatch End Beam）。图5-23为舱口围板形式。

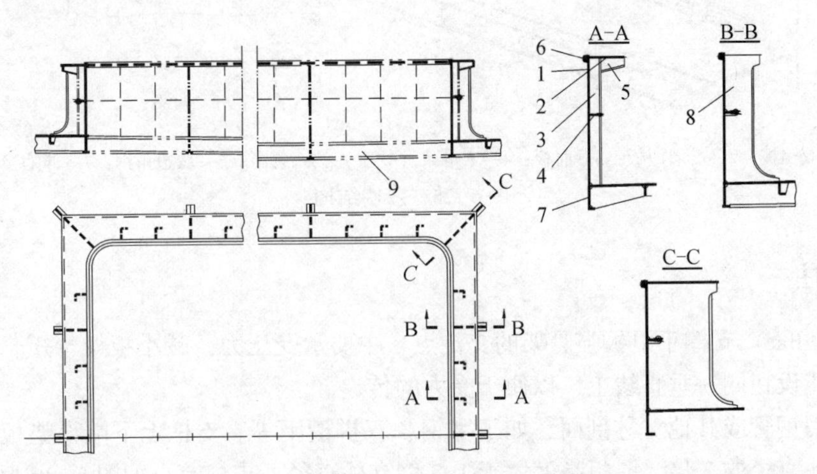


1—舱口围板；2—水平面板；3—扶强材；4—水平扶强材；5—肘板；6—舱口围板顶材；7—舱口端横梁；8—垂直桁；9—舱口纵桁。

图5-23 货舱口结构

舱口围板与甲板的连接形式有：①围板插入甲板以下，以替代下端强骨架，如图5-24（a）所示；②甲板伸入围板内，围板与下方强骨架为独立的两部分，如图5-24（b）所示。前者可改善应力，减小起货索具的磨损；后者施工方便。

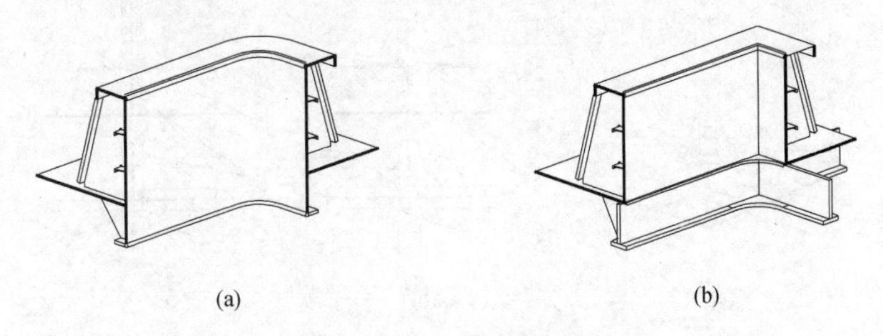


图5-24 舱口围板结构形式

## 5.3.5 舷墙

舷墙是沿着露天甲板边缘设置的的围墙。舷墙的主要作用是减少甲板上浪，保障人员安全和防止甲板上货物及物品滚落舷外。舷墙由板材做成，为了保证其刚性，在内侧设置扶强材，如图 5-25 所示。舷墙（Bulwark）的扶强构件主要有舷墙肘板（Bulwark Bracket）（扶强材）、舷墙面板（Bulwark Faceplate）、舷墙水平扶强材等（Bulwark Horizontal Stiffener）。为了使舷墙不参与总纵弯曲，舷墙板与船体外板并没有焊接成一个整体，断开处的间隔空隙可兼做流水孔。舷墙板横向接缝处设有伸缩结头，以释放内力。

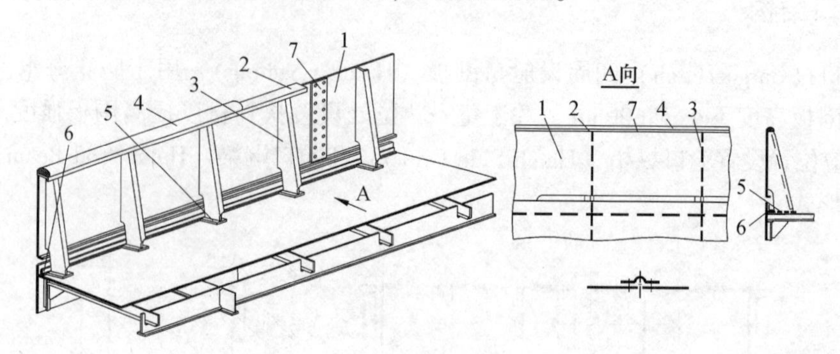


1—舷墙板；2—舷墙面板；3—肘板；4—木沿条（扶手）；5—复板；6—舷边角钢；7—伸缩接头。

图 5-25　舷墙结构

## 5.3.6　支柱

支柱（Pillar）支撑于甲板强骨架的交汇点，主要承受压力，减小板架弯矩。多层甲板的支柱应尽可能设在同一垂直线上，以便于受力的传递。

支柱采用钢管或其他对称剖面，如工字钢、双拼槽钢等。支柱上下端设垫板和肘板。垫板直径为支柱直径的 2 倍，肘板高度大于 1.5 倍支柱直径。支柱节点如图 5-26 所示。

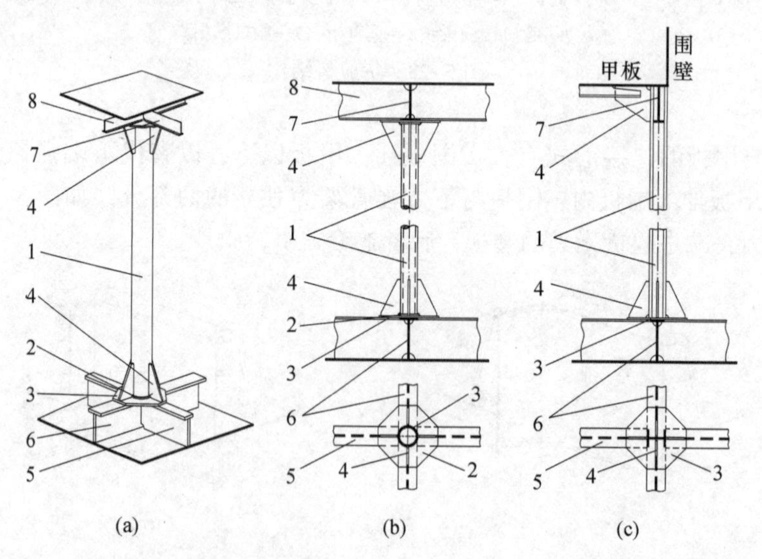


1—支柱；2—垫板；3—复板；4—肘板；5—肋板；6—纵桁；7—甲板纵桁；8—甲板强梁。

图 5-26　支柱结构

（a）支柱；（b）钢管支柱视图；（c）工字钢支柱视图。

# 5.4 船体基本结构（二）

## 5.4.1 艏、艉结构

船舶艏、艉是影响船舶性能最关键的部分。艏、艉结构的强度是保持船舶安全性能的保障。工艺合理的结构形式和正确的图样表达形式，是这一保障的基础。

1. 船首结构

根据船舶性能要求的不同，船首结构（Foreship Structure）具有多种形状，如图 5-27 所示。直立型船首仅用在少数船型上，其他船首形状仍广泛地采用。船首影响船舶的快速性、耐波性、使用性能和某些特殊功能，同时是船舶与水中其他物体碰撞和海浪砰击的主要部位。虽然其承受弯距不大，但局部撞击，冲击力等动载很大，易于受到严重破坏。因此，船首在艏尖舱（Forepeak Tank ）和舱后一定长度范围内的舷侧以及底部三部分，应得到足够的加强，如图 5-28 所示。

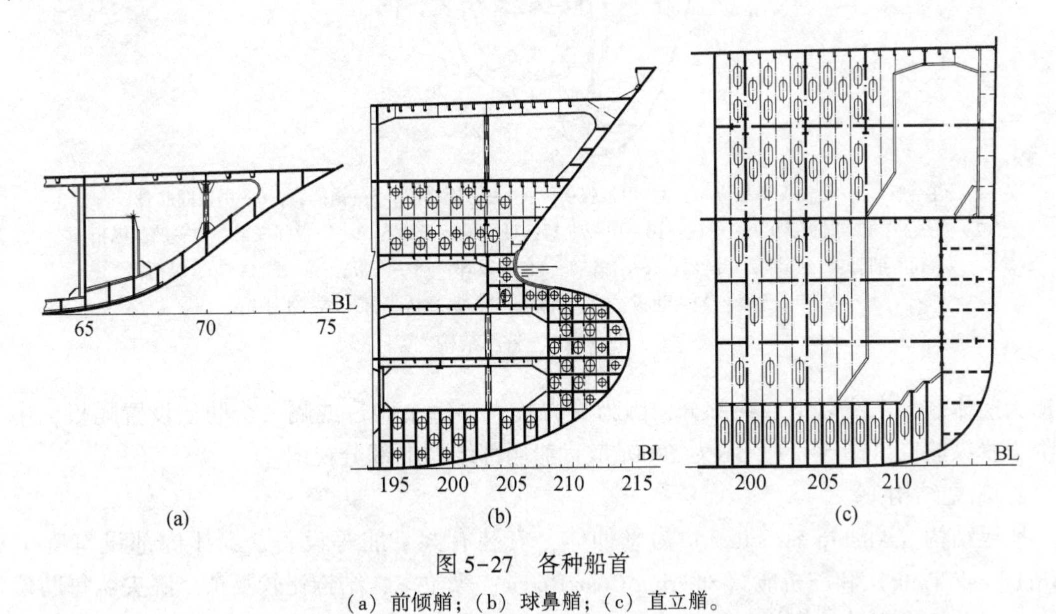


图 5-27　各种船首

（a）前倾艏；（b）球鼻艏；（c）直立艏。

船底因为曲面形状变化使得空间狭窄，故多采用升高肋板形式的单底结构。有的船舶在尖瘦的底部采用水泥填塞，既可防止锈蚀，又可进一步加强船底结构。

艏部舷侧因为上述原因，一般采用横骨架式结构。为抵抗砰击和浮冰撞击，可在两个肋位之间加中间肋骨，或在两舷之间加强胸梁（Panting Beam）（或撑杆（Stay Bar））。大型船舶还会设计一道或数道水平桁或开孔平台。

对于兼作压载舱的艏尖舱，在升高龙骨以上，设置纵向止荡舱壁（Swash Bulkhead），以减小自由液面影响，同时提高纵向强度。纵向止荡舱壁上一般都开有减轻孔。

艏部还设置有锚链舱（Chain Locker）、锚链筒（Hawse Pipe）等功能结构件。

由于性能的需要，现代大中型海洋船较多采用球鼻艏结构，以改善船舶的航行性能。球

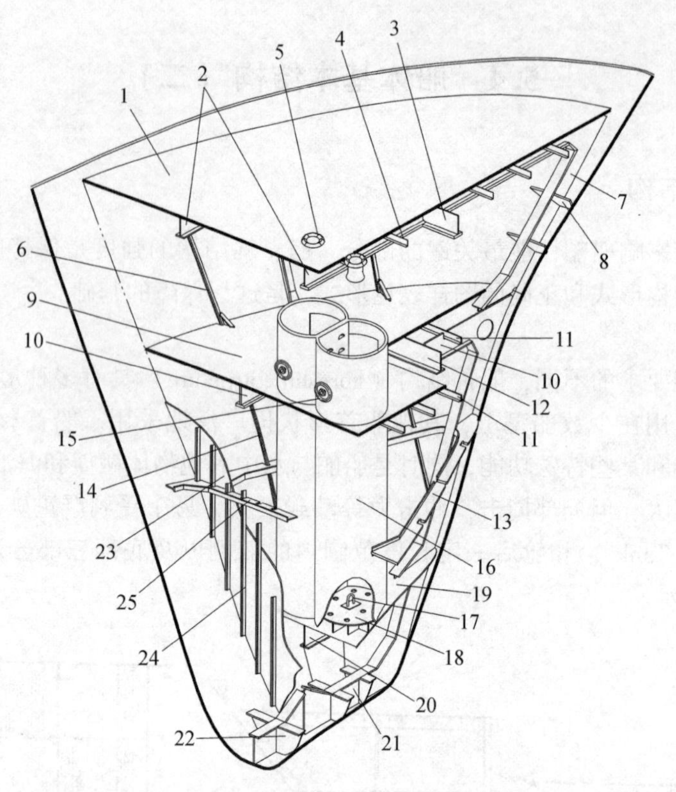


1—艏楼甲板；2—甲板纵桁；3—甲板强横梁；4—甲板横梁；5—锚链管；6—甲板间肋骨；7—艏纵筋；8—肘板；9—主甲板；10—甲板纵桁；11—甲板横梁；12—甲板强横梁；13—舷侧纵桁；14—肋骨；15—螺旋弃链器；16—锚链舱；17—眼环；18—隔板；19—平台；20—纵桁；21—中龙骨；22—肋板；23—防撞舱壁；24—扶强材；26—水平桁。

图 5-28　船首结构

鼻艏为船体艏部水线以下前突部分，因为受力较大，每个肋位或隔一个肋位设置隔板，中线面上设置纵舱壁。图 5-29 所示为 5000t 散货船艏部结构的部分视图。

2. 船尾结构

船尾结构（Aftship Structure）为悬伸体，安装有桨、舵等设备，艉体内部设有艉尖舱（After Peak Tank）和舵机舱（Steering Gear Room）等舱室，结构比较复杂。艉尖舱每肋位设置肋板。肋板在艉轴处应伸至艉轴管以上足够高。当艉尖舱为横骨架式舷侧时，肋板以上应设间距不大于 2.5m 强胸架和舷侧纵桁，或以开孔平台代之。艉悬体中线面上设置纵舱壁。图 5-30 为 1000t 沿海货船船尾结构。

## 5.4.2　艏、艉柱结构

1. 艏柱

艏柱（Stempost）是外板、甲板、平台、舷侧纵桁汇交的艏端构件。它受到艏端水中漂浮物、波浪的撞击，因而艏柱结构和工艺较复杂，强度和刚性要求高。艏柱可以由钢板焊接、铸钢或锻造而成。

各种艏柱的结构形式根据使用功能不同各有不同的要求。图 5-31 为不同的艏柱。

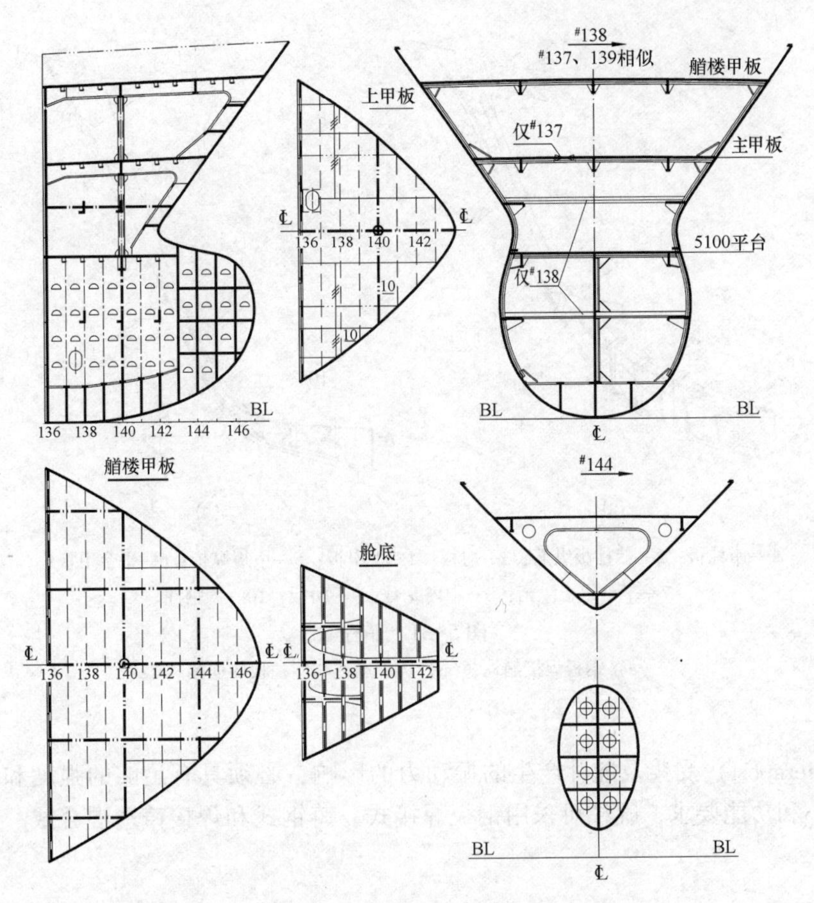


图 5-29　5000t 散货船首部结构部分视图

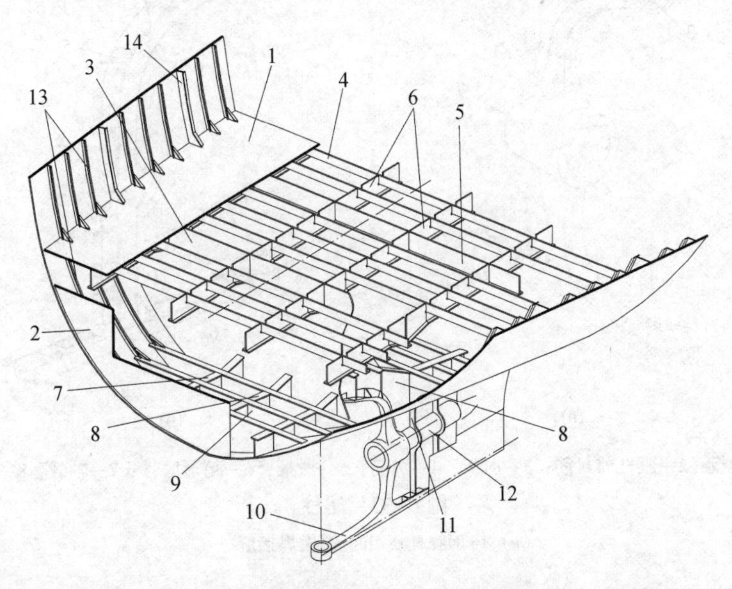


1—平台甲板；2—艉封板；3—舱壁；4—甲板横梁；5—甲板强横梁；6—甲板纵桁；7—旁内龙骨；
8—中内龙骨；9—肋板；10—艉柱；11—升高肋板；12—艉轴管；13—肋骨；14—强肋骨。

图 5-30　1000t 沿海货船船尾结构

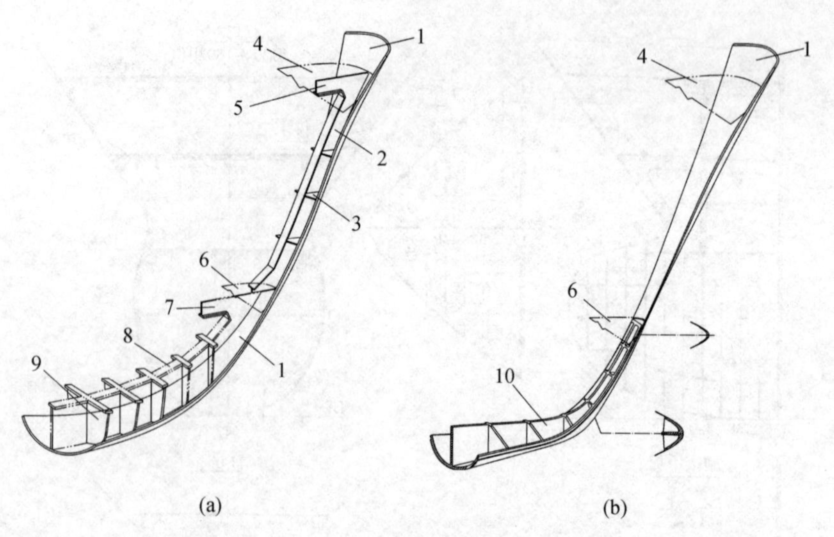


1—艏柱板；2—艏柱板纵筋；3—肘板；4—上甲板；5—甲板纵桁；6—平台甲板；
7—平台甲板纵桁；8—中内龙骨；9—肋板；10—铸钢件。

图 5-31　艏柱

（a）钢板焊接艏柱；（b）铸钢艏柱与艏柱板的连接。

2. 艉柱

艉柱（Sternpost）受桨及舵叶产生的振动力的影响，必须具有足够的强度和刚度。根据作用力的大小和功能要求，艉柱可采用钢板焊接式、铸钢式和焊接铸造混合式。各种艉柱如图 5-32 所示。

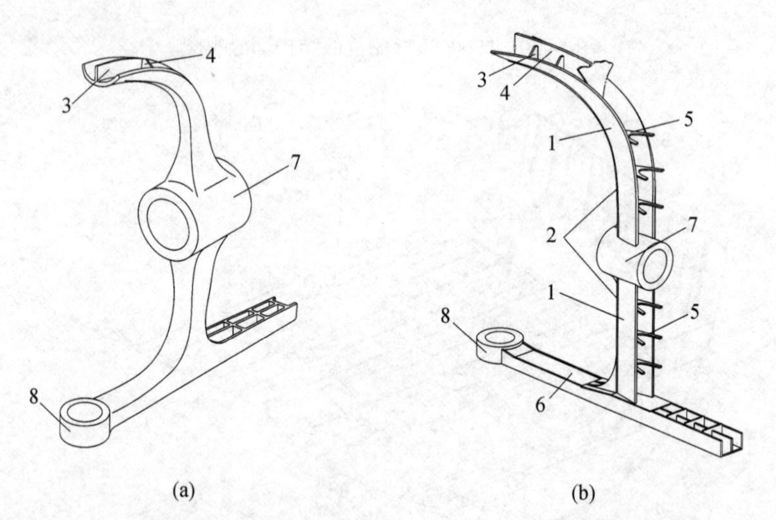


1—艉柱板；2—艉柱前封筋；3—肘板；4—纵筋；5—肘板；6—箱形底骨；7—轴毂；8—舵托。

图 5-32　尾柱

（a）铸钢艉柱；（b）钢板焊接艉柱

## 5.4.3　舱壁结构

舱壁指船舶主体内部纵向和横向的分隔壁板。舱壁结构（Bulkhead Structure）将船体分隔成许多舱室，以提供载货、居住、工作、存储油、水和备品等的空间。

除上述功能外，水密舱壁还能保证船体水密性，提高抗沉性。艏、艉止荡舱壁具有限制船体摇荡、保证稳性、提高船舶安全性的作用。

1. 舱壁类型

1）按用途分类

（1）水（油）密舱壁：由船底至上甲板的主要横舱壁，分隔船体为若干水密舱室。这类舱壁上一般不允许开孔。当有其他结构物穿过时，应采取措施，保证水（油）密性。

（2）深（液体）舱壁：内底或船底至上甲板用以装载液体的舱壁，因为深舱舱壁承受液体压力，不仅要求密封性，而且结构尺寸也较大。

（3）防火分隔舱壁：按结构规范及防火要求设置的特殊舱壁，具有隔热和防火装置的舱壁，用以保证船舶的安全性。

（4）止荡舱壁：一般为设置在液舱内的纵向非水密舱壁，起到限制液体摇荡，减少自由液面对稳性的不利影响。

2）按结构形式分类

（1）平面舱壁（Plane Bulkhead）：由平面舱壁板及其骨架组成的舱壁。

（2）槽形舱壁（Corrugated Bulkhead）：利用曲折舱壁板替代骨架。曲折的形式有梯形、三角形、弧形等。

2. 舱壁的设置

水密舱壁（Watertight Bulkhead）的位置、间距与船舶类型有关。抗沉性要求高的船，如军船、客船，舱壁数目多。水密舱壁的数量应根据有关规范的规定设置。

海洋船舶在艏部第一道水密舱壁为防撞舱壁。其位置距艏垂线不小于 $0.05L_s$ 或 10m，取小者；但不大于 $0.08L_s$。同样，艉部距艉垂线（0.04~0.05）$L_{pp}$ 处设置尾舱壁。

3. 平面舱壁

平面舱壁由舱壁板和骨架组成。当舱壁板沿水平方向布置时，单块钢板自下而上地排成板列。这种布置的优点是可以根据水深变化压力不同，各列舱壁板可取不同的厚度，如图5-33与图5-34所示。因为舱壁下端列板承受的水压力最大，而且易腐蚀，应取厚些；位于其上的列板随着深度的减小而逐渐减薄。在大型船舶上，上下列板的厚度差异显著，一般都采用水平布置，以达到减轻重量、节省钢材的目的。在甲板间舱壁（Tween Deck Bulkhead）或型深不大的小船舱壁，舱壁板可垂直布置（图5-33），因为重量增加不多，所以施工方便。

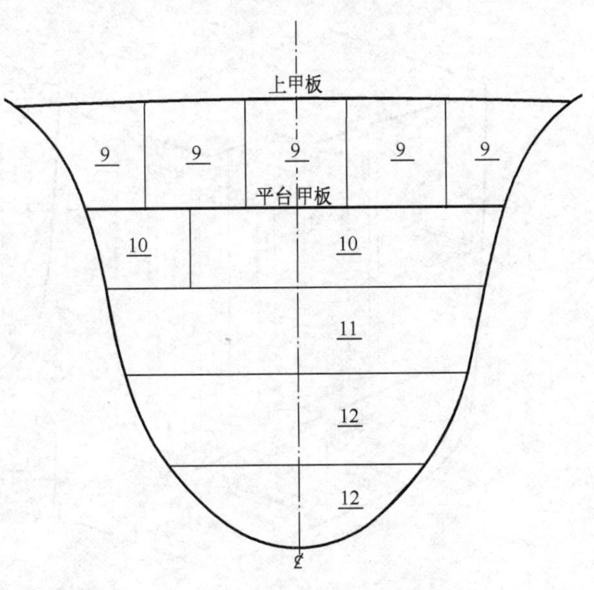

图5-33　舱壁板的布置形式

舱壁骨架由普通骨架（扶强材）和强骨架（水平桁、垂直桁）组成。舱壁骨架习惯上装于舱壁面向船中的一侧。图5-34所示是平面舱壁的结构图。

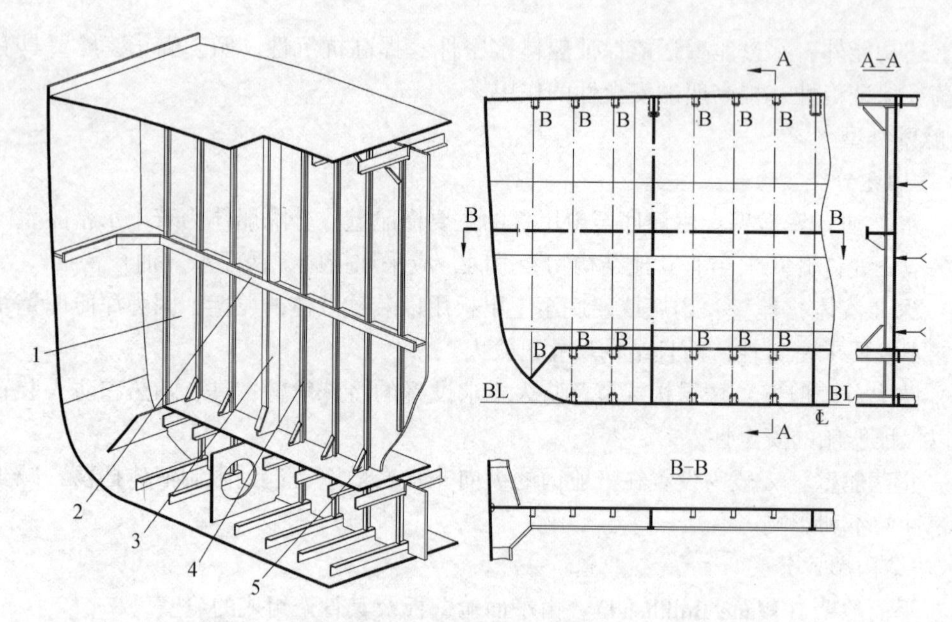

1—舱壁板；2—舱壁水平桁；3—舱壁垂直桁；4—扶强材；5—肘板。

图 5-34　平面舱壁结构

4. 槽形舱壁

槽形舱壁（Corrugated Bulkhead）是用钢板压制而成，利用槽形的折曲替代了扶强材。因此，在相同强度条件下，节省材料，减轻重量。

槽形舱壁虽然有上述特点，但对于装运包装货而言，减小了舱容。因此，槽形舱壁多用于油船和散货船。图 5-35 所示是散货船的槽形舱壁结构。

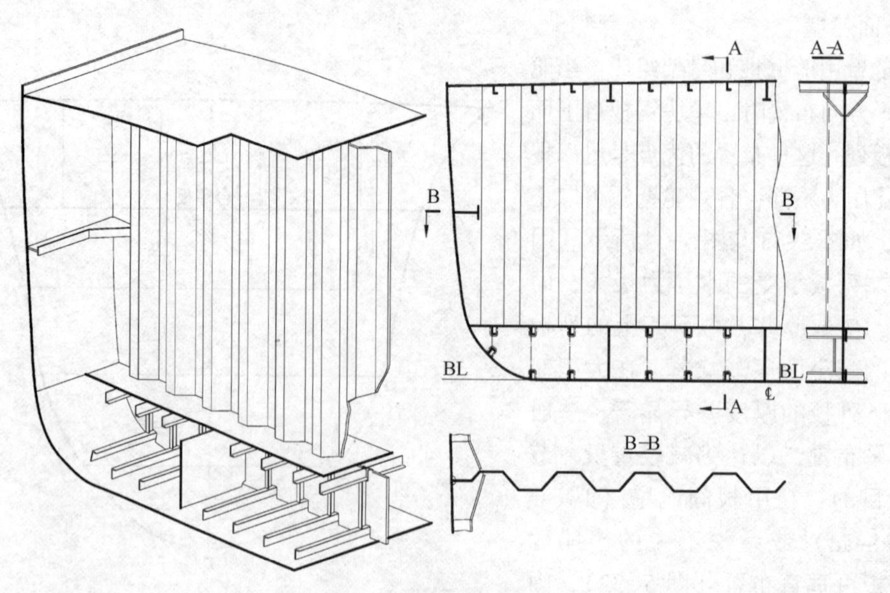

图 5-35　槽形舱壁结构

槽形的剖面形状有多种，如图 5-36 所示。其中，以梯形舱壁用途最广。槽形体也可以是水平布置的，液货船上，因为纵舱壁参与总纵弯曲，所以槽形体采用纵向水平布置。

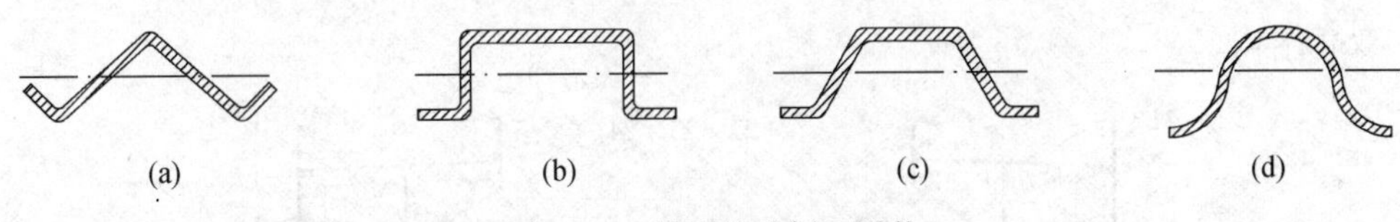


图 5-36 槽形舱壁剖面形状

（a）三角形；（b）矩形；（c）梯形；（d）弧形。

## 5.5 典型横剖面结构

因为船舶的功能不同，所以各种船舶的结构形式也不相同。下面简单介绍几种主要船舶的典型横剖面结构。

### 一、杂货船横剖面结构

图 5-37 是横骨架式杂货船（General Cargo Ship）的横剖面结构。其采用横骨架结构形式，上、下甲板均开有舱口，舱口角隅有支柱支撑。

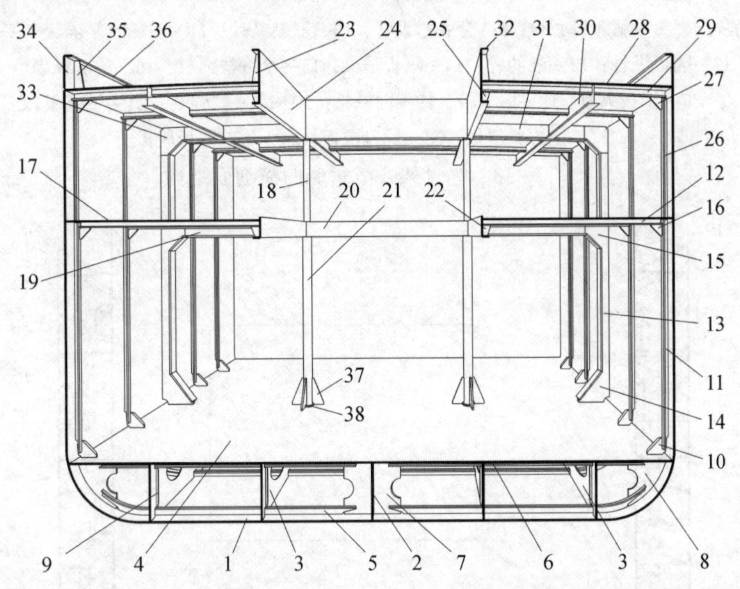


1—船底板；2—中底桁；3—旁底桁；4—内底板；5—船底横骨；6—内底横骨；7—月牙肘板；8—舭肘板；9—加强筋；10—舭肘板；11—肋骨；12—下甲板横梁；13—强肋骨；14—舭部大肘板；15—强梁肘板；16—梁肘板；17—下甲板；18—上甲板支柱；19—下甲板强梁；20—下甲板舱口围板；21—下甲板支柱；22—肘板；23—舱口围板肘板；24—舱口围板；25—肘板；26—甲板间肋骨；27—梁肘板 28—上甲板；29—甲板横梁；30—甲板纵桁；31—甲板强横梁；32—舱口围板肘板；33—强横肘板；34—舷墙板；35—舷墙板肘板；36—舷墙顶材；37—支柱肘板；38—支柱垫板。

图 5-37 横骨架式杂货船的横剖面结构

### 二、散货船横剖面结构

图 5-38 是纵骨架式散货船（Bulk Carrier）的横剖面结构。其采用纵骨架结构形式，双壳结构，上、下设有顶边舱和底边舱。

### 三、集装箱船横剖面结构

图 5-39 是纵骨架式集装箱船（Container Ship）的横剖面结构。其采用纵骨架结构形式，

双底、双壳结构。

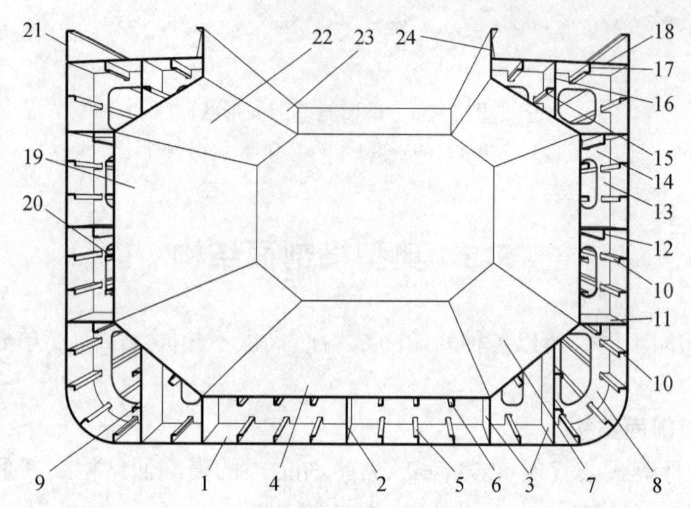


1—船底板；2—中底桁；3—旁底桁；4—内底板；5—船底纵骨；6—内底纵骨；
7—内底边板；8—舭部强肘板；9—旁底桁纵骨；10—舷侧纵骨；11—双舷水平隔板（平台板）；
12—隔板纵骨；13—强肋骨；14—隔板强梁；15—水平扶强材；16—边舱纵隔板；
17—甲板纵骨；18—甲板板；19—内舷板；20—水平扶强材；21—舷墙板；
22—顶边舱斜板；23—舱口围板；24—舱口围板肘板。

图 5-38　纵骨架式散货船的横剖面结构

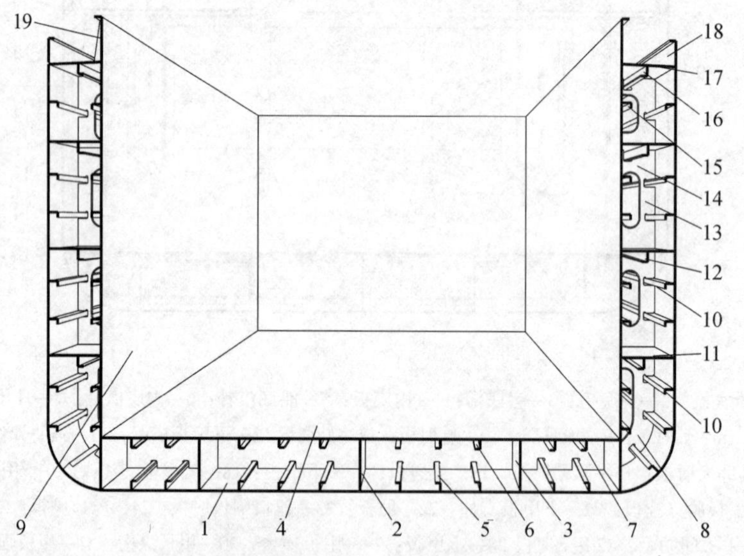


1—船底板；2—中底桁；3—旁底桁；4—内底板；5—船底纵骨；6—内底纵骨；7—肋板；
8—舭部强肘板；9—内舷板；10—舷侧纵骨；11—双舷水平隔板（平台板）；12—隔板纵骨；
13—强肋骨；14—隔板强梁；15—水平扶强材；16—甲板纵骨；17—甲板板；18—舷墙板；19—舱口围板。

图 5-39　集装箱船的横剖面结构

## 四、油船横剖面结构

图 5-40 是纵骨架式油船（Oil Tanker）的横剖面结构。其采用纵骨架结构形式，双底、双壳结构。为了充分利用舱容和便于清舱，液舱内的纵舱壁和横舱壁都采用了槽形舱壁。甲板骨架采用了反装形式。

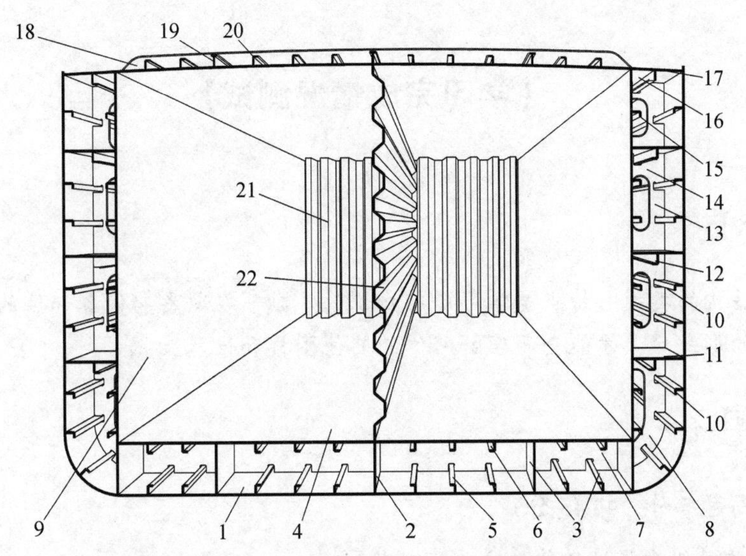


1—船底板；2—中底桁；3—旁底桁；4—内底板；5—船底纵骨；6—内底纵骨；7—肋板；8—舭部强肘板；9—内舷板；10—舷侧纵骨；11 双舷水平隔板（平台板）；12—隔板纵骨；13—强肋骨；14—隔板强梁；15—水平扶强材；16—甲板纵骨；17—甲板板；18—反装甲板强梁；19—反装甲板纵桁；20—反装甲板纵骨；21—槽形横舱壁；22—槽形纵舱壁。

图 5-40　油船的横剖面结构

## 五、矿石船横剖面结构

图 5-41 是纵骨架式矿石船（Ore Tanker）的横剖面结构。其采用纵骨架结构形式，双壳结构，货舱区为双底结构。

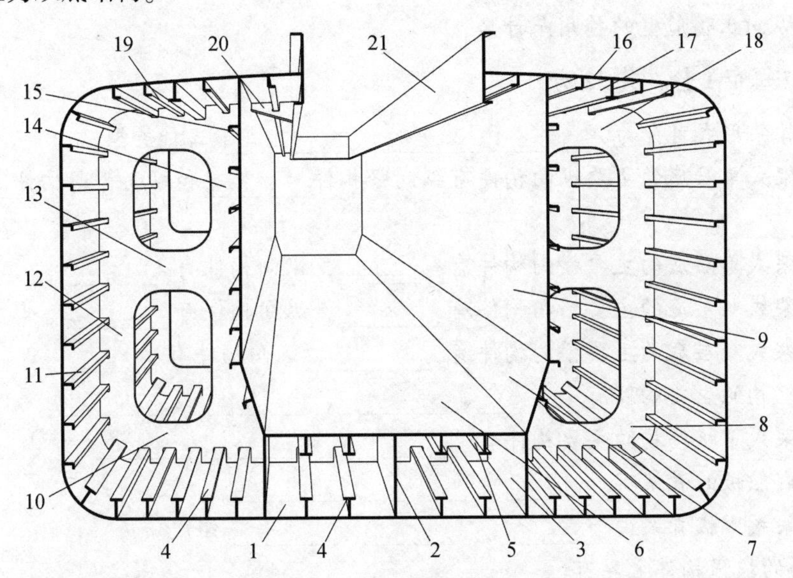


1—船底板；2—中底桁；3—旁底桁；4—船底纵骨；5—内底纵骨；6—内底板；7—内底斜板；8—舭肘板；9—内舷板；10—肋板；11—舷侧纵骨；12—强肋骨；13—撑杆；14—垂直桁；15—水平扶强材；16—甲板纵骨；17—甲板纵桁；18—甲板强梁；19—甲板纵骨；20—肘板；21—舱口围板。

图 5-41　矿石船的横剖面结构

# 【学习完成情况测试】

## 【任务导入】

了解船体结构的类型、特点是学习船舶知识的基础。在熟悉船体各部位的有关构件名称、区分船体骨架的形式后，才能全面理解船体的其他图样和性能。

## 【任务实施】

### 一、简述题（每题5分，共45分）

1. 保证船体总纵向强度的构件主要有哪些？
2. 保证船体横向强度的构件主要有哪些？
3. 按规范规定船体结构中必须加强的部位主要有哪些？
4. 内底边板有哪三种基本结构形式？各有什么优缺点？
5. 舱口围板的作用有哪些方面？
6. 舱口围板与甲板的连接形式有哪两种？各有什么优缺点？
7. 舱壁按用途可分为哪几种？其中水密横舱壁的主要作用是什么？
8. 什么是舷墙？其主要作用是什么？
9. 设置纵向止荡舱壁的作用是什么？

### 二、填空题（每空1分，共32分）

1. 船体骨架形式可分为________、________和________三种类型。

2. 纵骨架式单层底的主要纵向构件有纵向强构件________和纵向普通构件________，横向构件有________。

3. 横骨架式单层底的主要横向构件有________，纵向构件有________。

4. 横骨架式双层底的主要横向构件有________，纵向构件有________。

5. 纵骨架式双层底的主要横向构件有________，纵向构件有________。

6. 舷侧结构的主要构件有________、________、________、________。

7. 纵骨架式甲板结构的主要构件有________、________、________。

8. 支撑内舷板的骨架有________、________、________。

9. 横骨架式甲板骨架由________、________、________组成。

10. 舷墙的扶强构件主要有：________、________、________等。

11. 槽形舱壁的断面形状有________、________、________、________。

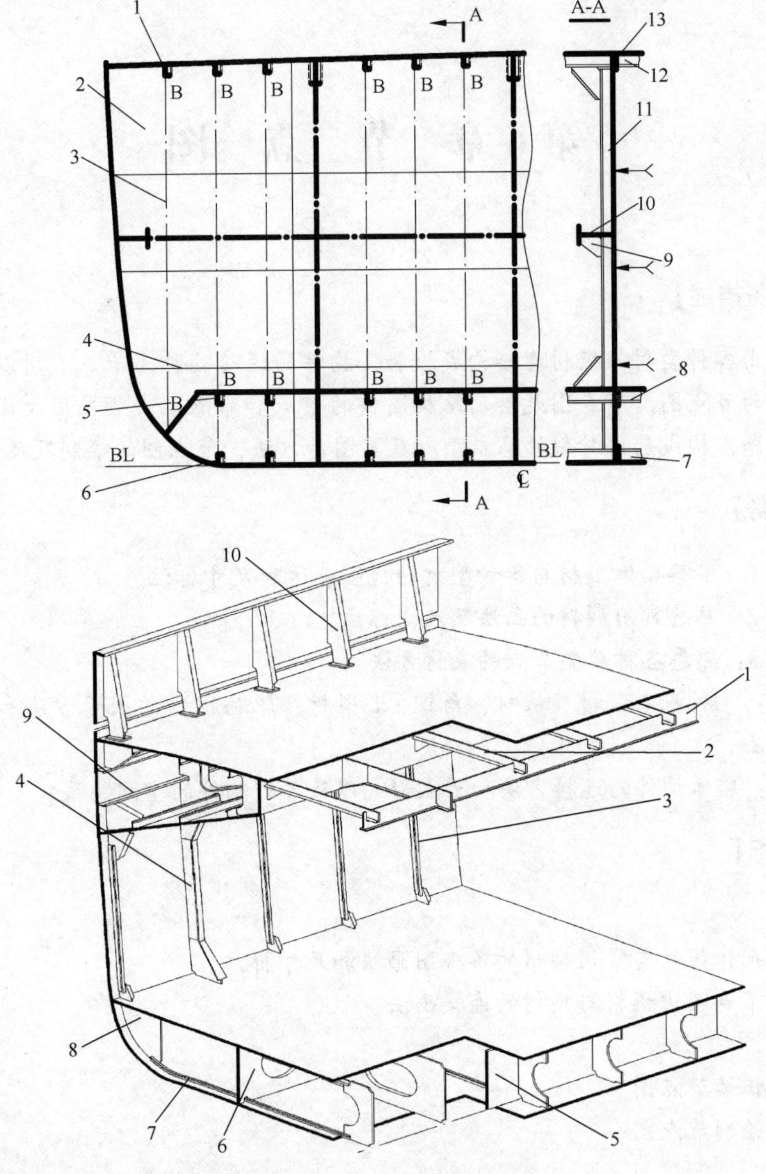


三、指出图中各构件名（每个构件名称 1 分，共 23 分）

【测评结果】

| 测试内容 | 分　值 | 实际得分 |
|---|---|---|
| 基本概念<br>（一、简述题；二、填空题） | 77 | |
| 船体结构构件认识<br>（三、识图题） | 23 | |
| 总分 | 100 | |

# 第6章　节　点　图

【学习任务描述】

船体结构由各种型材与板材连接构成。船体构件的连接处称为节点。用以描述构件连接关系的详图称为节点图。节点图是绘制结构图样的重点和难点，一般采用大比例绘制。本章学习节点的概念，构成船体骨架的基本型材及其图示方法，节点图的绘制及尺寸标注。

【学习任务】

学习任务1：了解船体板材与各种型材的视图表达和尺寸标注。

学习任务2：熟悉常用型材的画法及尺寸标注。

学习任务3：熟悉各种典型节点的表达方法。

学习重点：几种基本型材（板材、角钢、T型材、球扁钢）的图示方法和尺寸标注。节点图的绘制方法。

学习难点：船体构件的连接方法和节点形式以及各种构件的空间关系。

【学习目标】

**知识目标**

(1) 掌握船体板材与常用型材的各视图画法和尺寸标注。

(2) 掌握节点图中板材与型材的连接画法。

**能力目标**

(1) 正确识读节点图。

(2) 正确绘制节点图。

**素质目标**

(1) 培养学生严谨的工作态度。

(2) 培养学生具有获取新知识、新技能的学习能力。

(3) 培养学生具有实事求是、团结协助的优秀品质。

【学习方法】

(1) 配合教学实践，参观实船或者航模模型，直观了解各种节点的连接关系。

(2) 大量绘制各种节点图。

## 6.1　船体板材与各种型材的视图表达和尺寸标注

金属船体主要由板材和各种型材构成。其中板材是用量最大的金属材料。船体结构图样中，板材根据船体结构的轮廓形状和特点，有不同的表达方法。

因为船舶工况的特殊性，国家和船舶行业规定船用钢材必须使用专用材料。国内船用钢板的规格和重量见表 6-1。

表 6-1　船用钢板的规格和重量

| 厚度/mm | 理论重量/(kg/m²) | 厚度/mm | 理论重量/(kg/m²) | 厚度/mm | 理论重量/(kg/m²) |
|---|---|---|---|---|---|
| 0.50 | 3.925 | 6.0 | 47.10 | 27.0 | 212.00 |
| 1.00 | 7.850 | 7.0 | 54.95 | 28.0 | 219.80 |
| 1.10 | 8.635 | 8.0 | 62.80 | 29.0 | 227.70 |
| 1.20 | 9.420 | 9.0 | 70.65 | 30.0 | 235.50 |
| 1.25 | 9.413 | 10.0 | 78.50 | 32.0 | 251.20 |
| 1.40 | 10.990 | 11.0 | 86.35 | 34.0 | 266.90 |
| 1.50 | 11.78 | 12.0 | 94.20 | 36.0 | 282.60 |
| 1.60 | 12.56 | 13.0 | 102.10 | 38.0 | 298.30 |
| 1.80 | 14.13 | 14.0 | 109.90 | 40.0 | 314.00 |
| 2.00 | 15.70 | 15.0 | 117.80 | 42.0 | 329.70 |
| 2.25 | 17.27 | 16.0 | 125.60 | 44.0 | 325.40 |
| 2.50 | 19.63 | 17.0 | 133.50 | 46.0 | 361.10 |
| 2.8 | 21.98 | 18.0 | 141.30 | 48.0 | 376.80 |
| 3.0 | 23.55 | 19.0 | 157.00 | 50.0 | 392.50 |
| 3.2 | 25.12 | 20.0 | 172.70 | 52.0 | 408.20 |
| 3.5 | 27.48 | 21.0 | 196.30 | 54.0 | 423.90 |
| 3.8 | 29.83 | 23.0 | 180.60 | 56.0 | 439.60 |
| 4.0 | 31.40 | 24.0 | 188.40 | 58.0 | 455.30 |
| 4.5 | 35.33 | 25.0 | 196.30 | 60.0 | 471.00 |
| 5.0 | 39.25 | 22.0 | 172.70 | | |
| 5.5 | 43.18 | 26.0 | 204.10 | | |

## 6.1.1　板材的表达方法

船体结构图样中，板材的表达主要有下面几种情况：

（1）小比例（如 1∶50、1∶$n$×100，$n$=1，2，3，…）图样中，板材的轮廓线、板材与板材的焊接线采用细实线表示。板材厚度方向的投影，制图标准规定：如果板材厚度投影尺寸小于或等于 2mm 时，其板厚轮廓的两条细实线间的距离等于同一图形中粗实线的宽度。板材的剖面用一条粗实线表示。

（2）在大比例（例如 1∶1、1∶2、1∶5 等）图样中，板材的剖面轮廓用细实线，并在剖面内填充剖面符号，如图 6-1 所示。

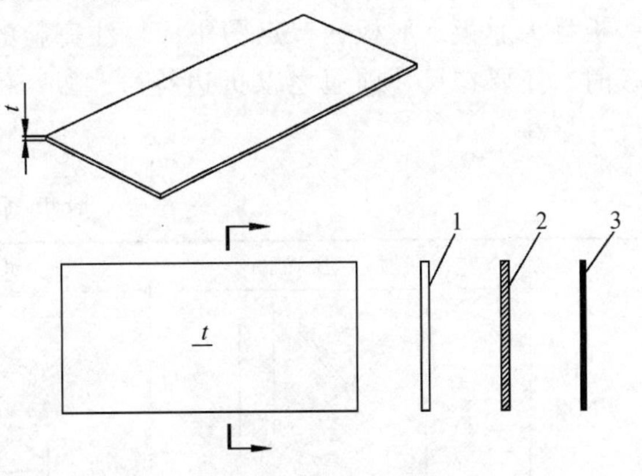

1—视图；2—大比例剖面图；3—小比例剖面图。

图 6-1　平板的表达

（3）板材轮廓不可见时，采用细虚线表示厚度，其轮廓的间距仍等于粗实线宽度。

（4）小比例图样中，角接板材的交线，不可见时用粗实线表示，如图 6-2 所示。

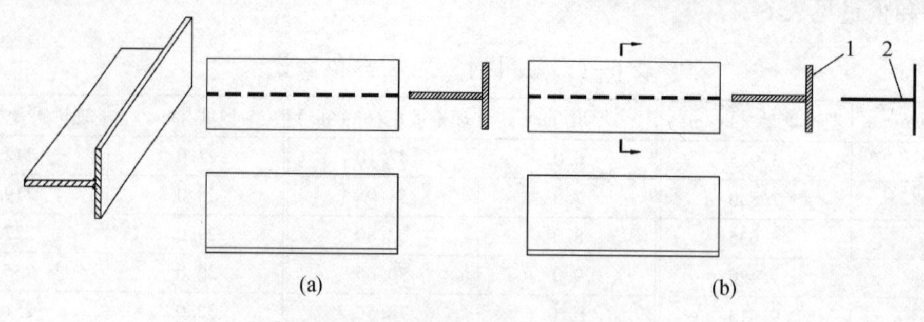


1—大比例剖面图；2—小比例剖面图。

图 6-2　板材与板材的角接

### 6.1.2　板材与肘板的尺寸标注

板材的尺寸标注主要是定形的尺寸标注，即轮廓的大小和板厚，以及加工板材（折边板、组合型材）的结构尺寸。尺寸数字按厚×宽×长的形式直接标注在视图上。一般在船体结构图样中，平板、弯曲板主要标注其厚度尺寸，如图 6-3 所示。

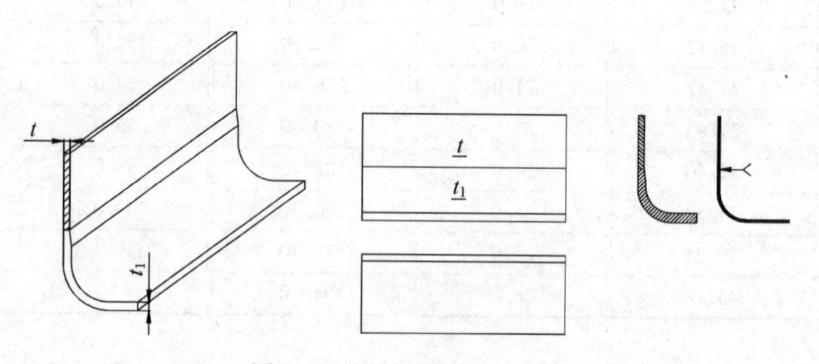


图 6-3　板材与板材的对接

在船体构件连接处，为提高局部强度而采用三角形、折边三角形和 T 型板补强，这些板称为肘板。肘板在节点图中应标注完整的结构尺寸。当肘板带折边或为 T 型组合肘板时，还要在尺寸前冠之以折边符号“L”和符号“⊥”。表 6-2 是常见的肘板画法和尺寸标注。

表 6-2　肘板画法和尺寸标注

| | 肘板形式 | 正投影图 | 简化画法 |
|---|---|---|---|
| 平肘板 | | | |

（续）

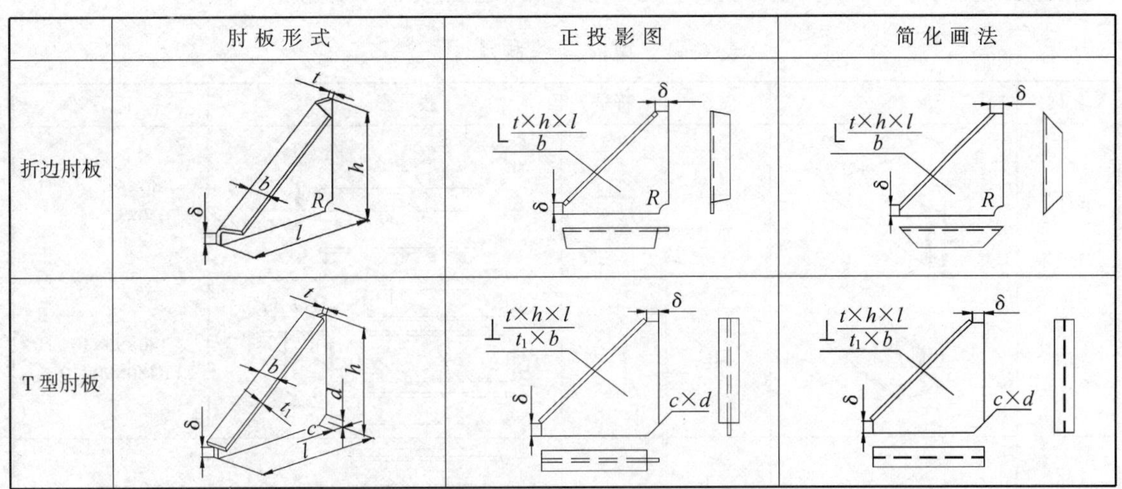


表 6-3 例举了常见的肘板与其他构件连接时的画法及尺寸标注方法，这里要注意不等边肘板的尺寸采用集中标注时，还要求尽可能在视图中标注其中一条边的边长尺寸，以免读图时产生误解。

表 6-3　肘板与其他构件连接时的画法和尺寸标注（举例）

## 6.1.3　常用型材的画法及尺寸标注

型材是指其断面具有特定几何形状的线材，分轧制和焊接两种。在节点图中，型材的视图表达等同于组合体的表达。断面和端面的视图表达与板材的方法相同。

船舶结构常用的型材有扁钢（Flat Bar）、角钢（Angle Steel）、球扁钢（Bulb Bar）、槽钢（Channel Bar）、工字钢（I Bar）及管材（Pipe）等。在节点图中，型材多采用大比例表示。小比例视图多采用简化画法，省略工艺圆角和部分不影响读图的局部结构。各种型材的尺寸标注冠以对应的符号以示区别。具体代号、图示和标注如表 6-4 所列。

表 6-4　型材画法和尺寸标注

| 名称 | 形式 | 代号 | 符号 | 投影图 | 标记示例 |
|---|---|---|---|---|---|
| 扁钢 | 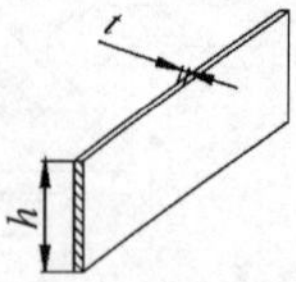 | FB | — | 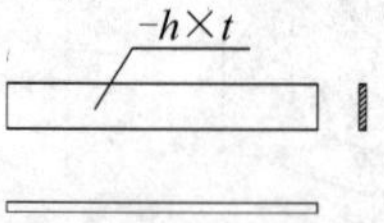 $-h\times t$ | —40×5<br>FB40×5 |
| 角钢 | 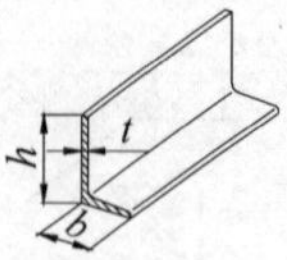 | FR | ∟ | 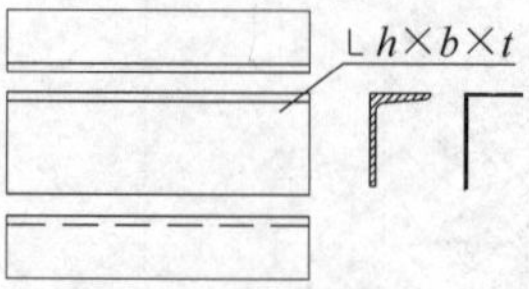 ∟$h\times b\times t$ | ∟180×90×10<br>FR180×90×10 |
| 球扁钢 | 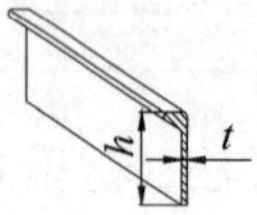 | HP | ⌈ | 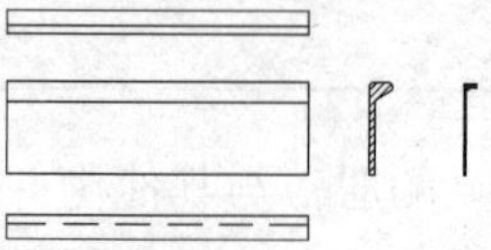 | ⌈180×12<br>HP180×12 |
| 槽钢 | 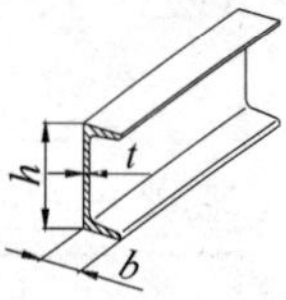 | UNP<br>[ 14a | [ | 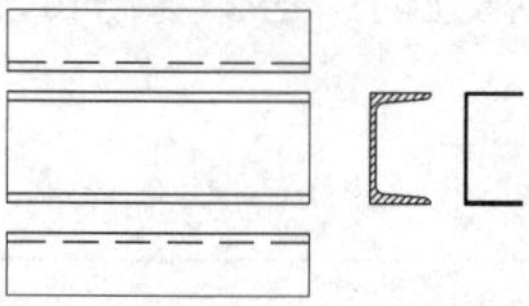 | [ 140×6<br>UNP140×6 |
| 工字钢 | 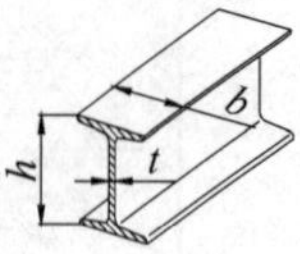 | HB | I | 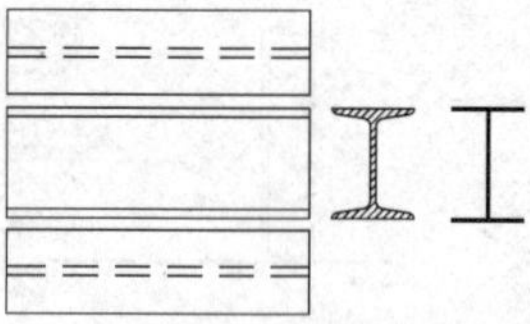 | I 250×8<br>HB250×8 |
| 管材 | 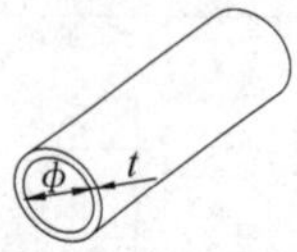 | | ϕ | 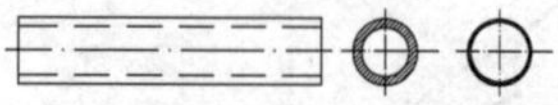 | ϕ90×5 |
| 圆钢 | 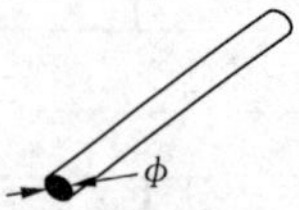 | | • | 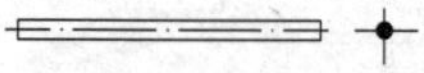 | •40 |

型材与组合型材在图样表达上没有区别，在尺寸标注时，轧制型材各项尺寸数值由大至小书写；而组合型材则由小到大书写。如 L75×50×5 表示角钢，L5×75/50 表示折边板。船体主要型材的相关标准，见附录六。

### 6.1.4　型材的端部形式

因为连接及工艺上的要求，型材端部具有多种结构形式。标准形式的切斜尺寸由《船体结构型材端部形状》所规定，详见附录四。

型材端部通常有 S 型、F 型和 L 型三种。S 型表示端部腹板斜切或腹板及面板均斜切，其中，扁钢、角钢、球扁钢和板材相焊接的一面均视为腹板；F 型表示型材端部面板斜切；L 型表示端部腹板及面板均不切斜。当型材端部采用肘板连接时，标注符号“B”。

型材端部采用标准切斜形式时，视图中仅标注切斜代号，在《船体结构型材端部形状》标准中查取详细尺寸，并在节点图中标注。如果采用非标准斜切形式，则需详细标注端部尺寸。表6-5表示了各种常见的型材端部切斜形式。

表6-5　型材端部切斜形式

| 型材端部形状 | | 表达方法 | 简化画法中的标注 |
|---|---|---|---|
| 腹板切斜 | 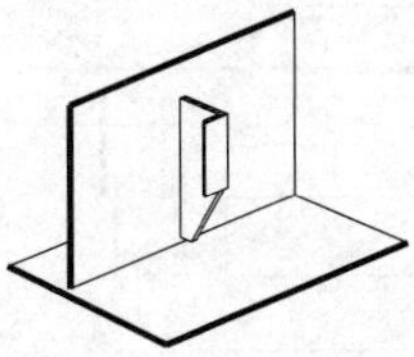 | 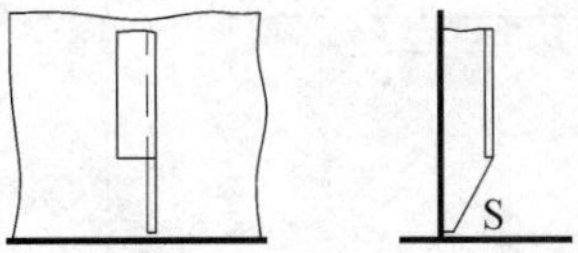 S | 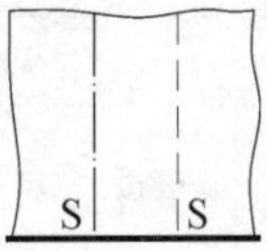 S S |
| 腹板及面板均切斜 | 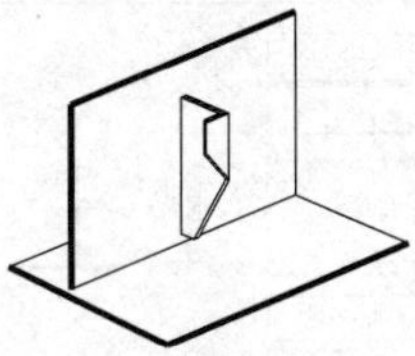 | 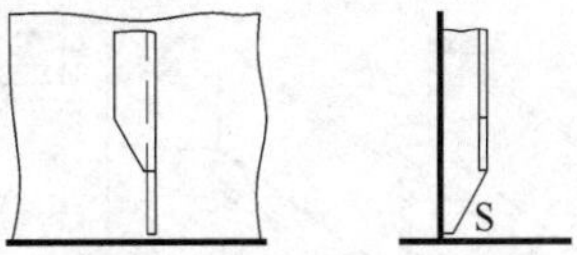 S | 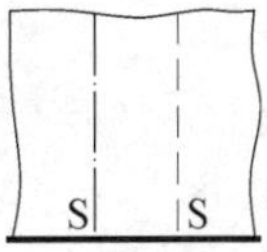 S S |
| 面板切斜 | 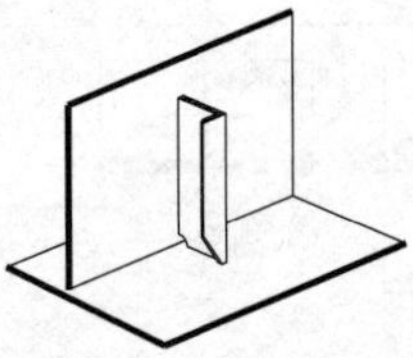 | 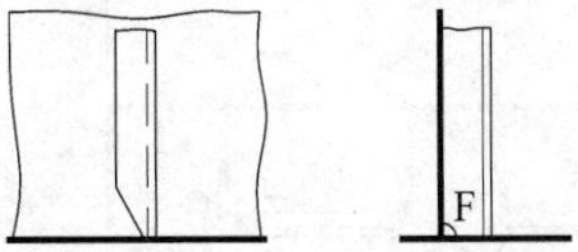 F | 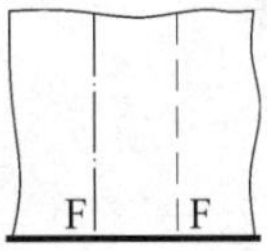 F F |
| 腹板及面板均不切斜 | 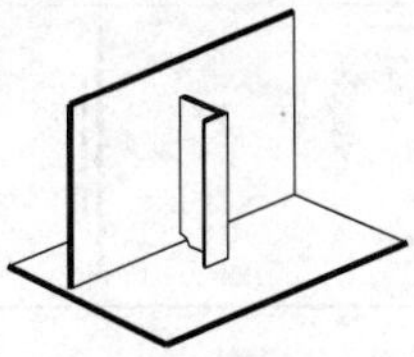 | 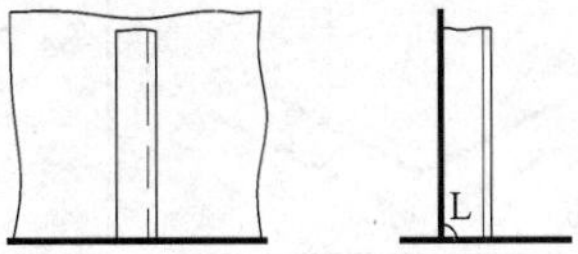 L | 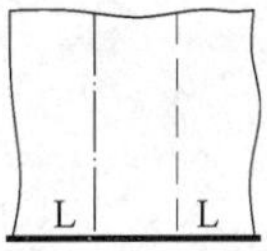 L L |
| 肘板连接 | 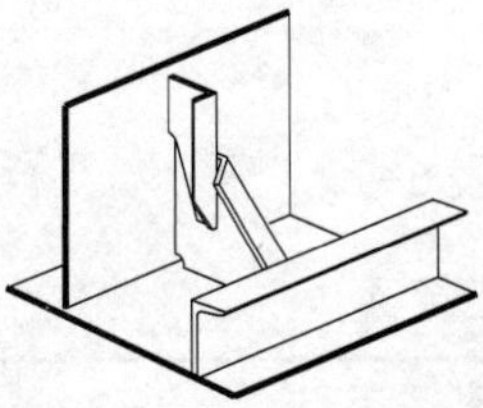 | 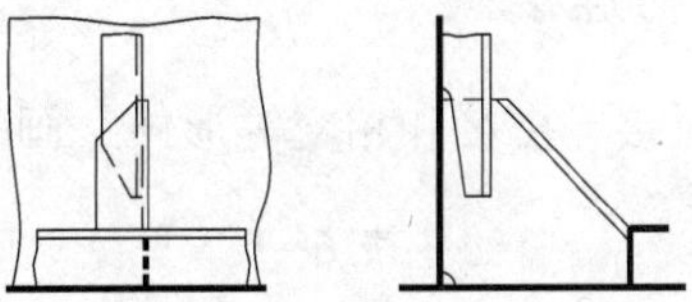 | 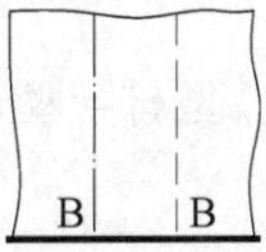 B B |

# 6.2　板材和型材的连接画法

构件之间的连接有板材与板材的连接、板材与型材的连接、型材与型材的连接和型材贯穿四种型式。构件通过这几种连接方式，构成船舶的整体结构。

## 6.2.1　板与板的连接

板与板连接有对接、搭接和角接等几种，画法见表6-6。

表 6-6　板与板连接画法

| 连接形式 | | 表达方法 | 说明 |
|---|---|---|---|
| 对接 | 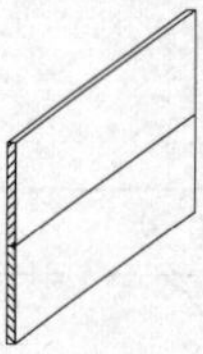 | 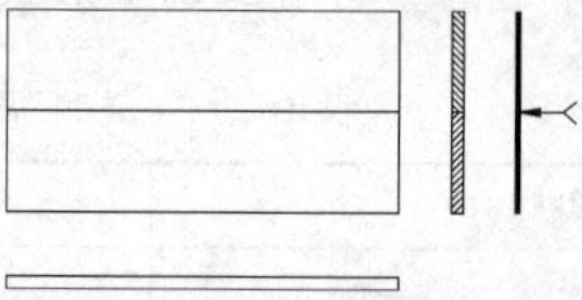 | （1）对接焊缝用细实线表示；<br>（2）剖面图中简化表示，对接焊缝的位置用符号“↑”表示 |
| 搭接 | 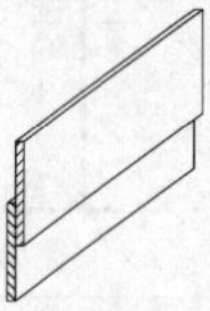 | 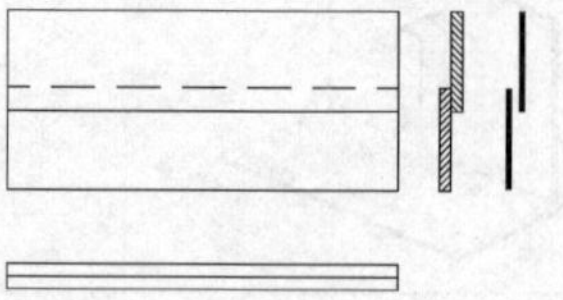 | 剖面图中简化表示，板材的重叠处留有宽度等于粗实线宽度的间隙 |
| 角接 | 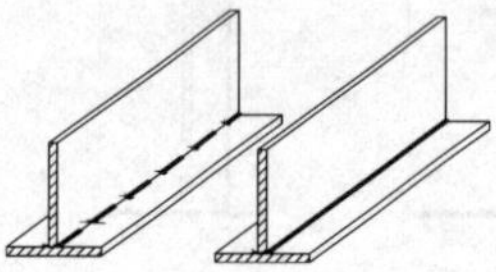 | 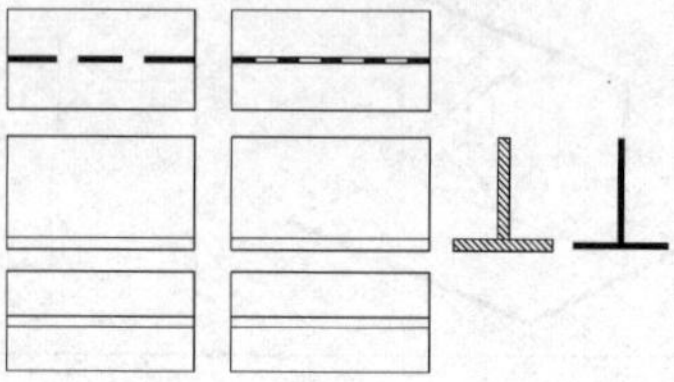 | 粗虚线表示板与板之间非水密焊接时不可见交线（焊缝）投影；<br>轨道线表示不可见水密板材、外板的交线投影 |
| | 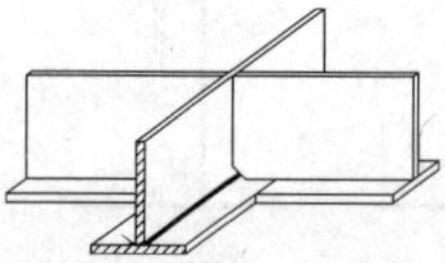 | 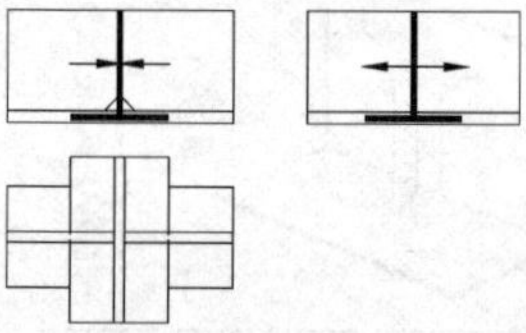 | 间断构件的工艺切角在显著的视图中表示（见主视图），其他视图可省略 |
| 复板 | 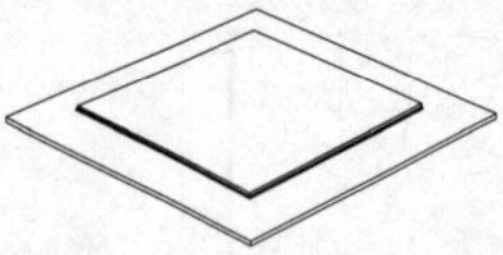 | 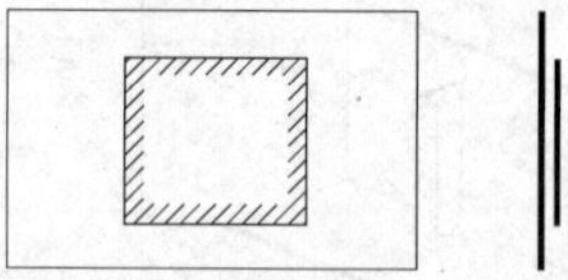 | （1）平面图中，沿复板轮廓线内缘画阴影线；<br>（2）简化表达的剖面画法与板材搭接相似 |

## 6.2.2　型材与型材连接

型材与型材有对接、搭接和相交等形式，画法见表 6-7。

表 6-7　型材与型材连接画法

| 连接形式 | | 表达方法 | 说明 |
|---|---|---|---|
| 对接 | 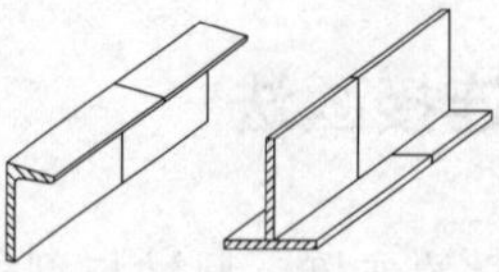 | 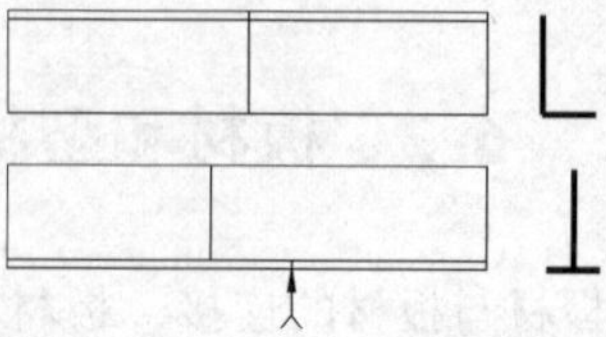 | T 型材面板的焊缝，用符号“↑”表示 |
| 搭接 | 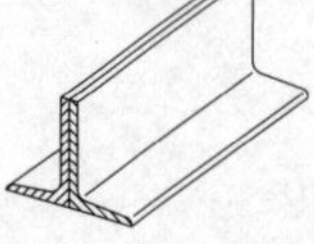 | 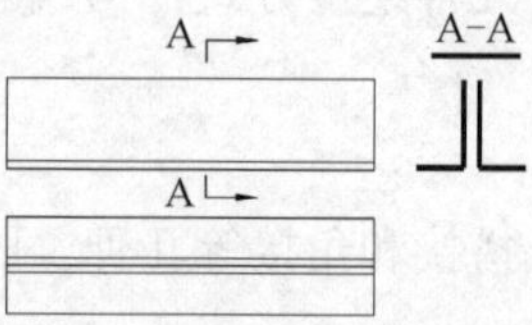 A　A　A-A | 简化表达的剖面图中，两型材之间留有宽度等于粗实线宽度的间隙 |

(续)

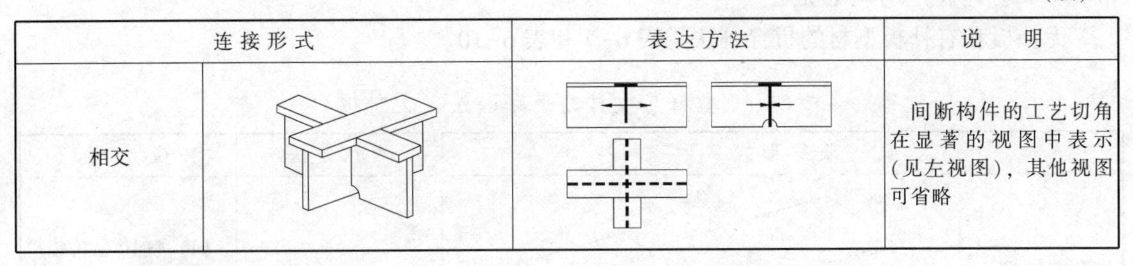

| 连接形式 | | 表达方法 | 说明 |
|---|---|---|---|
| 相交 | | | 间断构件的工艺切角在显著的视图中表示(见左视图)，其他视图可省略 |

## 6.2.3 板材与型材的连接

板材与型材连接画法有角接、搭接和肘板连接三种形式，画法见表6-8。

表6-8　板与型材连接画法

| 连接形式 | | 表达方法 | 说明 |
|---|---|---|---|
| 角接 | | | |
| 搭接 | | | 剖面图中简化表示型材断面与板材剖面之间留有宽度等于粗实线宽度的间隙 |
| 肘板连接 | | | 粗虚线表示T型材中，复板与面板之间的不可见交线 |

## 6.2.4 型材的贯穿

型材与板材或大尺寸型材相交时，要在板材或大型材的腹板上开出切口，让小尺寸型材穿过，这种连接形式称为贯穿。

因为强度和水密性的原因，所以贯穿又分为加补板贯穿和不加补板贯穿两种。另外，根据型材的不同，贯穿切口的形状、大小和补板的尺寸也不尽相同，详细结构根据《船体结构相贯切口与补板》的规定确定。

无补板和有补板型材的贯穿画法见表 6-9 和表 6-10。

表 6-9　型材与板材的贯穿画法（无补板）

| 贯穿形式 | | 表达方法 | 说　明 |
|---|---|---|---|
| 板材开切口，T 型材穿过 | 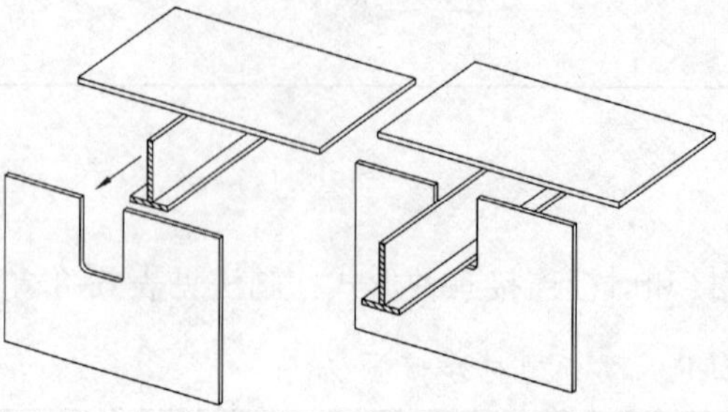 | 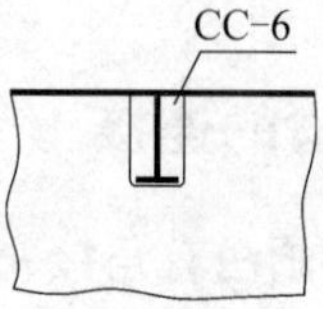 CC-6 | （1）《船体结构相贯切口与补板》介绍了切口标准形式和尺寸；<br>（2）采用标准形式的切口时，视图中仅注明切口类型，否则需注明全部尺寸 |
| 板材与 T 型材相互嵌入 | 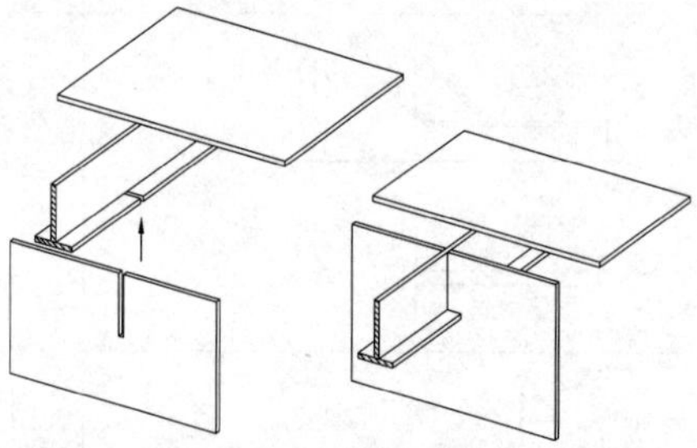 | 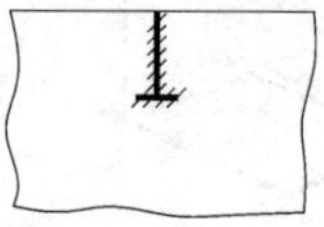 | 为表示型材穿过板材，在型材剖面周围加画短斜线 |
| 板材开切口，角钢穿过 | 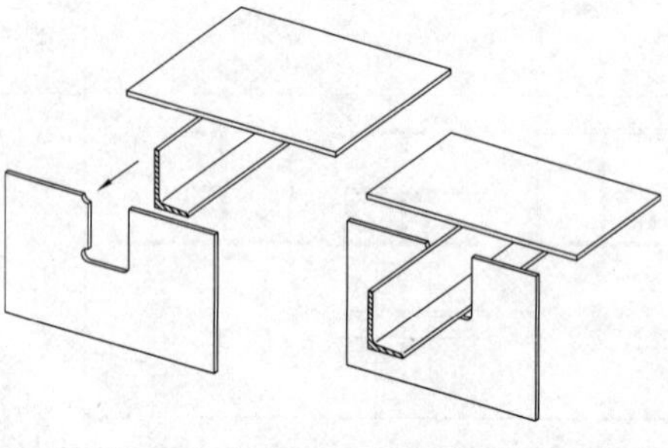 | 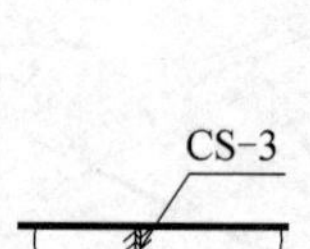 CW-3 | （1）《船体结构相贯切口与补板》介绍了切口标准形式和尺寸；<br>（2）采用标准形式的切口时，视图中仅注明切口类型，否则需注明全部尺寸 |
| 板材与角钢相互嵌入 | 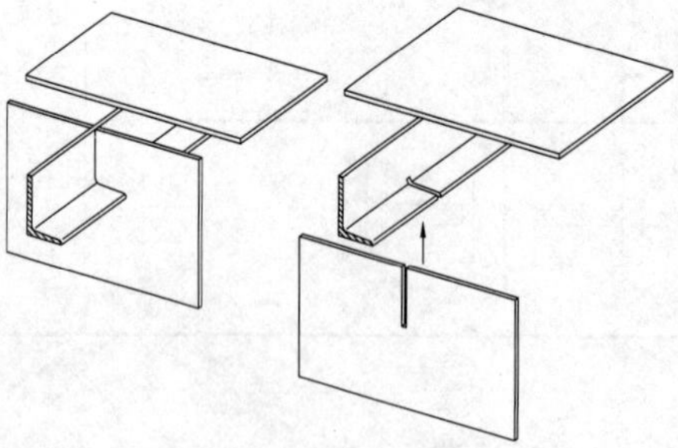 | 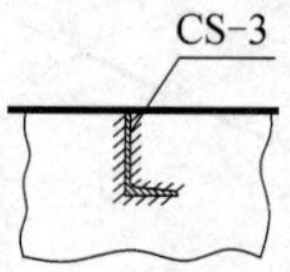 CS-3 | 为表示型材穿过板材，在型材剖面周围加画短斜线 |

型材的贯穿有加补板与不加补板等形式。在贯穿节点中，包括板材开口、补板（水密和非水密补板）和嵌入等多种连接方式，采用标准形式切口和补板时，只标明切口的代号及补板的厚度。

表 6-10　型材与板材的贯穿画法（有补板）

| 贯穿形式 | | 表达方法 | 说　明 |
|---|---|---|---|
| 板材开切口，T 型材穿过并采用水密补板 | 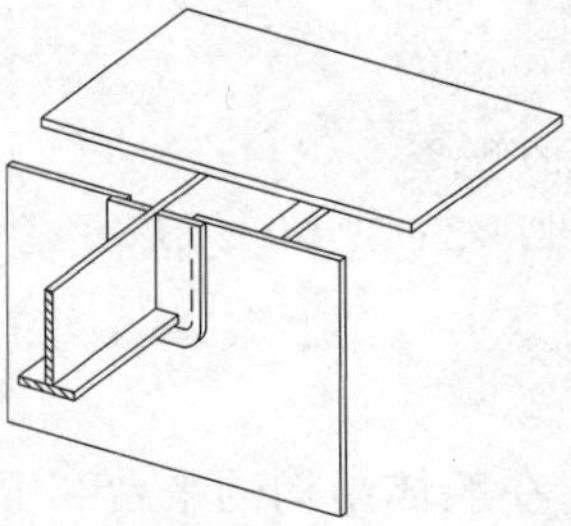 | 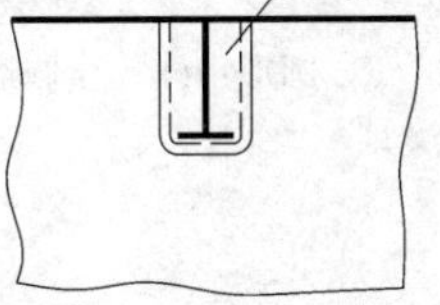 CT-9<br>5 | （1）补板的标准形式和尺寸由《船体结构相贯切口与补板》规定；<br>（2）采用标准形式的补板时，视图中仅注明补板类型和厚度：<br>补板类型<br>补板厚度<br>否则，需注明补板的全部尺寸 |
| 板材开切口，T 型材穿过并采用非水密补板 | 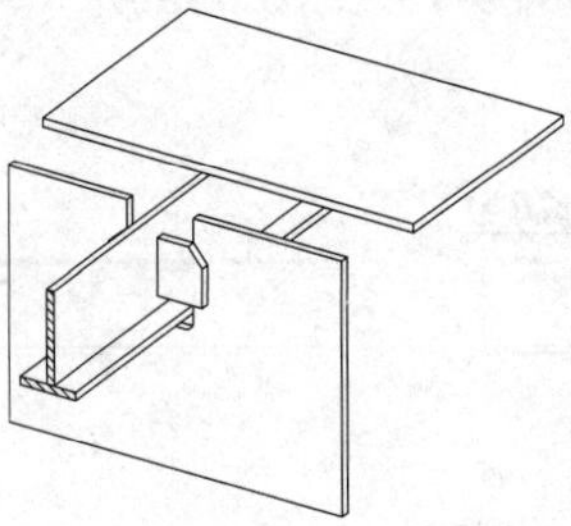 | 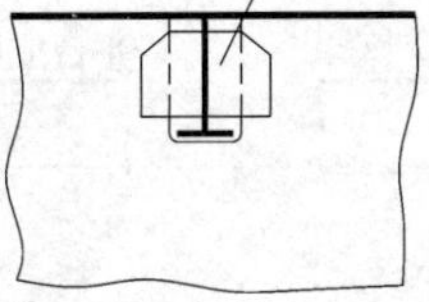 CN-9<br>6 | |
| 板材开切口，角钢穿过并采用水密补板 | 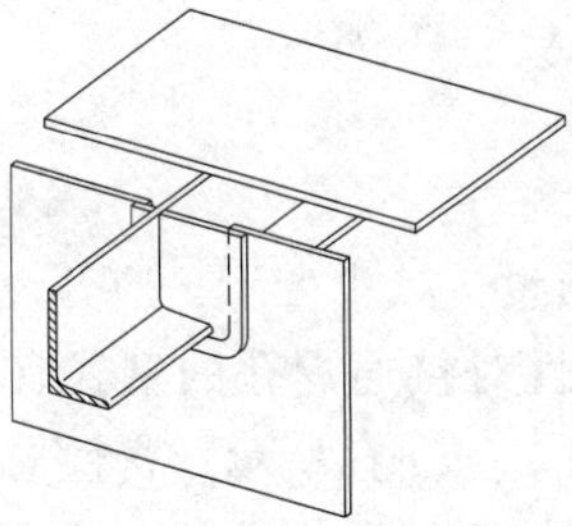 | 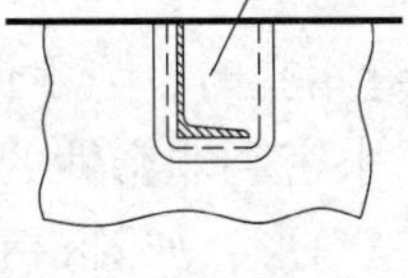 CT-7<br>6 | |
| 板材开切口，角钢穿过并采用非水密补板 | 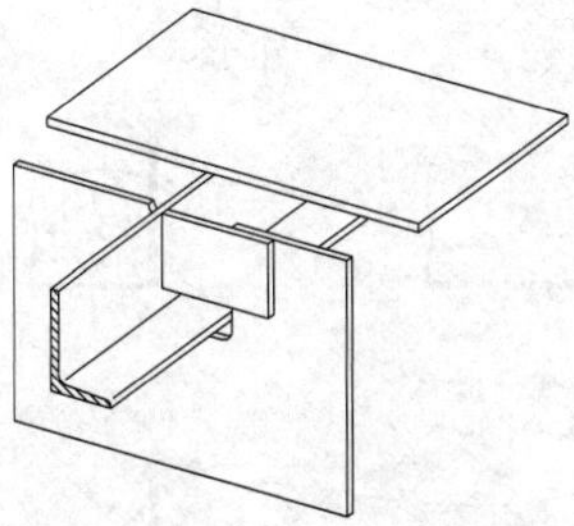 | 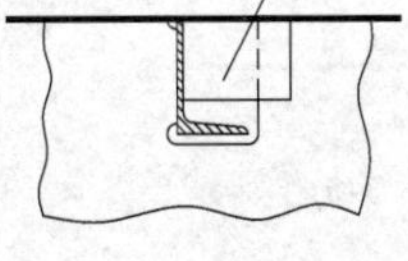 CN-3<br>5 | |

### 6.2.5　结构上的流水孔、透气孔和通焊孔

船体结构上为了加工和便于流水，开有许多流水孔、透气孔和通焊孔。

1. 流水孔

在建造和营运过程中，船舱底部总会产生积水，如不及时地排除，对船体结构会造成一定的损害。流水孔（Drain Hole）有圆形、半圆形、长扁圆形和半长扁圆形等多种形式。船体结构的流水孔型式和尺寸参见《船体结构的流水孔、透气孔、通焊孔和密性焊段孔》，详见附录五。图 6-4 显示了几种典型的流水孔。

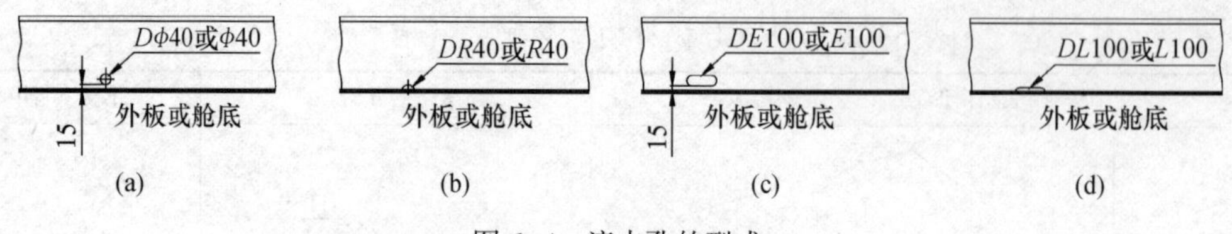


图 6-4　流水孔的型式

（a）圆形；（b）半圆形；（c）长扁圆形；（d）半长扁圆形。

2. 透气孔

为了排出施工和封闭环境中产生的各种废气，在船体结构的平台和甲板下缘，会开有一定数量的透气孔（Air Hole）。透气孔有圆形和半圆形两种。如图 6-5 所示。其中，图 6-5（c）为多个相同透气孔时的简化表示法。

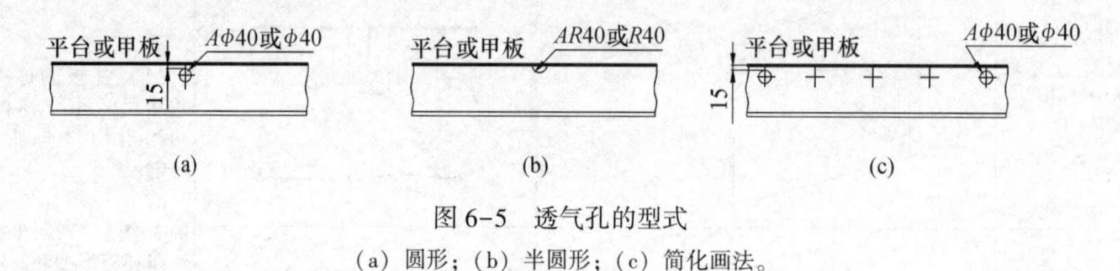


图 6-5　透气孔的型式

（a）圆形；（b）半圆形；（c）简化画法。

3. 通焊孔

当两构件焊缝与焊缝相交时，为了保证焊接质量、减少变形，应开设通焊孔（Clearance Hole）。通焊孔有油密、水密和非密性的区别。密性对接通焊孔的型式有半圆形、半长扁圆形。密性角接通焊孔为三角形，如图 6-6（a）、（b）、（c）所示。密性通焊孔在对接焊缝加工完成后，用焊剂将通孔封闭，以保证密性。非密性对接通焊孔的型式有半圆形、半长扁圆形。非密性角接通焊孔为圆弧形，如图 6-6（d）、（e）、（f）所示。

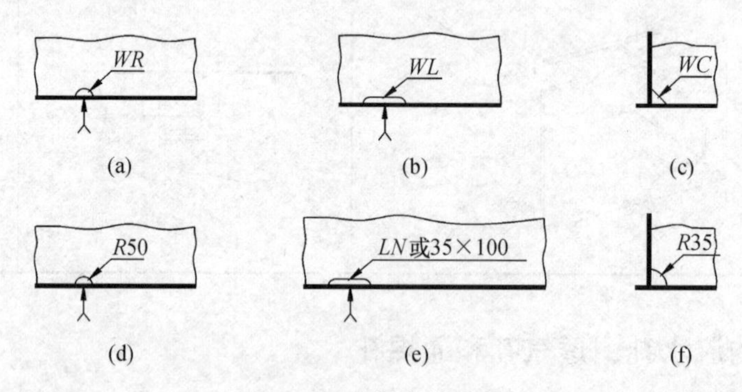


图 6-6　通焊孔的型式

（a）密性半圆对接通焊孔；（b）密性半长扁圆对接通焊孔；（c）密性三角形角焊通焊孔；（d）非密性半圆对接通焊孔；（e）非密性半长扁圆对接通焊孔；（f）非密性半圆角焊通焊孔。

标准通焊孔仅在图形中标注代号，非标通焊孔则应详细标注尺寸。

## 6.3 典型节点读图

### 6.3.1 典型节点图例

识读节点视图可运用构件分析法，先对节点中的构件进行分析，再按标注的尺寸和投影规律搞清各部分构件的形状及空间位置以及它们的相互连接关系。图 6-7 为旁内龙骨与横舱壁连接处的节点视图，下面以图 6-7 为例子，说明读图的方法和步骤。

（1）分析节点的构件组成，搞清构件的形状和大小。节点视图中，板、肘板和型材的尺寸采用集中标注的形式，折边钢板和型材的尺寸数字前面还标注有规定的符号。读图时根据这些特点以及构件在视图中的投影关系来分析节点由哪些构件组成，并确定构件的形状和大小。如图 6-7 中舱壁扶强材标注的尺寸为“L90×56×8”，可以确定这是不等边角钢，其长边为 90mm，短边为 56mm，厚度为 8mm。又如肘板的尺寸为“L10×250×250/60”，标注在主视图中，再根据俯视图的投影形状，可以确定这是等边的折边肘板，板厚为 10mm，边长为 250mm，折边宽度为 60mm，折边部分两端削斜。

与上述分析相同，可以得出图 6-8 所表示的节点是由水平钢板 1（船底板）、垂直钢板 2（舱壁板）、左 T 型材 3（旁内龙骨）、右 T 型材 4（旁内龙骨）、不等边角钢 5（舱壁扶强材）、折边肘板 6 和折边肘板 7（左、右肘板）组成。

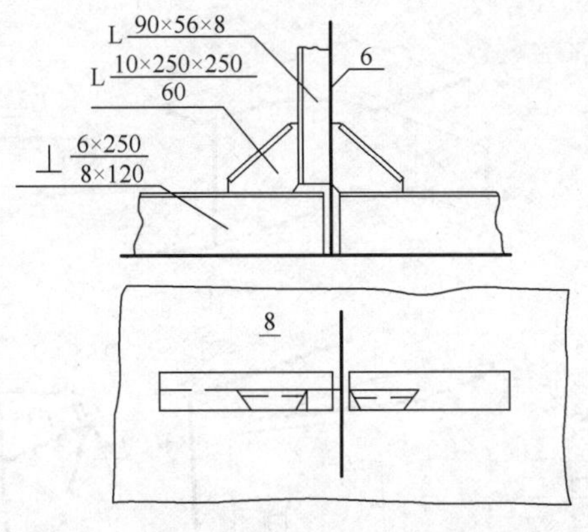

图 6-7　旁内龙骨与横舱壁连接处的节点

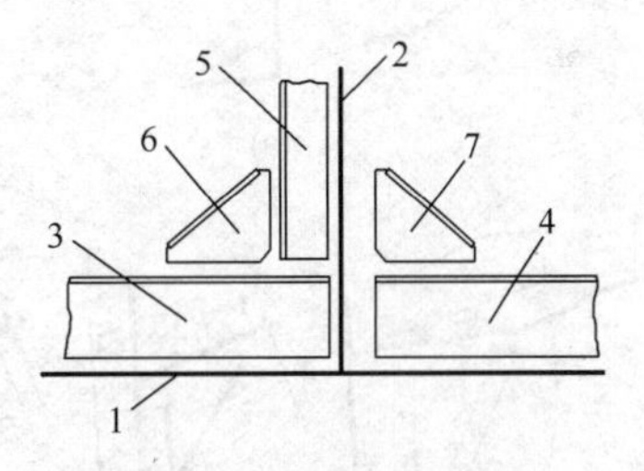

图 6-8　节点的构件分析

（2）根据构件在视图中的投影关系，搞清楚构件之间的相对位置和连接方式，综合形成节点的整体概念。

从上述分析可以看出：钢板 1 位于节点的最下部，水平放置。钢板 2 垂直钢板 1 安装，位于钢板 1 的中间。T 型材 3 和 4 垂直钢板 1 和 2，位于钢板 2 的左右两侧，钢板 1 的中间。角钢 5 垂直钢板 1，与钢板 2 角接。肘板 6 连接 T 型材 3 和角钢 5。肘板 7 连接钢板 2 和 T 型材 4，肘板 7 连接钢板 2 和 T 型材 4，肘板的三角形平面与 T 型材腹板平面一致。

图 6-9 和图 6-10 是 1000t 沿海货船货舱分段的立体图和相关节点的立体图以及节点图。综合表达了船舶各部位节点的连接关系及图示方法。

（1）梁端节点（Beam End Node），如图 6-10（a）所示节点。根据受力情况和各船厂的工艺习惯的不同有不同形式的各种梁端节点。图 6-10（b）所示节点为强梁端部节点。

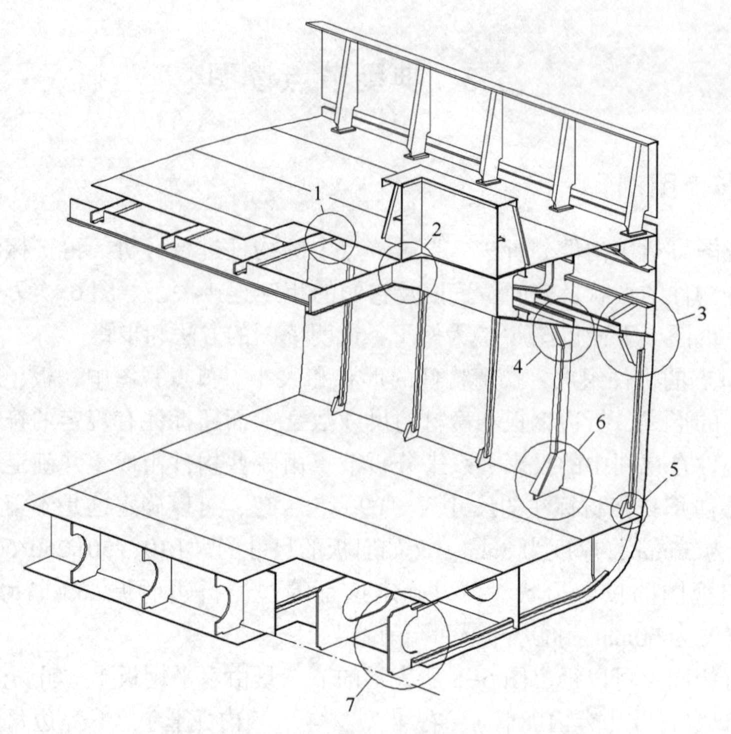

图 6-9　1000t 沿海货船货舱分段立体图

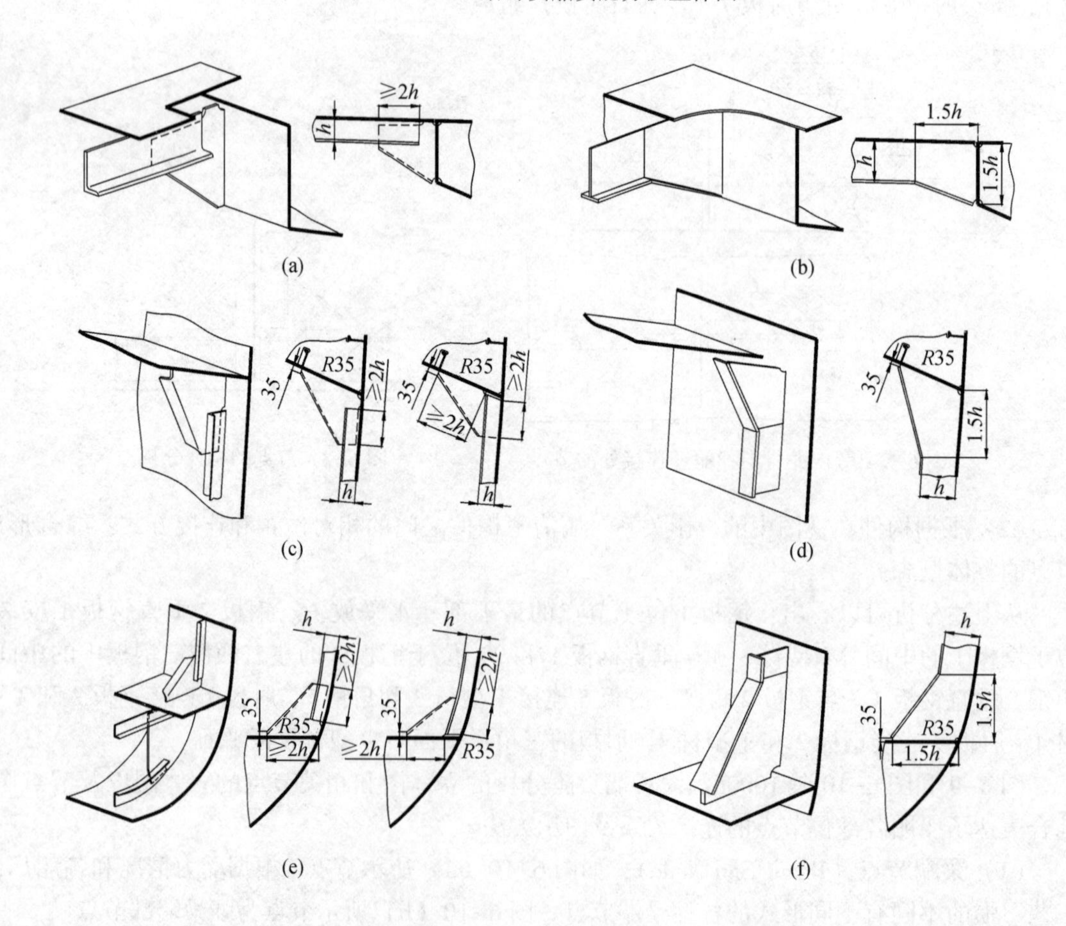

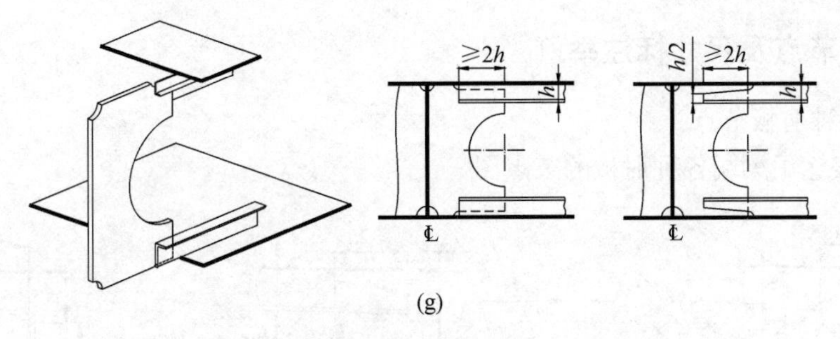

(g)

图 6-10　节点图

(a) 梁端节点；(b) 强梁端节点；(c) 肋骨顶端节点；(d) 强肋骨顶端节点；
(e) 舭肘板节点；(f) 舭部强肘板节点；(g) 底桁肘板节点。

(2) 各种骨架的端部节点。图 6-10 (c) 所示节点表示了肋骨上端与边舱底板连接的节点。图 6-10 (d) 所示节点表示了强肋骨上端与边舱底板连接的节点。图 6-10 (g) 所示节点表示内底和船底横骨端部与月牙肘板的连接。

(3) 舭部节点 (Bilge Node)。舭部节点主要表达舭肘板将舷侧构件 (肋骨、强肋骨) 与船底构件 (肋板、内底板) 连接的互相关系。如图 6-10 (e) 所示节点表示了肋骨与舭肘板连接。如图 6-10 (f) 所示节点表示了强肋骨与舭肘板连接。

图 6-11 表达了支柱端部节点的连接关系。支柱端部是各种型材、板材和管材汇交的连接部位。具有结构关系比较复杂，投影图层次较多等综合特点。

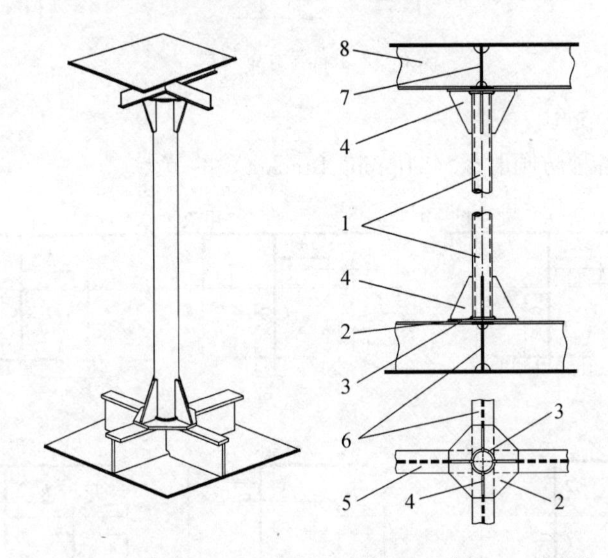

1—支柱；2—菱形板；3—垫板；4—肘板；5—肋板；6—内龙骨；
7—甲板纵桁　8—强横梁。

图 6-11　支柱端部节点

通过以上示例，说明板材与型材、型材与型材之间的连接有角接、搭接等多种形式和连续、间断、贯穿等各种相对位置关系。了解这些关系，建立正确的空间概念，是绘制节点图乃至结构图的关键。

### 6.3.2 典型节点及尺寸标注举例

1. 梁端各种肘板节点

图 6-12 表达了梁端各种肘板的节点图。

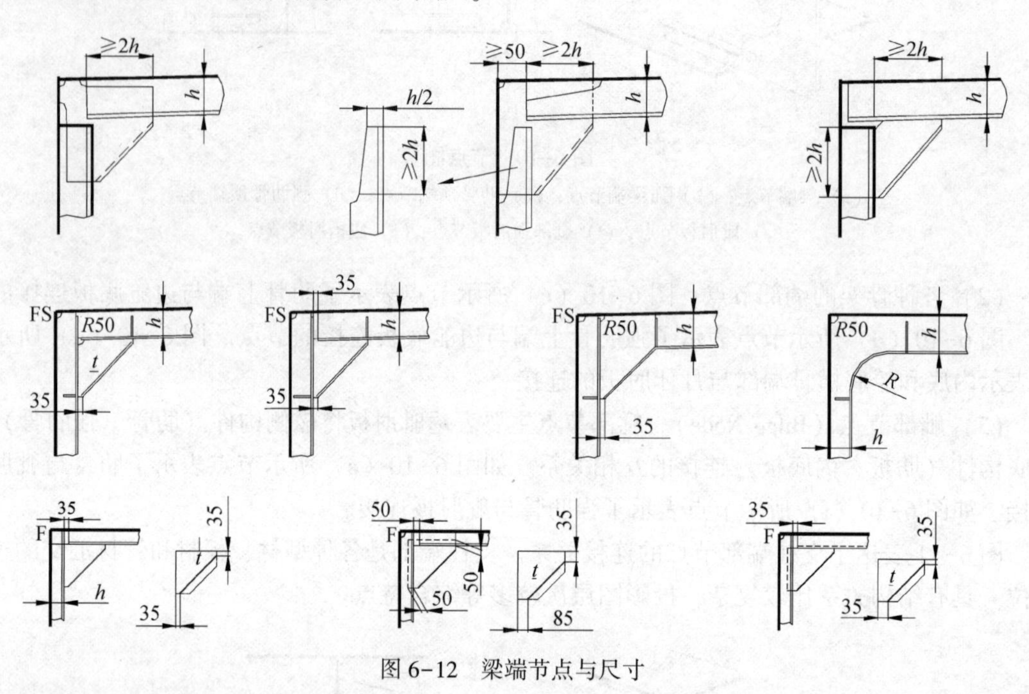


图 6-12　梁端节点与尺寸

2. 各种防倾肘板节点

图 6-13 表达了各种防倾肘板（Tripping Bracket）的节点。

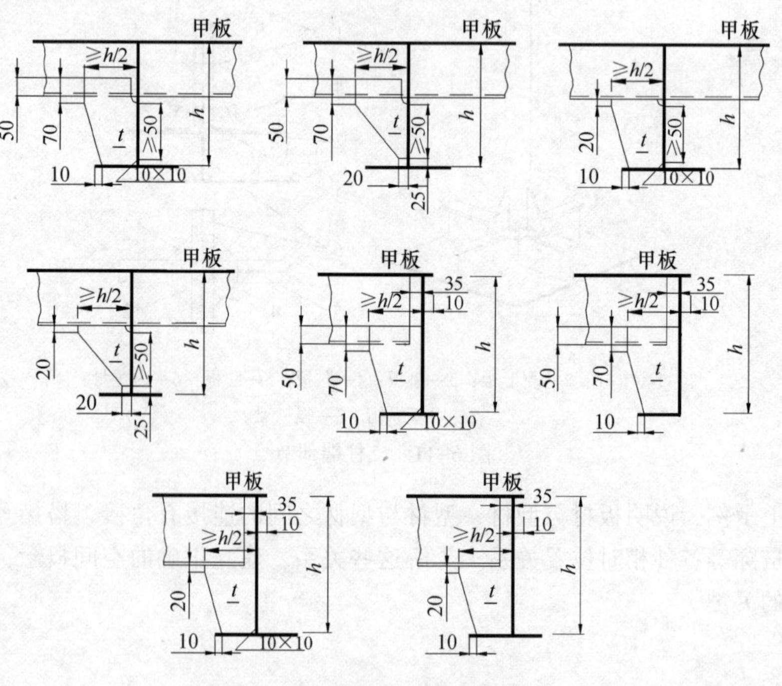


图 6-13　防倾肘板节点与尺寸

3. 艄部各种节点

图 6-14 表达了各种艄部节点。

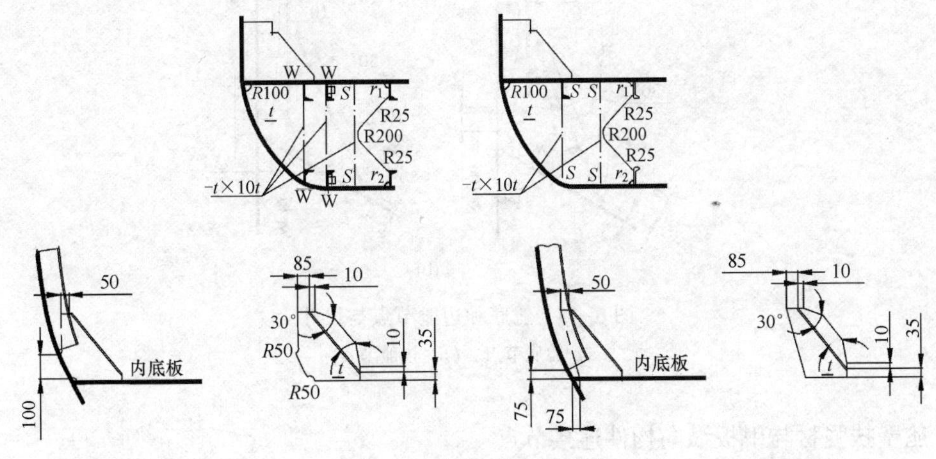


图 6-14 艄部节点与尺寸

4. 舱底和边舱各种节点

图 6-15 表达了各种舱底（Bilge）和边舱（Side Tank）节点。

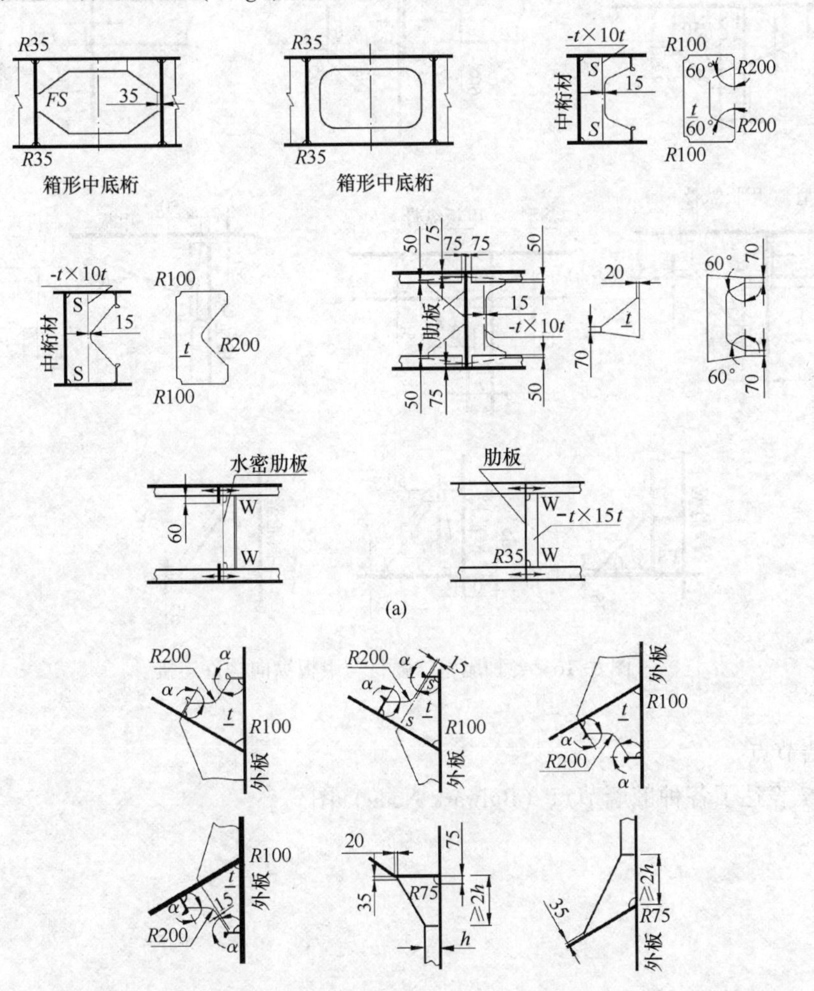

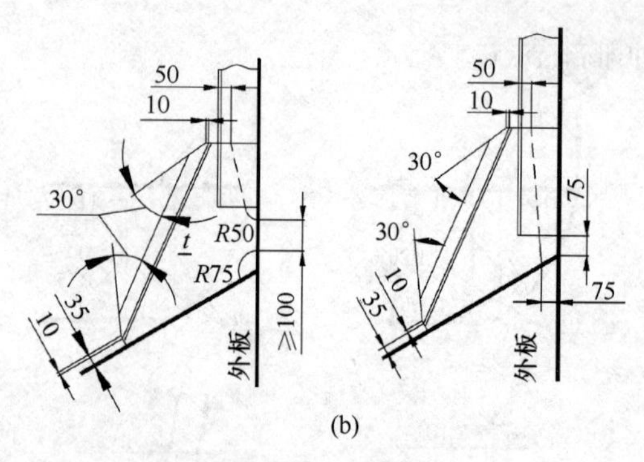


图 6-15　舱底和边舱节点与尺寸

(a) 舱底节点；(b) 边舱节点。

5. 舱壁扶强材与甲板纵向构件连接节点

图 6-16 表达了各种舱壁扶强材（Bulkhead Stiffener）与甲板纵向构件连接节点。

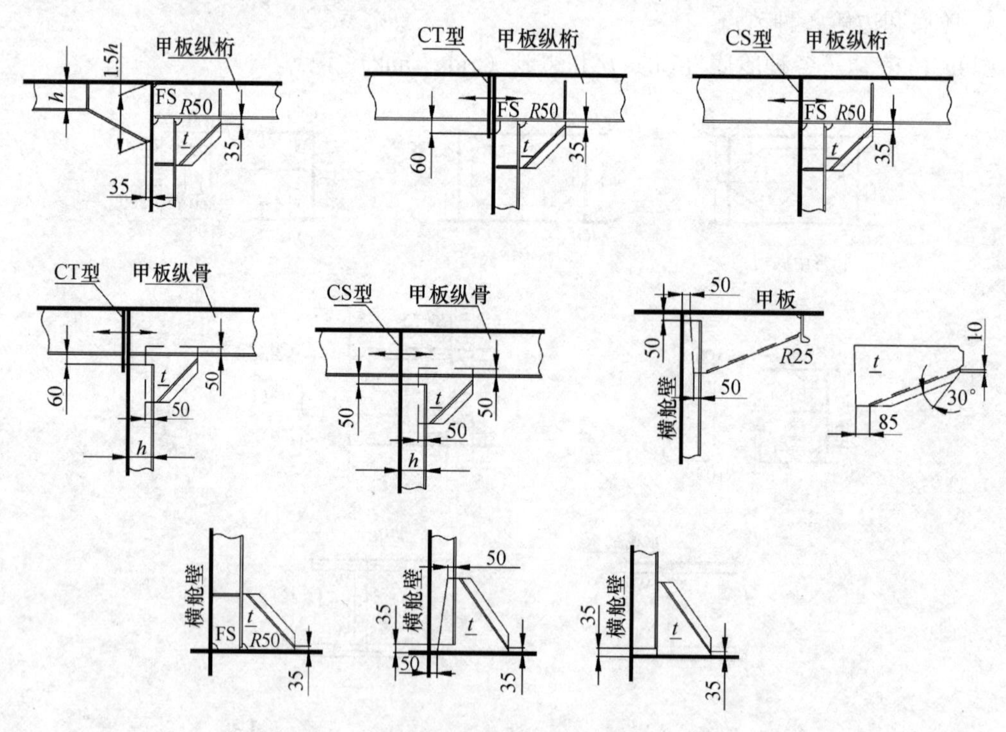


图 6-16　各种舱壁扶强材与甲板纵向构件连接

6. 舷墙节点

图 6-17 表达了各种舷墙节点（Bulwark Node）图。

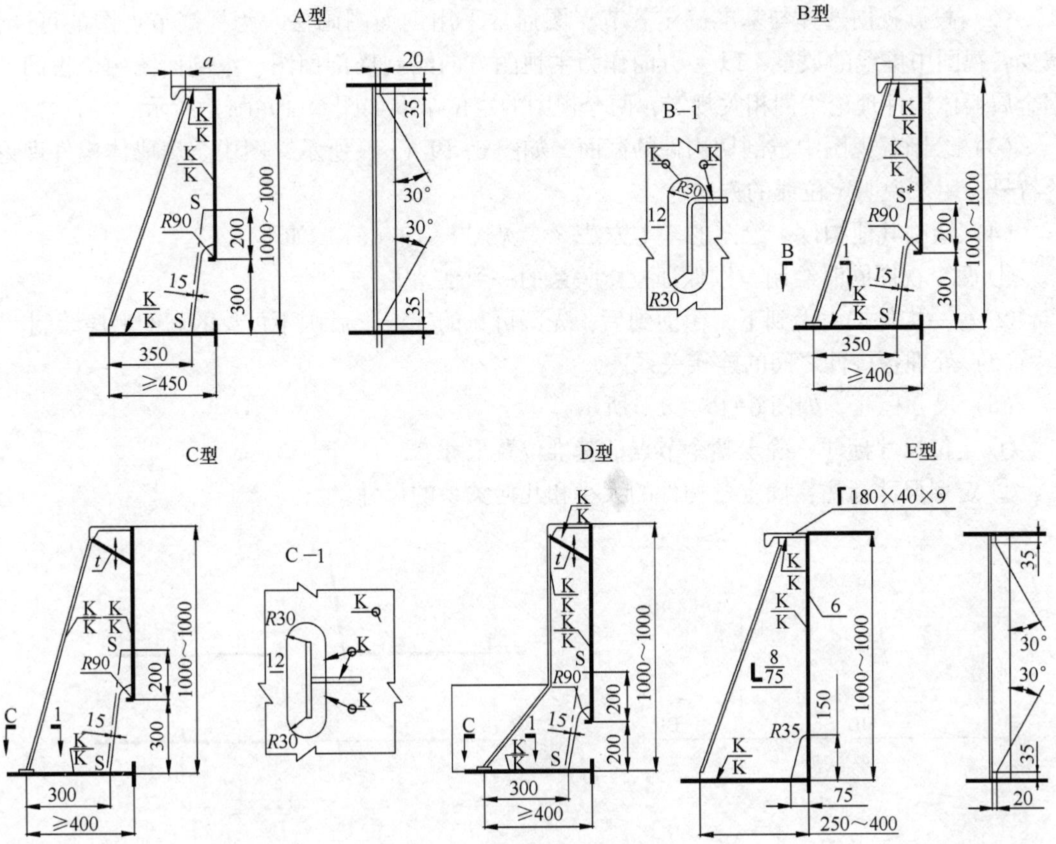

图 6-17　各种舷墙节点与尺寸

## 6.4　绘制节点图

绘制节点图的基础是正确表达各种型材及其连接关系，关键是熟悉各种构件的空间相对位置关系。以图 6-18 为例说明节点图绘制的步骤。

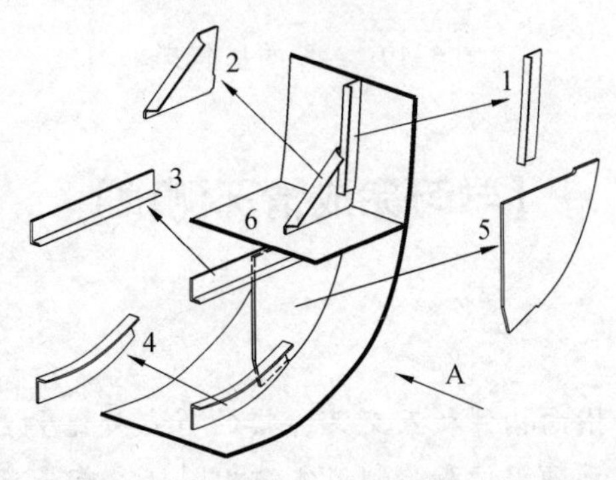


1—肋骨；2—舭肘板；3—内底横骨；4—船底横骨；5—肘板；6—内底板。

图 6-18　舭部节点结构分析

（1）分析结构。该节点为船体舷侧骨架与船底骨架在舭部通过舭肘板连接的结构形式。其中肋骨以舭肘板采用搭接形式相连，其他构件均为角接。

（2）投影视向选择与基准确定。节点图通常采用剖面图画法。为提高节点图的可读性，减少各视图中虚线的数量，以A方向作为主视图方向绘制横剖面图、纵剖面图两个视图。根据金属船体构件理论线的相关规定，两个视图的定位基准如图6-19（a）所示。

（3）绘制各视图中被剖切构件的截面，如图6-19（b）所示，图中金属船体构件理论线的符号，用来说明定位线的方向。

（4）绘制其他构件。绘图的基本方法（参见图6-19（c））如下：

① 两个视图同时绘制，以保证投影关系的一致性。

② 每一构件按由上到下，由前到后，先画可见的实线，后画不可见的虚的顺序绘制。

（5）处理各构件之间的连接关系。

（6）尺寸标注，如图6-19（d）所示

① 定位尺寸标注：确定整个节点的基准位置尺寸。

② 定型尺寸标注：确定各构件的大小和几何关系的尺寸。

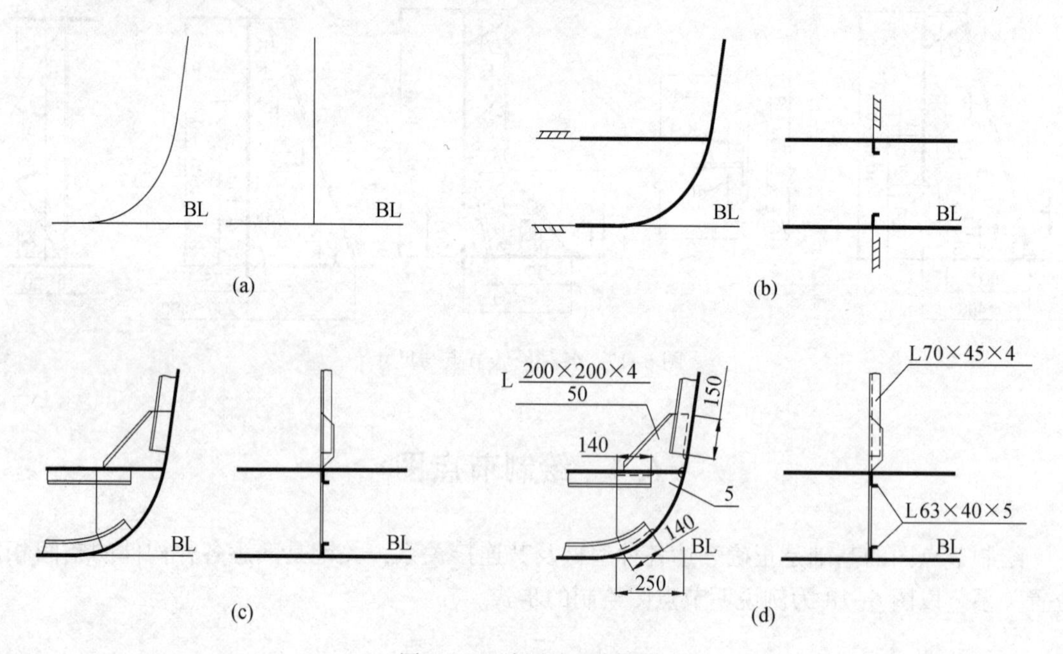


图6-19　绘图的基本步骤

## 【学习完成情况测试】

### 【任务导入】

在船体结构中，纵向和横向构件相互交叉连接的节点处结构最为复杂。节点图是绘制结构图样的重点和难点。要想正确识读和绘制船体结构图样，首先应掌握节点图的识读与绘制。

### 【任务实施】

**一、概念题（每个1分，共8分）**

节点、型钢、组合型材、流水孔、透气孔、型材贯穿、型材端部L型、型材端部S型。

## 二、简述题（每个 2 分，共 6 分）

1. 节点图与各结构图样有什么关系？
2. 各种板材与型材的表达方式是什么？
3. 构件的连接关系（对接、搭接和角接）在节点图中如何表达？

## 三、填空（每空 1 分，共 17 分）

1. 肋板分为无折边肋板、________肘板和________肘板三种。
2. 船体结构中使用的型钢主要有扁钢、________、________、________和圆钢等几种。
3. 角钢符号为________，球扁钢符号为________。
4. 组合 T 型材采用分式标注尺寸，其中分母表示________的尺寸；分子表示______的尺寸；尺寸数值按________至________排列。
5. 型材贯穿加补板时，补板的类型有________补板和________补板两类。
6. 画节点视图时，通常以主要的水平板材作为________方向的基准，以横向板材作为________方向的基准。
7. 画节点视图时，一般先画________构件，再画________构件，最后画肘板等小构件。

## 四、绘图与标注

1. 根据习题图 6-1，绘制节点主视图、左视图和仰视图（每个视图 3 分，共 9 分）。
2. 根据习题图 6-2，绘制节点主视图和右视图（每个视图 3 分，共 6 分）。

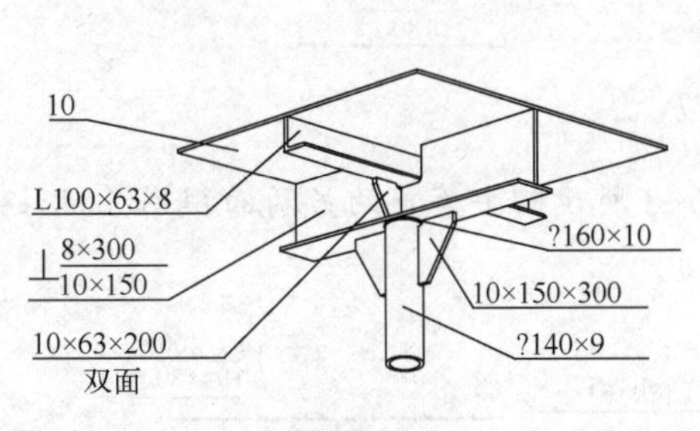

习题图 6-1

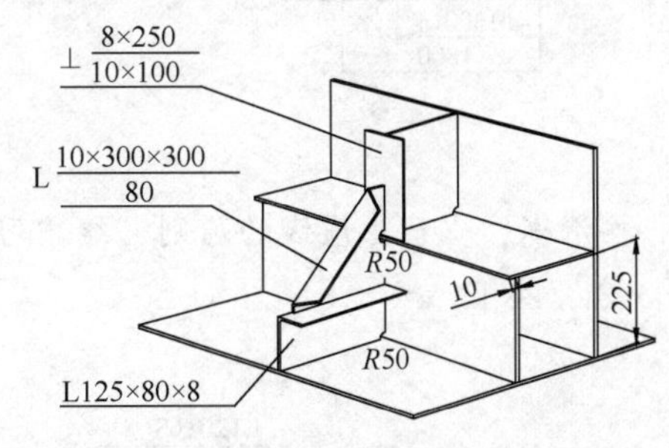

习题图 6-2

3. 根据习题图 6-3，绘制节点主视图、右视图和仰视图（每个视图 3 分，共 9 分）。
4. 根据习题图 6-4，绘制舵承座节点三面视图（每个视图 2 分，共 6 分）。

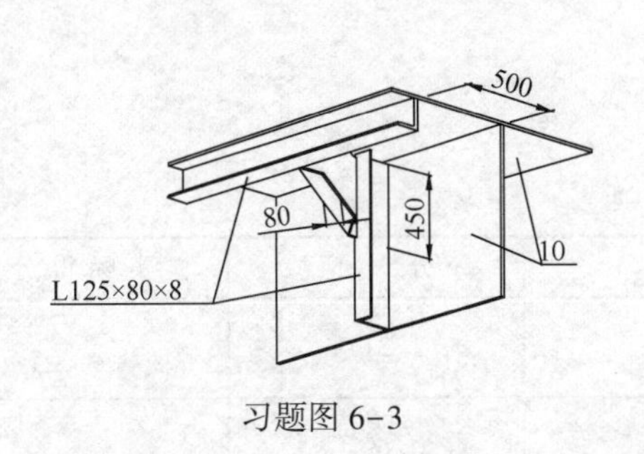

习题图 6-3

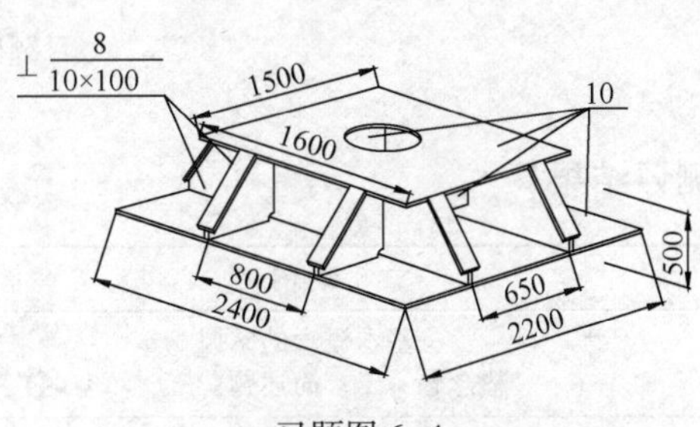

习题图 6-4

5. 如习题图 6-5 所示，绘舭部节点三视图并标注尺寸（6 分）。
6. 如习题图 6-6 所示，绘节点三视图并标注尺寸（每个视图 3 分，共 9 分）。

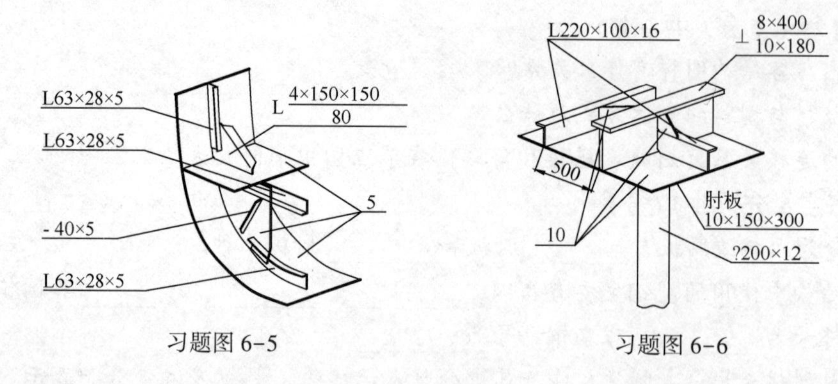


习题图 6-5　　　　习题图 6-6

7. 如习题图 6-7 所示，绘出两个舭部节点的右视图和俯视图并标注尺寸（每个 6 分，共 12 分）。

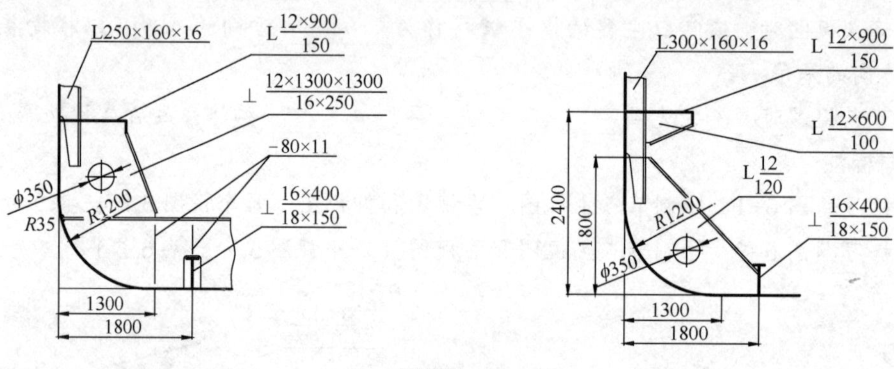


习题图 6-7

8. 按清晰，少产生虚线的原则，绘出习题图 6-8 所示四个节点的另两面视图并标注尺寸（每个 3 分，共 12 分）。

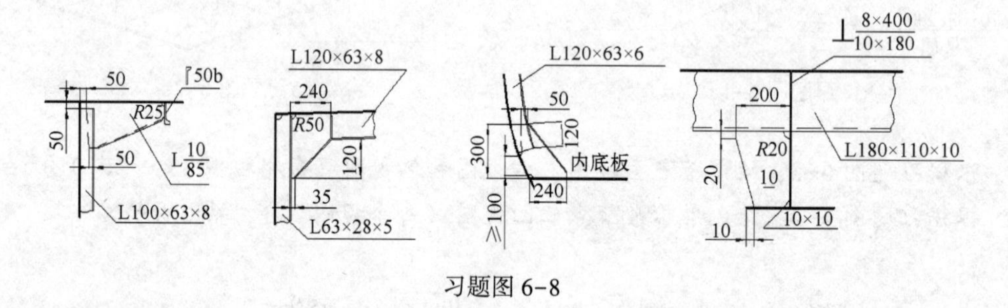


习题图 6-8

【测评结果】

| 测试内容 | 分　值 | 实际得分 |
|---|---|---|
| 基本概念的掌握<br>（一、概念题；二、简述题；三、填空题） | 31 | |
| 节点图绘制训练<br>（四、绘图与标注） | 69 | |
| 总分 | 100 | |

# 第7章　中横剖面图与基本结构图

## 【学习任务描述】

船舶总体结构的三面视图中，采用剖面图方法表达的侧视图被称为横剖面图。它是沿船体纵向采用横向剖切面剖切，将所剖切到的平面向侧立投影面上投影所得的一组视图。中横剖面图由肋位剖面图和主要尺度栏组成，它是进行强度校核和绘制其他结构图样的依据。

基本结构图是全船结构总图的主、俯两面视图，由纵剖面图、若干甲板（平台）剖面图、舱底图和主要尺度栏等组成。绘制基本结构图的主要目的是表达全船主要结构件的布置和连接关系。

通过本章学习，加深对船体内部结构的理解，掌握中横剖面图和基本结构图的表达方法及其图线的应用。

## 【学习任务】

学习任务1：了解中横剖面图和基本结构图的组成。

学习任务2：掌握中横剖面图和基本结构图的表达方法和表达内容。

学习任务3：掌握中横剖面图和基本结构图的绘制方法和步骤。

学习任务4：正确识读中横剖面图和基本结构图。

学习重点：中横剖面图和基本结构图的表达方法；中横剖面图和基本结构图的常用图线及其应用对象。

学习难点：中横剖面图和基本结构图的绘制与识读。

## 【学习目标】

**知识目标**

(1) 掌握中横剖面图和基本结构图的组成和各视图表达的具体内容。

(2) 掌握中横剖面图和基本结构图的表达方法。

(3) 掌握中横剖面图和基本结构图的表达图线及含义。

**能力目标**

(1) 正确识读中横剖面图和基本结构图。

(2) 掌握中横剖面图和基本结构图的绘图方法，能够使用 AutoCAD 正确绘制中横剖面图和基本结构图。

**素质目标**

(1) 培养学生的学习兴趣与学习能力。

(2) 培养学生勇于探索的精神。

(3) 培养学生求真务实，团结协助的优秀品质。

【学习方法】

(1) 基于对船体结构的认知和理解，采用课堂讲授与课后复习的方法开展本章知识点的学习。

(2) 采用课下绘制中横剖面图和基本结构图的大作业练习方式，掌握中横剖面图和基本结构图的表达方法、表达内容和图线的正确运用。

(3) 课下增加多型船中横剖面图和基本结构图的识读，勤于思考，建立船体基本结构图样由二维向三维图形的空间想象。

# 7.1 中横剖面图的组成及表达

船体结构图的三面视图中，采用剖面图方法表达的侧视图被称为横剖面图。因为横剖面取在船体中段的典型部位，所以也称为中横剖面图。中横剖面图是进行强度校核和绘制其他结构图样的依据。

## 7.1.1 中横剖面图的组成及表达

**一、中横剖面图的组成**

中横剖面图由若干肋位剖面图和主要尺度栏组成。

1. 肋位剖面图

肋位剖面图（Frame Section）是在船体中段的主要舱室（机舱、货舱或客舱），所选取的典型结构的横剖面图。肋位剖面图表达该肋位船体主要构件的布置、结构形式、尺寸大小和连接方式。一般情况下，船体相对于中线面具有对称性，故肋位剖面图往往只绘出略超过一半的图形。肋位剖面图的布图，一般按照从艉至艏的剖面由左至右排列。根据剖面图视向选择和肋位号，在每一肋位剖面图的上方标注肋位号“#n”，并在肋位号下方以“——►”表示第 $n$ 号肋位由艉向艏（或以“◄——”表示由艏向艉）方向投影所得的剖面图。肋位剖面图可根据不同的表达内容和船体结构的特征，采用完整的肋位剖面或局部的剖面图。

2. 中横剖面图的主尺度栏

中横剖面图主尺度栏（Principal Dimension Column）主要标明船体主尺度和与船体结构相关的有关参数，见附图三。

**二、中横剖面图的表达方法**

1. 肋位剖面图的视向选择

肋位剖面图主要表达船体中部主要舱室的甲板、舷侧、船底等主要结构的布置及连接方式。为保证构件的完整性，剖切平面一般选择在肋位稍前即靠近观察者一方。由于船体的普通骨架大量采用不对称型材，如角钢、折边材、球扁钢等，因此，在选择视向时，投影的方向应尽可能使视图中少出现虚线。

根据金属船体构件理论线的规则，船体制图中，不对称型材的折边方向在三维坐标系中分别折向基线面、中线面和中站面。因此在横剖面图中，一般的视图选择习惯是中站面至船艉的剖面由艏向艉投影；中站面至船艏的剖面由艉至艏投影。

2. 中横剖面图的表达方法

船体图样与其他工程图样的投影原理相同，但表达方法和图线运用上有区别。在中横剖面图中不仅描述剖切断面的结构形状，也不完全同于机械图中的剖视表达剖面之后的所有部分，而是根据需要，除表达该剖面内各种构件的形状及其构件之间的连接关系外，还采用假想画法等表达相邻肋位的构件情况。因为船图多采用小比例绘制，在横剖面图中，各板及型材的厚度相对于船体尺度很小，所以它们被剖切后，无论实际厚度多少，其剖面在小比例船体图样中，都用粗实线表达。

3. 中横剖面图表达内容与图线运用

中横剖面图主要表达甲板、舷侧和船底纵向构件和横向构件的连接形式。

1）纵向构件

（1）船体主要纵向构件，有船底纵向桁材、龙骨、甲板纵桁、舷侧纵桁、舭龙骨、船体纵向骨材等。

（2）其他纵向结构件，如主机基座、舱口纵向构件、舷边纵向构件等。

因为纵向构件被剖切平面所截，所以采用简化画法，以粗实线表示型材的剖面。

2）横向构件、垂向构件。

（1）横向构件，有肋板、肋骨、横梁、胸梁等。

（2）垂向构件，支柱、基座等。

横向构件的可见轮廓用细实线表达，不可见轮廓用细虚线表达。

3）上层建筑纵向围壁的位置、板厚、结构形式和扶强材的布置及尺寸

上层建筑纵向围壁及纵向扶强材采用粗实线表示其剖面。横向围壁用细实线表示围壁上的开口、开孔及板缝线。纵向围壁上的垂向扶强材用细实线表示可见轮廓，细虚线表示不可见轮廓；横向围壁上的扶强材采用简化线表达。如图 7-1 所示，可见的桁材（水平桁、垂直桁）用粗点划线表示，骨材用细点划线表示；不可见的材料用粗双点划线表示，骨材用细虚线表示。

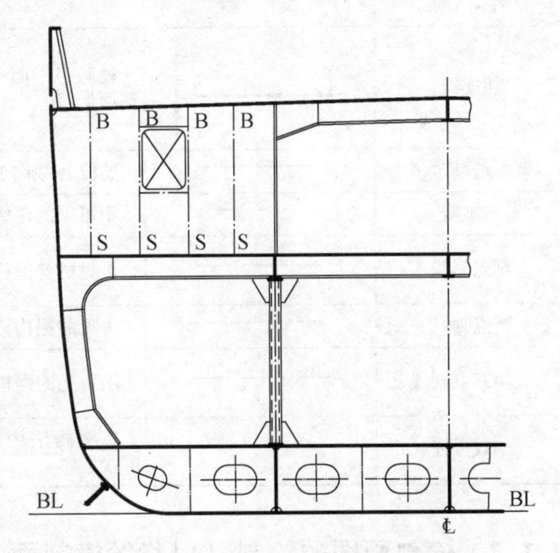

图 7-1　横剖面图的视图表达

4）重叠画法与局部画法

为了减少视图数量，可以将同一舱室相邻肋位的主要构件重叠表达于同一肋位剖面图中，这种表达方式称为重叠画法。在重叠画法中，为了区别非本肋位的构件，用细双点划线表示相邻肋位横向构件的可见轮廓，而不可见轮廓仍用细虚线表示。

重叠画法一般在不影响读图的前提下，应用于舷侧结构和甲板。而双层底结构比较复杂，不同肋位的底部结构需要分别表示，即采用局部（剖面）画法表示。如图 7-2 所示，肋位剖面图采用了重叠画法，将另一肋位的甲板和舷侧的强构件采用重叠画法表示，而船底构件则采用局部画法表示在下方。

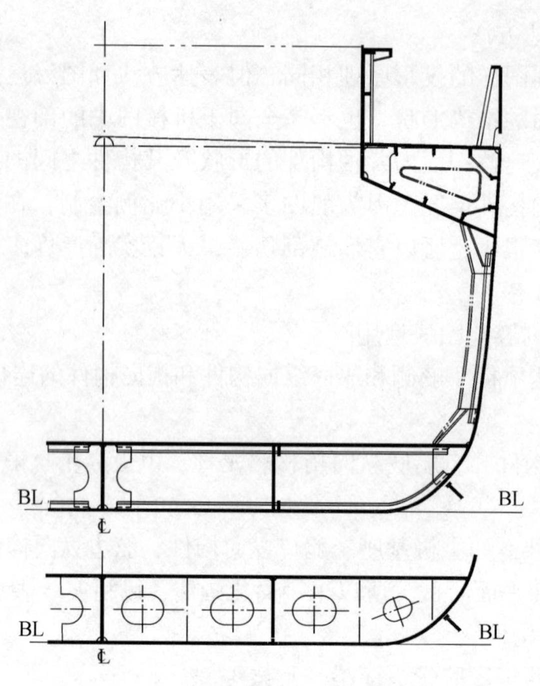


图 7-2　重叠画法与局部画法

综上所述，中横剖面图中，图线的运用如表 7-1。

表 7-1　图线的运用

| 名　称 | 线　型 | 表达内容 | 举　例 |
|---|---|---|---|
| 粗实线 | ——— (b) | 被假想平面所剖切的板材、型材的剖面形状 | 甲板、外板、内底板、纵向舱壁、围壁板及其这些部位的纵向骨架 |
| 细实线 | ——— | 肋位上的横向、垂向构件的可见轮廓 | 肋骨、横梁、肋板、竖向扶强材 |
| 细虚线 | — — — — | 不可见的轮廓线、不可见普通构件 | 骨材折边轮廓、支柱的内壁 |
| 细点划线 | —·—·— | 可见的普通构件 | 肋板加强筋、横向围壁上的扶强材 |
| 粗点划线 | —·—·— | 可见的强构件 | 舱壁、围壁上水平桁、垂直桁 |
| 粗双点划线 | —··—··— | 不可见的强构件 | 舱壁、围壁背面的水平桁、垂直桁 |
| 细双点划线 | —··—··— | 重叠画法中的横向构件的可见轮廓线 | 相邻肋位的肋骨、横梁、强肋骨的可见轮廓 |

### 7.1.2　横剖面图的绘制（以货舱横剖面为例）与识读

在设计过程中，配合结构计算，需要绘制船体的中横剖面图，绘图的一般步骤为：

（1）确定基准线位置、布图，确定投影方向。肋位剖面图按肋位编号从左（艉）至右（艏）依次布置。根据船体的大小，采用 CAD 绘图时，可选用 1∶1 的比例（手工绘图，选择适当的比例），确定绘图幅面的大小。绘制肋位剖面图的基线、中线、半宽线及梁拱线，并标注有关符号，如图 7-3（a）所示。

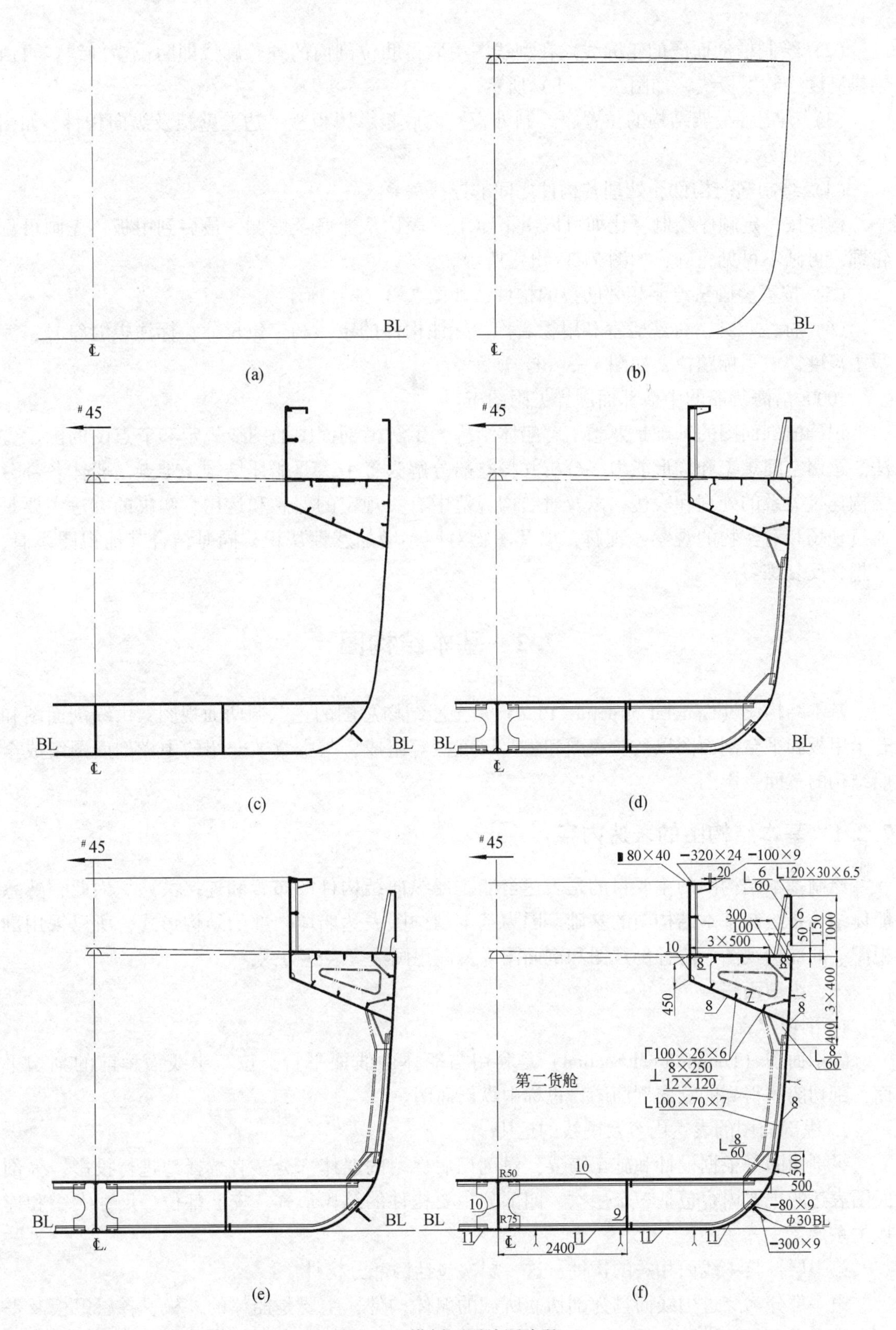


图 7-3　横剖面图绘图步骤

（2）绘制横剖面图的轮廓线。在型线图中取得肋位剖面的外轮廓线即肋位横剖线，再由梁拱高度绘制甲板线，如图 7-3（b）所示。

（3）确定各板架结构的位置，绘制外板、内底板、甲板板、边舱壁板及纵向构件，如图 7-3（c）所示。

（4）绘制横向构件，处理各构件之间的连接关系。

构件按一定顺序绘制，比如可以由下至上，表达从船底至舷侧，最后到甲板；先画可见轮廓，再画不可见轮廓，如图 7-3（d）所示。

（5）按重叠画法绘制相邻肋位的构件，如图 7-3（e）所示。

（6）标注尺寸。标注舱室和甲板名称；标注构件的定形和定位尺寸；标注板缝符号；编写主尺度，填写标题栏，如图 7-3（f）所示。

1000t 沿海货船的中横部面图详见附图三。

识读横剖面图的基础是熟悉了解船体结构，了解横剖面图的图线规定和节点图的图示方法。运用空间想象和构形能力，分析并将整船分解为各个主要船体结构。难点是船体各部分结构连接关系的处理和表达，以及对结构规范中有关规定的熟悉和运用。解决的方法主要是通过现场和对实物的观察、理解，以及图物对照，增加感性认识，同时结合其他视图多看、多想，反复练习。

## 7.2 基本结构图

基本结构图（General Structure Plan）是全船结构总图的主、俯两面视图，由纵剖面图和若干甲板和平台剖面图以及舱底图和主要尺度栏等组成，与本章节介绍的中横剖面图组成全船结构的三面投影图。

### 7.2.1 基本结构图的表达内容

绘制基本结构图的主要目的是表达全船主要纵向结构件的布置和连接关系。因此，熟悉船体结构是绘制基本结构图的基础。因为基本结构图表达船体内部的结构形式，所以采用剖视图、局部剖视图、阶梯剖视图和剖面图以及假想画法等表达方式。

**一、纵剖面图**

1. 剖切位置

纵剖面图（Longitudinal Section）是利用与船体中线面平行、位于中线面稍前的剖切平面，剖切船体得到的纵向剖面图，也称中纵剖面图。

2. 纵剖面图的表达内容及图线的运用

纵剖面图是根据设计和施工需要，对剖切后保留的船体部分，有选择地进行投影。纵剖面图表达的主要内容包括三个层次、四部分主要构件的结构形式、安装部位、尺寸大小和连接关系。

第一层：与中线面相关的构件。这一层次包括两部分构件。

第一部分为穿过中线面且为剖切面所截的船体构件，主要是船体的外板、各层甲板及平台、内底板和船体横向构件，如肋板、横舱壁板、船底横骨、内底横骨、横舱壁上的水平骨架、甲板横梁、甲板强横梁及其他穿过中线面的构件。这部分构件为剖切平面所截断，其轮廓（截面形状）采用简化画法，用粗实线表示，如图 7-4 所示。

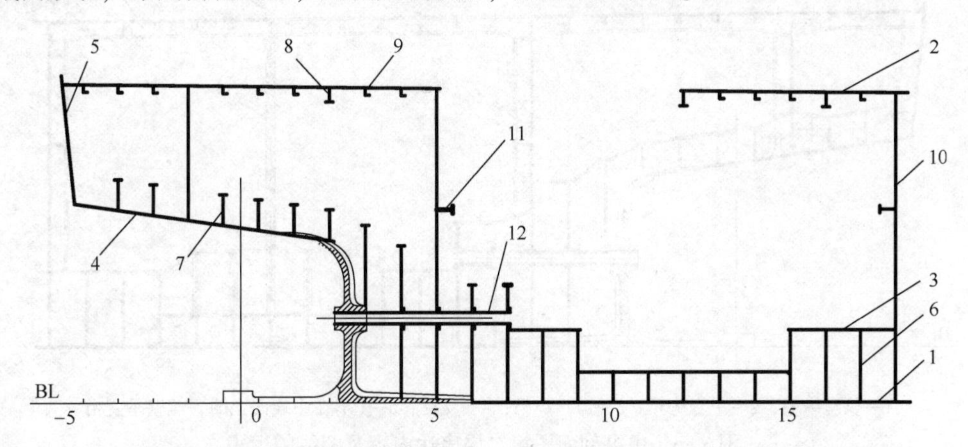


1—船底板；2—甲板板；3—内底板；4—船壳板；5—艉封板；6—机舱肋板；7—肋板；
8—甲板强横梁；9—甲板横梁；10—横舱壁板；11—舱壁水平桁；12—艉轴管。

图 7-4　中纵剖面图第一层第一部分表达内容及图线的运用

第二部分为位于中线面的构件，如中底桁、中内龙骨、甲板中纵桁、中纵舱壁及其各横舱壁位于中线面上的扶强骨架。这些构件的可见轮廓用细实线表示，以细虚线表示不可见轮廓，如图 7-5 所示。

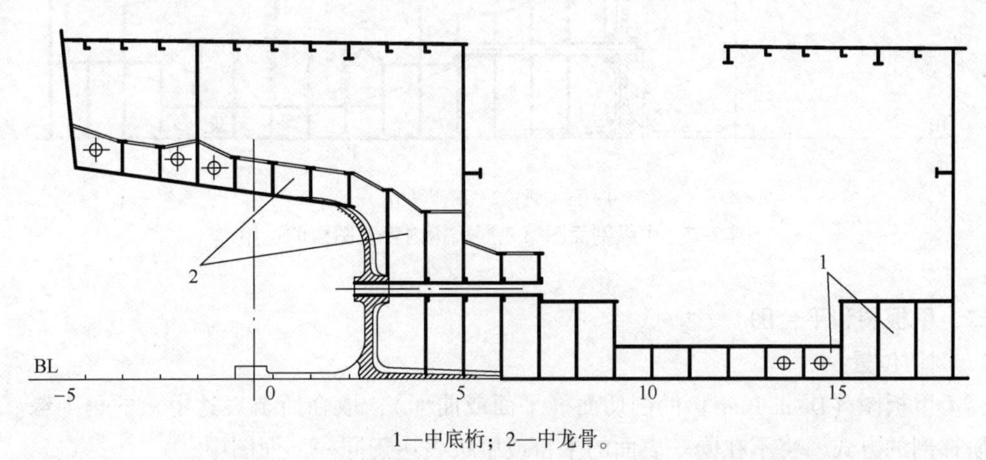


1—中底桁；2—中龙骨。

图 7-5　中纵剖面图第一层第二部分表达内容及图线的运用

第二层：位于中线面和舷侧之间的构件。这一层所包含的主要船体构件有旁底桁、旁内龙骨、各舱口的纵向壁板、甲板旁纵桁和支柱等。这部分构件的可见轮廓为细双点划线；不可见轮廓仍用细虚线，如图 7-6 所示。

第三层：位于舷侧的构件。这部分船体构件有舷侧纵桁、强肋骨、普通肋骨、中间肋骨等。这部分内容采用简化画法表示，即粗点划线表示可见的强构件；细点划线表示可见的普通构件。通常普通构件省略不表达，如图 7-7 所示。

在纵剖面图中，另有一些舾装件如烟囱、天窗、桅杆等的轮廓，如果需要表达，以粗实线表示剖切轮廓，用细双点画线表示其可见轮廓。

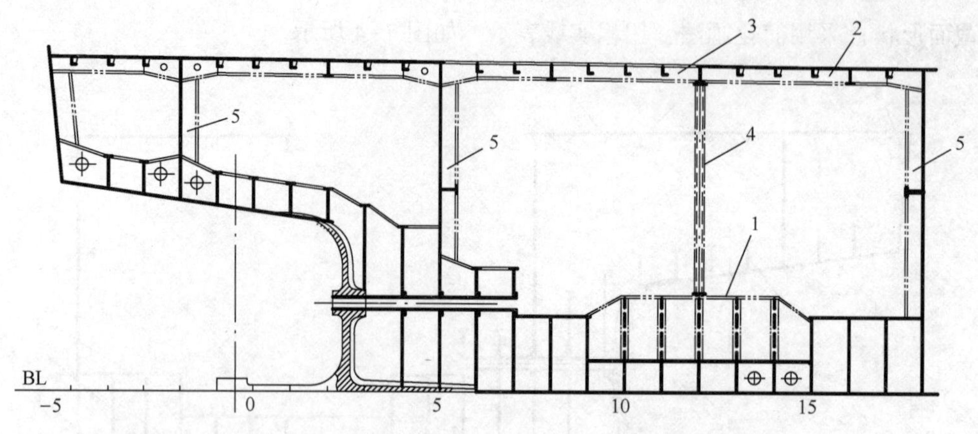


1—机座纵桁；2—甲板旁桁；3—舱口纵桁；4—支柱；5—(不在中线面上的) 舱壁垂直桁。

图 7-6　中纵剖面图第二层表达内容及图线的运用

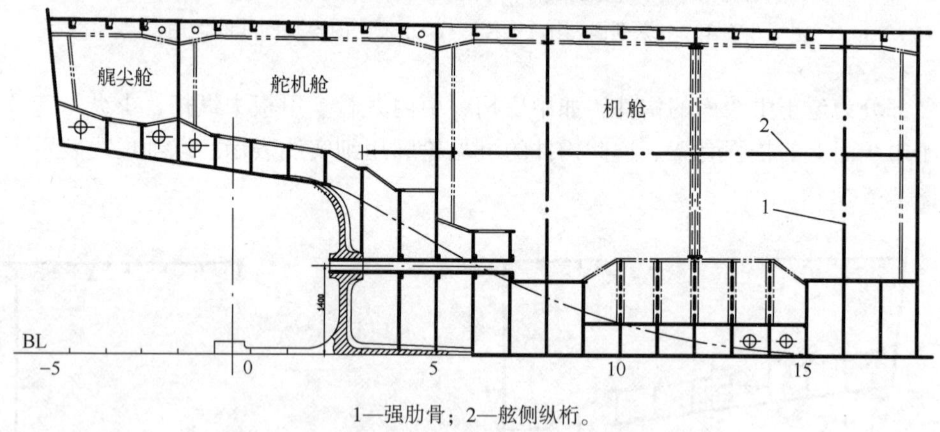


1—强肋骨；2—舷侧纵桁。

图 7-7　中纵剖面图第三层表达内容及图线的运用

## 二、甲板图和平台图

1. 剖切位置

露天甲板图（Deck Plan）的剖切面（平面或曲面），取在所要表达甲板的稍上缘。也可采用阶梯剖的方式，将不在同一表面的平台或甲板表达于同一剖面图中。

2. 甲板图和平台图（Platform Plan）的表达内容及图线运用

甲板图主要表达甲板板及其上下直接相连的加强和支撑构件，主要有三部分内容：

第一部分：甲板以上且与甲板直接相连的壁板以及其他构件。如甲板以上的舱壁板、围壁板、支柱等。这些构件为剖切平面所截，剖面轮廓线用粗实线表达，如图 7-8 所示。

第二部分：甲板板或平台板，如甲板板缝、甲板开口以及甲板上的加强（复）板。板缝和开口轮廓以细实线表示；复板轮廓以阴影线表示，如图 7-9 显示了在第一部分基础上，加绘第二部分内容之后的视图。

第三部分：甲板板以下且与甲板直接相连的支承构件，如甲板以下的舱壁板、围壁板、甲板纵桁、甲板强横梁、甲板横梁和甲板纵骨等。这些构件被甲板所遮挡，均为不可见构件，图 7-10 显示了在前两部分基础上，加绘第三部分内容之后的视图。

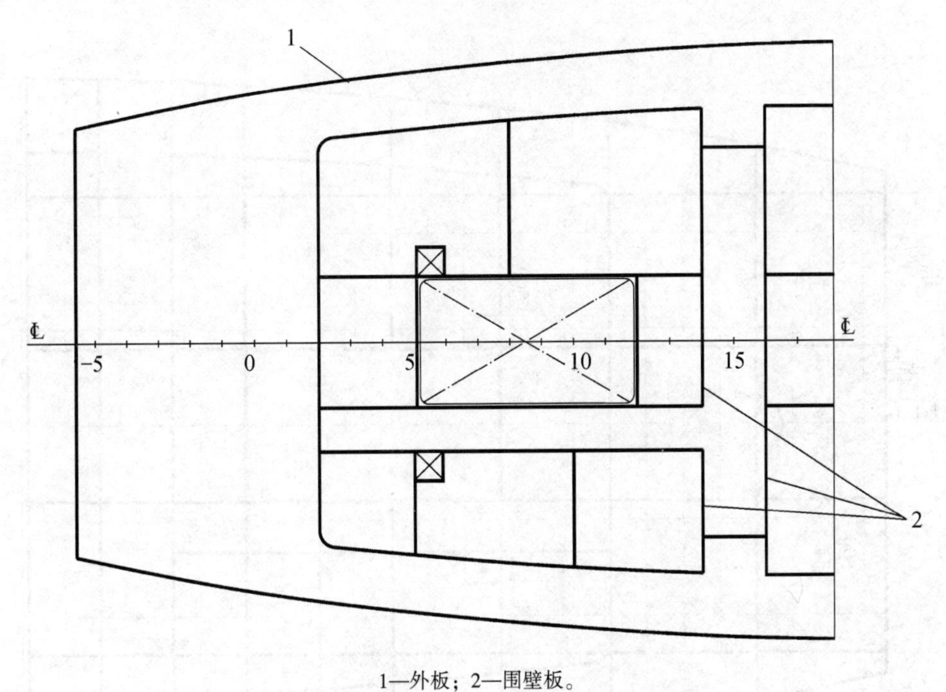


1—外板；2—围壁板。

图 7-8　甲板图第一部分的表达内容及图线

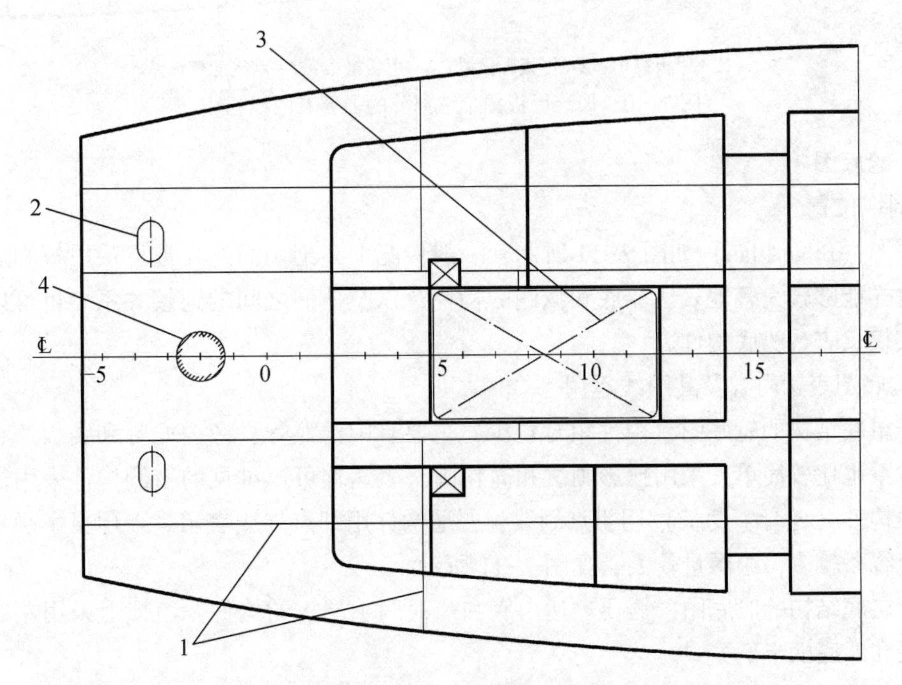


1—甲板板缝；2—甲板开口；3—甲板开口符号线；4—复板。

图 7-9　加绘甲板图第二部分的内容及图线运用

其中，根据表达内容采用的图线简述如下：非水密舱壁及围壁板用粗虚线；水密舱壁板用轨道线表示；甲板强构件（甲板纵桁、甲板强梁、舱口强构件）用粗双点划线表示；普通构件（甲板横梁、甲板纵骨、小开口加强材等）用细虚线表示。

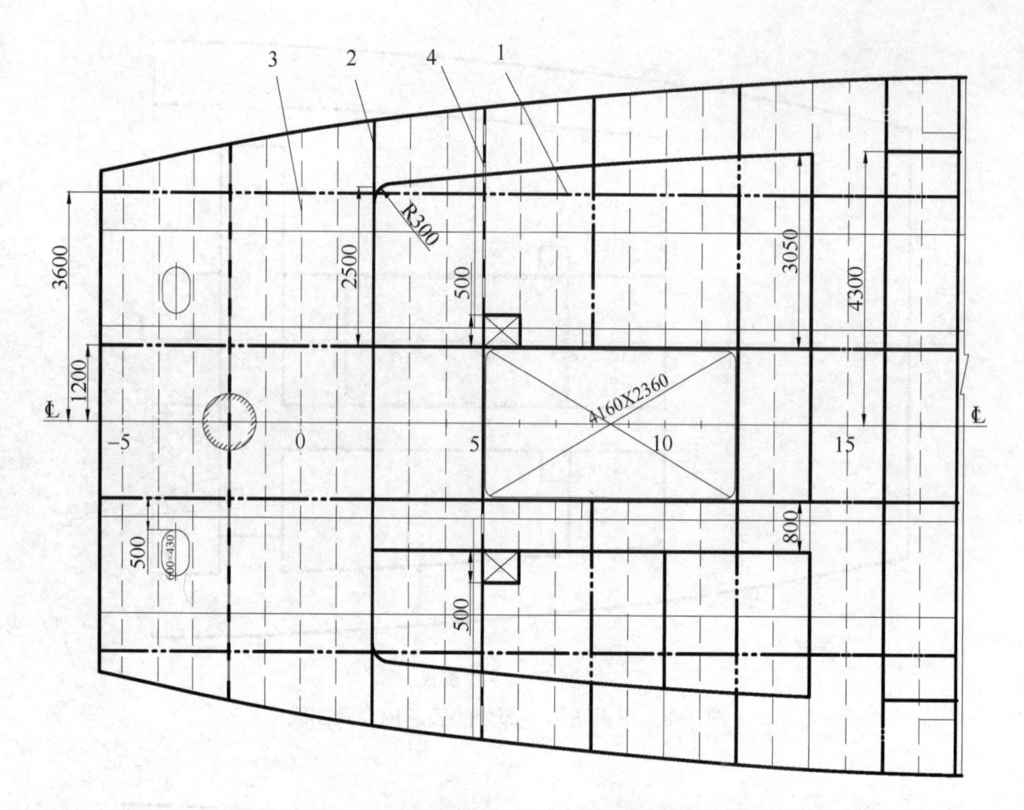


1—甲板纵桁；2—甲板强横梁；3—甲板横梁；4—水密舱壁。

图 7-10　加绘甲板图第三部分的内容及图线运用

## 三、舱底图

1. 剖切位置

舱底图（Bilge Plan）如图 7-11 所示，一般情况下，剖切面选在最下层甲板和底部构件之间。这样能够较完整地表达船底和舷侧的构件，以及他们之间的连接关系。也可以选择阶梯剖方式仅仅表达船底构件。

2. 舱底图表达内容及其图线运用

对于单底结构的舱底图，构件相对较少，主要有中内龙骨、旁内龙骨和肋板。它们之间的连接关系也比较简单，采用投影画法和简化画法表达均可。可见的舷侧构件采用简化画法表达。强构件（龙骨、肋板）用粗点划线，普通构件用细点划线表示。采用投影画法，比较直观，但线条较多，绘图量较大，如图 7-11 所示。

对双层底结构的舱底图，需要表达内底和船底两个层次的构件，习惯上采用左右舷分别表达内底和船底的半剖方式。

内底板及其与之相关联的主要构件有：内底板的板缝、内底板上的开口位置和复板设置；内底以上且与内底相连的舱壁、支柱等；内底以下支持内底的骨架，如中底桁、旁底桁、内底纵骨或内底横骨等。

内底板表达方式及图线的运用与甲板情况相同。

船底骨架包括中底桁、旁底桁、船底横骨或船底纵骨。如果采用剖视图表达，肋板和船底桁采用粗实线表示，普通骨架用细点划线表示。

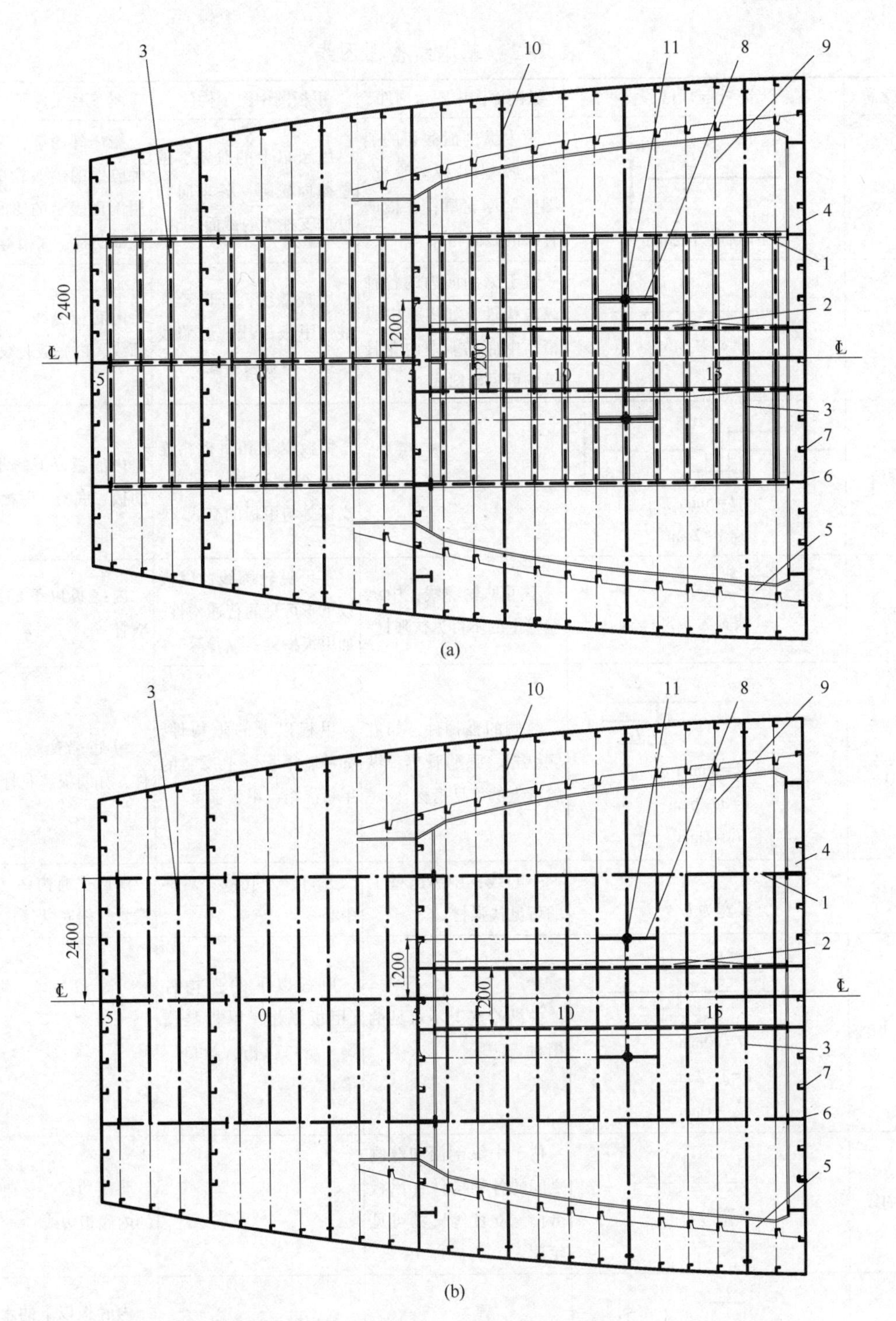


1—旁龙骨；2—机座纵桁；3—实肋板；4—舱壁水平桁；5—舷侧纵桁；6—舱壁垂直桁；7—舱壁扶强材；8—支柱肘板；9—肋骨；10—强肋骨；11—支柱。

图 7-11　单底结构舱底图

（a）投影画法；（b）采用简化画法。

基本结构图表达全船构件及连接关系，图形复杂，详细内容可参见附图四。表 7-2 归纳总结了基本结构图各视图中图线的运用及表达内容。

表 7-2　基本结构图图线

| 图线名称 | 形式与规格 | 纵剖面图中图示构件 | 甲板图中图示构件 | 舱底图中图示构件 |
| --- | --- | --- | --- | --- |
| 粗实线 | $b$ <br> $b=0.4\sim1.2$mm | 被中纵剖面截切的船底、各层甲板、舱壁、围壁剖面轮廓；各横向骨架的截面轮廓 | 甲板以上的舱壁、围壁截面轮廓；各垂向构件如支柱等的截面轮廓 | 船体外轮廓；船体内各舱壁的剖面轮廓；采用剖面表示的船底强骨架如肋板、底桁等 |
| 细实线 | 线宽为 $b/3$ | 位于纵剖面内的各种纵向构件，如甲板中纵桁、中底桁、中内龙骨等的可见轮廓线 | 甲板缝线、开口轮廓线、甲板边线、舷墙线顶线、甲板板缝线 | 内底板缝线、开口轮廓线、内底板边线 |
| 粗虚线 | $l$ $e$ $b$ <br> $l=5$mm <br> $e=1\sim2$mm | | 甲板以下和甲板相连的非水密舱壁、围壁、支柱等与甲板的交线 | 内底板以下的非水密肋板、底桁、肘板 |
| 细虚线 | 线宽为 $b/3$ | 不可见轮廓线；中纵舱壁上的不可见扶强材 | 不可见轮廓线；甲板以下不可见的普通构件，如甲板横梁、纵骨等 | 内底板以下的纵骨、横骨 |
| 粗点划线 | $l$ $e$ $l_1$ <br> $l=20$mm <br> $e=1\sim2$mm <br> $l_1=1$mm | 舷侧的强构件，如舷侧纵桁、强肋骨等；纵舱壁上的可见桁材 | 甲板以上的强构件，如油舱甲板之上反装的甲板纵桁、甲板强梁等 | 单底船船底的强构件，如肋板、龙骨等 |
| 点划线 | 线宽为 $b/3$ | 中心线；中纵舱壁上的可见扶强材 | 开口、开孔线；对称中心线 | 船底普通构件（船底横骨、船底纵骨） |
| 粗双点划线 | $l$ $e$ $l_1$ <br> $l=20$mm <br> $e=1\sim2$mm <br> $l_1=1$mm | 中纵舱壁上不可见的桁材 | 甲板以下的强构件（甲板纵桁、甲板强横梁、舱口纵桁、舱口端梁） | |
| 双点划线 | 线宽为 $b/3$ | 位于中纵剖面和舷侧之间的各种构件（甲板旁桁、支柱等）的可见轮廓 | | 肋板边线，被剖切后的内底板边线 |
| 轨道线 | $l$ $e$ $b$ <br> 线宽为 $b$ | | 甲板以下水密舱壁与甲板的交线 | 内底板以下的水密肋板、水密底桁与内底板的交线 |
| 阴影线 | 线宽为 $b/3$ | | 甲板上的复板、垫板的轮廓线 | 内底板上的复板、垫板的轮廓线 |

（续）

| 图线名称 | 形式与规格 | 纵剖面图中图示构件 | 甲板图中图示构件 | 舱底图中图示构件 |
| --- | --- | --- | --- | --- |
| 斜栅线 | 45°<br>线宽为 $b/3$ |  | 甲板的分段板缝线 | 内底板的分段板缝线 |
| 折断线<br>波浪线 | 线宽为 $b/3$ |  |  | 内底板采用剖视图表达时的断裂线 |

## 7.2.2 基本结构图的绘制

基本结构图的轮廓线根据型线图绘制；分舱位置根据总布置图确定。

基本结构图绘制的基本步骤如下。

1. 定比例、布图

手工绘制基本结构图的比例通常是视船舶大小采用 1∶25、1∶50、1∶100、1∶200 等。计算机绘图为了测量、绘图和标注尺寸的方便，通常采用 1∶1 的绘图，待绘制完成后，根据实际需要按上述比例打印出图。

基本结构图布图由上至下依次为中纵剖面图、各层局部甲板图（为节省幅面，可不按投影关系集中布置在中纵剖面图的下方）、主体各层甲板图、舱底图。

2. 定基准

按船体高度、宽度及布图美观的原则，分别定出中纵剖面图的基线（BL）、甲板图和舱底图的中线（℄）。在基线和中线上分别绘出肋位符号，并加以标注。各主要视图（纵剖面图、主要甲板图和舱底图）应尽量按照投影关系布图。

3. 轮廓线的绘制

各视图轮廓线从型线图中取得。

上层建筑各层甲板的轮廓线系根据上甲板边线、并参考横剖面图中各层甲板的收缩量绘制。

舱底图轮廓因其剖切位置的不同，可以在型线图上求作相应位置的任意水线取得；或利用最下层甲板的甲板边线替代。

4. 各视图的绘制

纵剖面图从中线面向舷侧绘制，先绘第一层次第一部分的构件（粗实线），再绘第二部分构件（细实线），然后依次绘第二层次，第三层次构件。

甲板图先绘制甲板板及其以上构件（可见部分），再绘甲板以下构件（不可见部分）。

舱底图中，双层底结构采用剖视表达时，内底部分按甲板图的方式绘制。船底部按简化画法表达。

各视图绘制时，特别应注意投影关系的一致性，即同一构件在不同视图中的相互关系。同一构件最好在不同视图中同时绘出，以确保这种一致性。

5. 尺寸标注原则

（1）在基本结构图的左上方注有主尺度栏，标注主要尺度。

（2）基本结构图的尺寸分定形尺寸和定位尺寸两大类。无论哪一类尺寸，在标注时，均应遵循金属结构理论线规定的原则进行。

（3）各视图的定位尺寸基准，一般应取基线和中线；纵向定位尺寸可以标注于最近的肋位上。

（4）各结构的定形尺寸，可以以线性尺寸标注的方式集中标注于表达构件最清晰、最完整的某个视图下方，也可以单独标注于构件的某一视图上，既方便读图，又合理清晰。

（5）一般情况下，某一主要构件尺寸只标注一次。

尺寸标注详见附图四（1000t 沿海货船基本结构图）。

## 【学习完成情况测试】

### 【任务导入】

中横剖面图是用船体中段范围内数个典型横剖面图表示船体结构基本情况的结构图样，它是校核船体强度和绘制其他结构图样的主要依据，识读中横剖面图可以了解船体各部分结构的相对位置和船体构件的布置、尺寸、结构形式和相互连接的方式，能够对全船主要结构有一个概括的了解。基本结构图反映了船体纵、横构件的布置和结构情况，是全船的结构图样之一，即是绘制其他结构图样的依据，也是具体施工时的指导性图纸，因此必须正确识读和绘制中横剖面图和基本结构图。

### 【任务实施】

**一、简述题（每题 4 分，共 20 分）**

1. 中横剖面图的组成是什么？表达特点是什么？

2. 简述绘制中横剖面图的主要步骤。

3. 如何选择基本结构图的剖切平面？各视图主要表达了什么构件？

4. 基本结构图中各视图表达的主要内容有哪些？

5. 绘制基本结构图的主要步骤有哪些？

**二、填空题（每题 1 分，共 15 分）**

1. ________与________构成了表示全船结构的三向视图。

2. 在中横剖面图中，被肋位剖切面剖切的有外板、甲板、纵舱壁和各种________构件，如________等。

3. 在中横剖面图中细双点划线一般代表________，船体纵向构件剖面的表达用________。

4. 在中横剖面图中符号“#64”表示________，符号“⟶”表示________。

5. 重叠画法也称________，它是重叠画出不在该剖面表达范围内的构件。其可见轮廓线用________表示。

6. 在基本结构图中粗点划线一般代表________，位于中线面与舷侧之间的构件可见轮廓用________表示，纵剖面图中横舱壁的表达用________。

7. 在基本结构图中构件的定形尺寸采纳________，长度方向的定位基准一般是________。

三、识读横剖面图（习题图 7-1，每个肋位剖面 5 分，共 20 分）

主要尺度

| | |
|---|---|
| 总　　长 | 40.50m |
| 设计水线长 | 35.535m |
| 型　　宽 | 7.00m |
| 水 线 宽 | 6.20m |
| 型　　深 | 2.550m |
| 吃　　水 | 1.20m |
| 肋　　距 | 0.50m |
| 梁　　拱 | 0.80m |

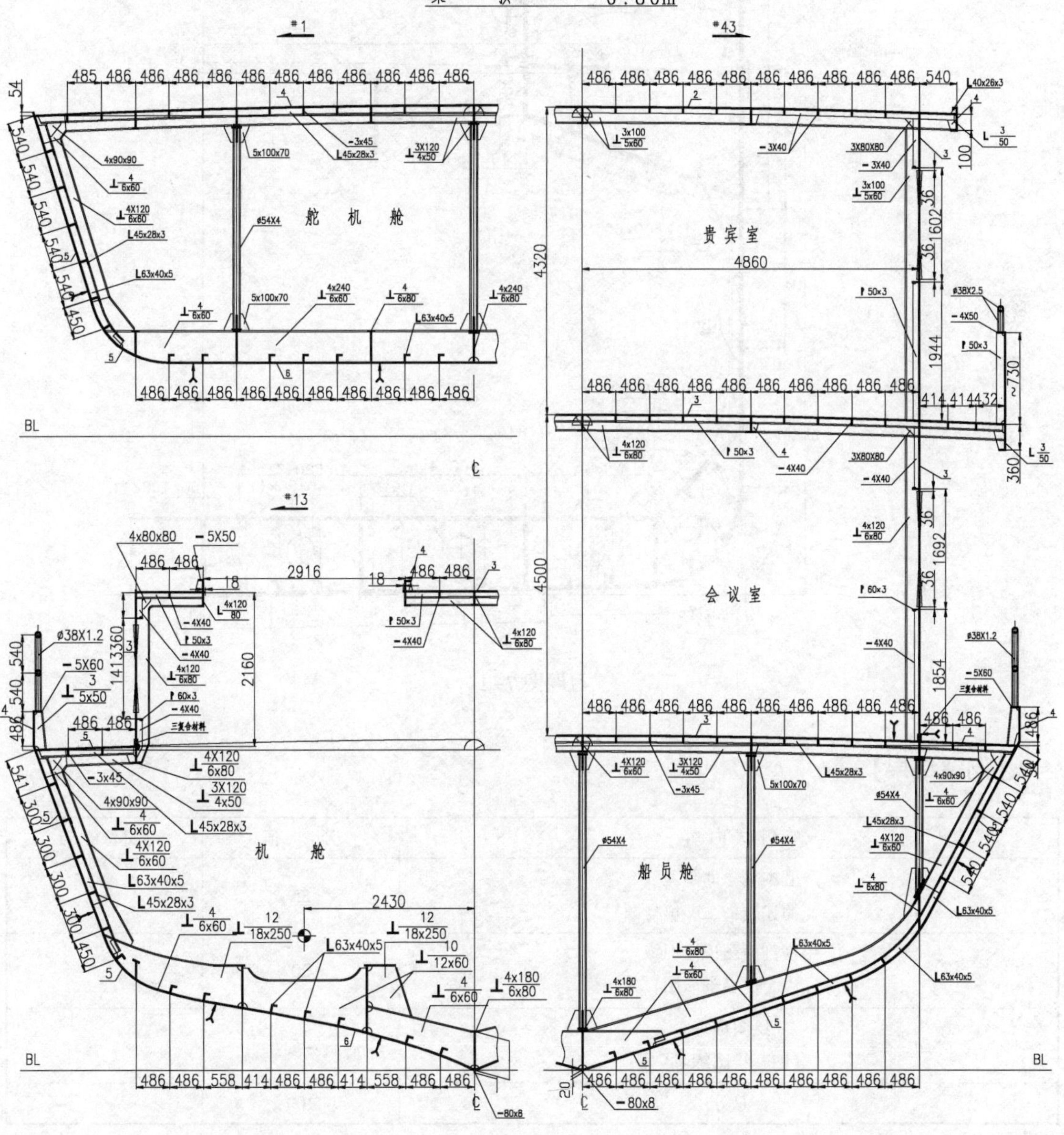

习题图 7-1

## 四、绘图练习（共 45 分）

1. 绘制横剖面图（习题图 7-2，15 分）。
2. 绘制 1000t 沿海散货船的基本结构图（附图四，30 分）。

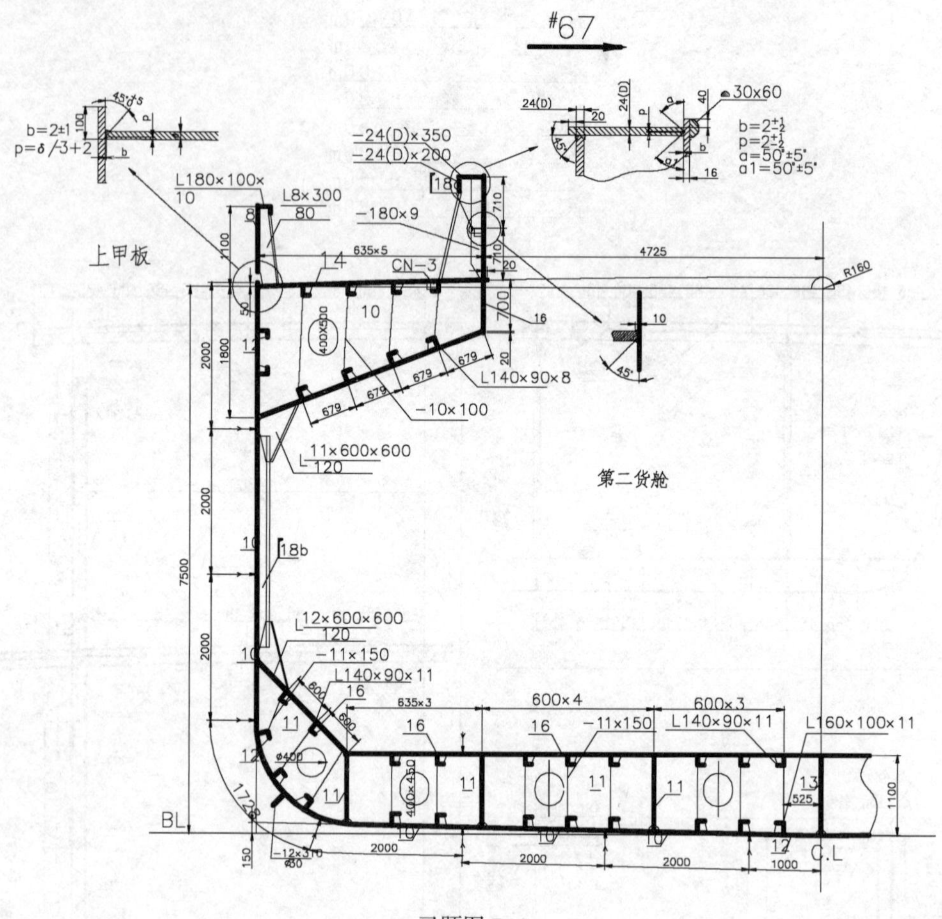


习题图 7-2

## 【测评结果】

| 测试内容 | 分 值 | 实际得分 |
|---|---|---|
| 基本概念的掌握<br>（一、简述题；二、填空题） | 35 | |
| 中横剖面图识读训练<br>（三、读横剖面图） | 20 | |
| 绘图训练<br>（四、绘图练习） | 45 | |
| 总分 | 100 | |

# 第8章　肋骨型线图与外板展开图

【学习任务描述】

肋骨型线图是表示全船肋骨剖面形状、外板纵横接缝位置以及甲板、平台和与外板相接的各纵向构件布置的图样，是全船性结构图样。在船体放样中肋骨型线图作为肋骨型线、外板接缝线和船体结构放样的依据。外板展开图是近似地表示船体外板的展开面积、表达船体外板的结构形式即布置和连接关系的图样。外板展开图是船体放样的参考依据，也是统计外板数量、规格、计算船体外板的重量重心和订货、备料的依据。肋骨型线图和外板展开图共同表示了船体外板上的结构和主要构件的位置。本章主要介绍肋骨型线图的作图方法、外板及甲板的结构特点和布排方法、外板展开图的作图方法以及两图之间的关系。

【学习任务】

学习任务1：掌握肋骨型线图和外板展开图的作图方法及其它们的相互关系。

学习任务2：了解外板的结构名称及各种板缝的特点，了解外板展开图的近似性特点。

学习任务3：掌握外板和甲板的布板原则和方法。

学习任务4：掌握外板的标注方法。

学习重点：肋骨型线图和外板展开图的绘图方法。

学习难点：肋骨型线图和外板展开图中船体结构交线的表达方式；两图中板缝线的绘制；布板原则在实际作图中的应用。

【学习目标】

**知识目标**

(1) 掌握肋骨型线图和外板展开图的作图方法及它们的相互关系。

(2) 掌握外板和甲板的布板原则和方法。

(3) 掌握肋骨型线图和外板展开图中船体结构交线的表达方式。

**能力目标**

(1) 掌握肋骨型线图和外板展开图的相互关系和表达内容。

(2) 掌握肋骨型线图和外板展开图的绘图方法，能够使用 AutoCAD 正确绘图。

**素质目标**

(1) 培养学生发现问题、解决问题的能力。

(2) 培养学生勇于探索的精神。

(3) 培养学生具有实事求是、团结协助的优秀品质。

【学习方法】

(1) 复习任意位置横剖线的作图方法，掌握肋骨型线的绘制方法。
(2) 了解外板展开的特点，掌握外板展开图轮廓线的画法。
(3) 通过练习，掌握构件交线在肋骨型线图和外板展开图中的表达方法。
(4) 结合识读肋骨型线图和外板展开图，了解船舶各种构件的空间关系。

## 8.1 肋骨型线图

肋骨型线图（Frame Body Plan）是表示全船肋骨剖面形状、外板纵横接缝位置以及甲板、平台和与外板相接的各纵向构件布置的图样，是全船性结构图样。在船体放样中，肋骨型线图作为肋骨型线、外板接缝线和船体结构放样的依据；在绘制外板展开图时作为求取肋骨型线实长和确定构件位置的依据；在绘制其他船体图样时作为选取或剖切求得所需船体横剖面形状的依据。肋骨型线图和外板展开图共同表示了船体外板结构和主要构件的位置。

### 8.1.1 肋骨型线图的组成、表达内容和图线的运用

肋骨型线图主要包括图和主尺度栏两部分。肋骨型线图表达各肋骨的真实形状，以及各种板缝线分布、排列情况和构件交线的投影，见图 8-1。

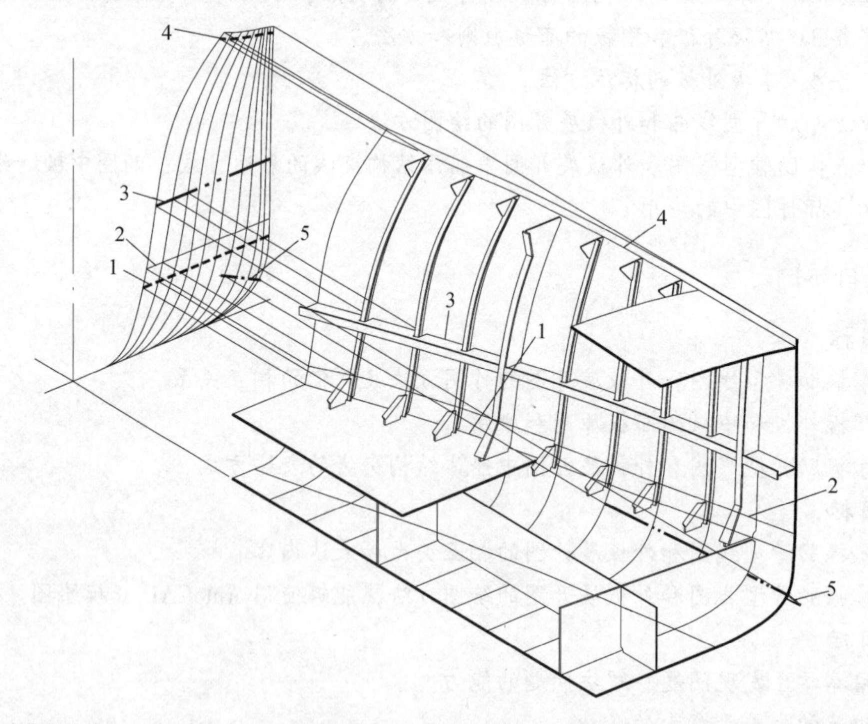


1—内底板边线；2—舭肘板边线；3—舷侧纵桁与外板的交线；4—甲板边线；5—舭龙骨与外板的交线。

图 8-1　肋骨型线图的投影

肋骨型线图的表达内容及图线见表 8-1。

表 8-1　肋骨型线图的表达内容及图线运用

| 序号 | 表达内容 | | 图　线 |
|---|---|---|---|
| 1 | 肋骨型线 | | 细实线 |
| 2 | 板缝线 | 外板边接缝线 | 细实线 |
| 3 | | 外板端接缝线 | 细实线 |
| 4 | | 分段接缝线 | 斜栅线 |
| 5 | 构件交线 | 外板与甲板、平台甲板、内底板和船底桁的交线 | 粗虚线 |
| 6 | | 外板与舷侧纵桁、龙骨的交线 | 粗双点划线 |
| 7 | | 外板与舭龙骨的交线 | 粗点划线 |
| 8 | | 外板与船底纵骨、舷侧纵骨的交线 | 细虚线 |
| 9 | 假想连线 | 肋板边线、舭肘板顶线 | 细双点划线 |

## 8.1.2　绘制肋骨型线图

绘制外板展开图和绘制肋骨型线图是同时进行、并且相辅相承的过程。和船舶设计一样，也是逐步近似、逐步完善的。比如，通过肋骨型线的展开确定外板展开图的轮廓，并在展开的外板上布置板缝；又通过外板展开图中的接缝线的位置来绘制肋骨型线图中的板缝线，在肋骨型线图中光顺后，又返回外板展开图中，逐步精确、逐步完善。

绘制肋骨型线图所需的相关图纸有型线图、横剖面图、基本结构图和外板展开图。肋骨型线图的绘图步骤如下：

（1）选择比例图幅、布置视图。

（2）根据主尺度及型线图绘制格子线，见图 8-2。

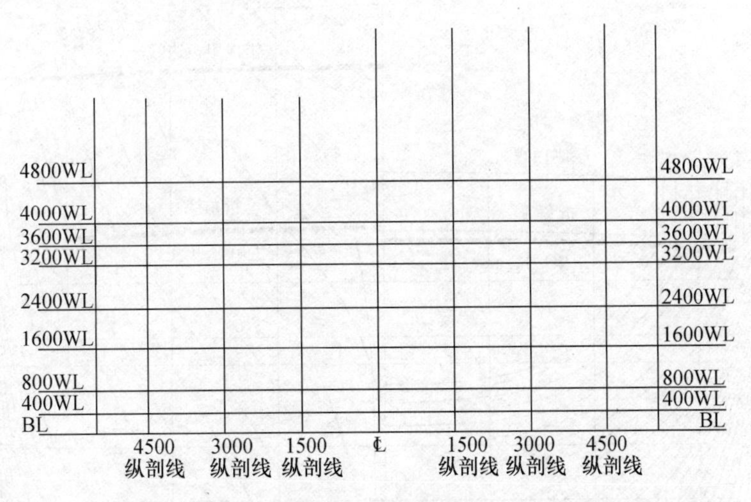


图 8-2　绘制格子线

（3）绘制轮廓线，即外板顶线、甲板边线、舷墙顶线、船底线和最大横剖面轮廓线，如图 8-3，作图方法与型线图中绘制横剖线的方法相同。

（4）绘制肋骨型线。绘制肋骨型线可利用型线图，在水线图的每一肋位站上（或者双号肋位站上）作横剖线即肋骨型线；在水线图上量取横剖线与各条水线交点的半宽值，根据投影关系，在肋骨型线图对应的水线上截取半宽得到交点，用细实艉线连接各交点和轮廓线上的对应点即为各站的肋骨型线。为了清晰、便于看图，一般将船尾至船中的各站肋骨型线绘制在中线的左侧；将船中至船艏的各站的肋骨型线绘制在中线的右侧，如图 8-4 所示。标注时，尽可能将肋骨型线的编号排成一条线，以方便读图。

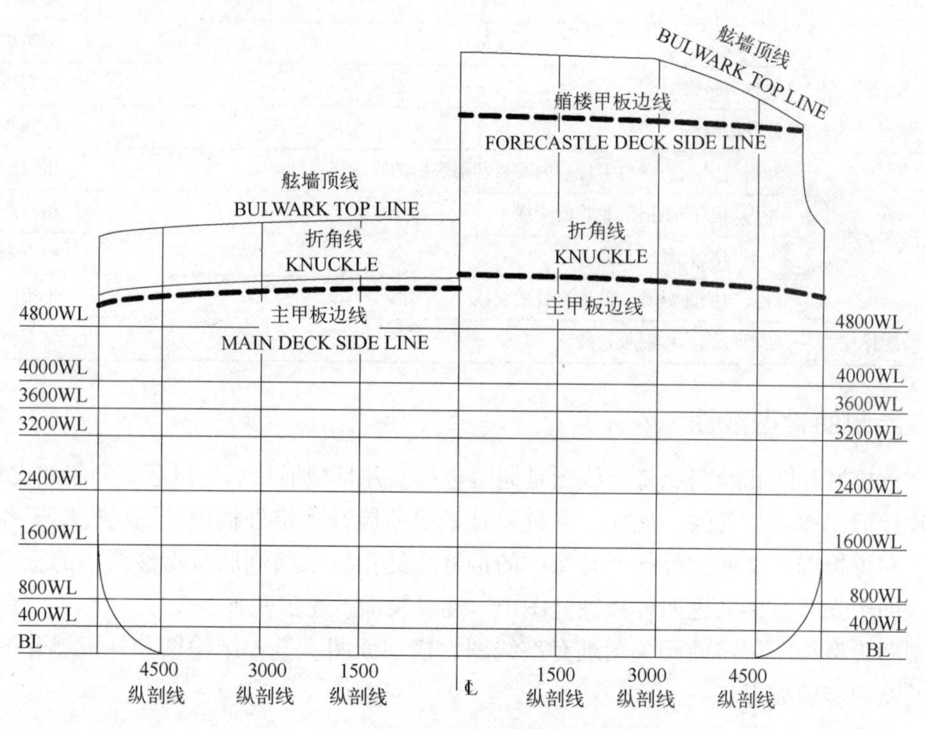


图 8-3　绘制轮廓线

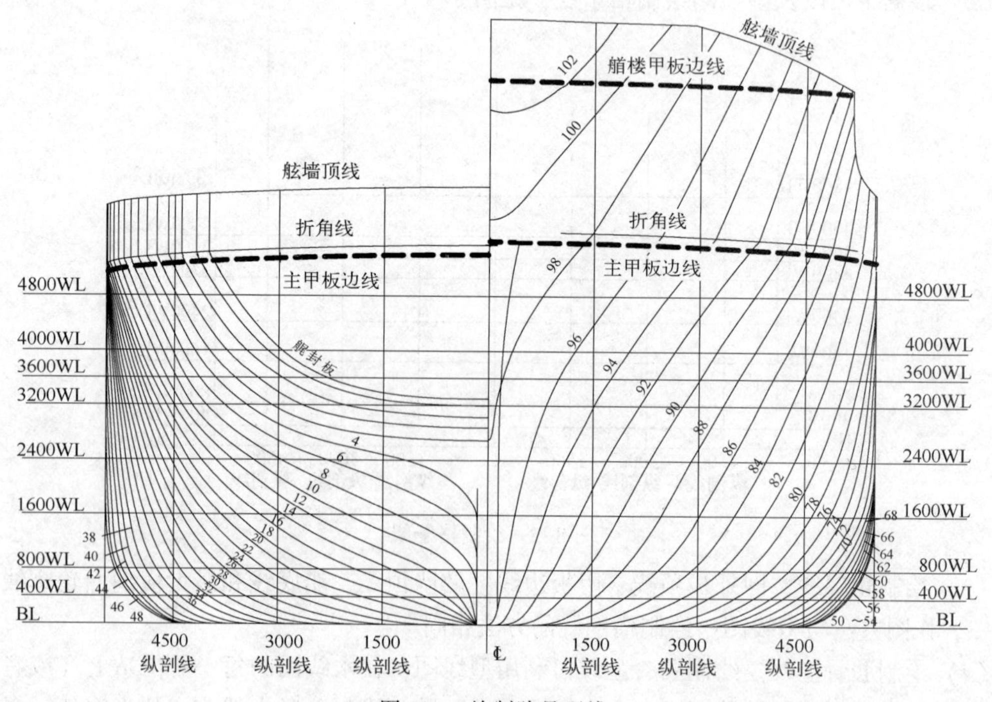


图 8-4　绘制肋骨型线

（5）绘制与外板相交构件的交线。以艏部 2500 平台为例，如图 8-5 所示，从基本结构图可以看出，该平台距基线高度为 2500。利用这一特点，确定平台与外板交线即与相应肋骨型线的交点，用粗虚线连接各交点，即为所求的构件交线。如图中内底、甲板板与外板的交线作图方法相同。

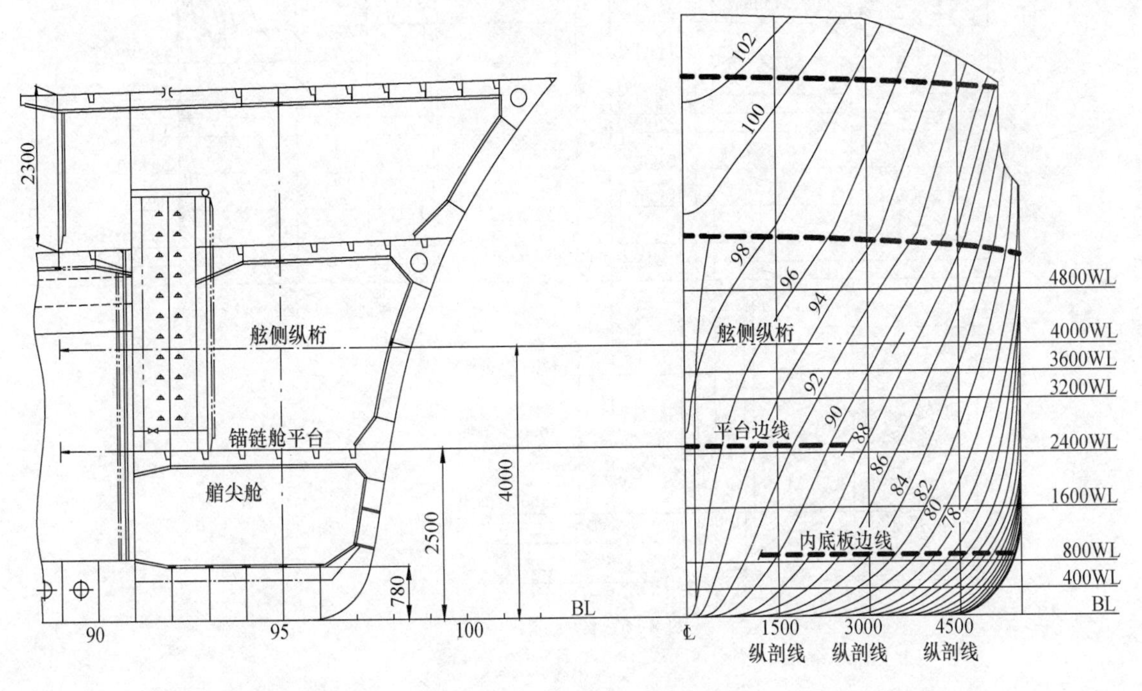


图 8-5　绘制相交构件线

（6）绘制外板边缝线。根据外板展开图中边缝线位置（外板边缝线的绘图方法见 8.3 节），逐站量取基线至该边缝线的肋骨型线长度，利用纸条（或 CAD 测量工具），于肋骨型线图中求取对应肋骨型线的交点。连接各站的交点即为所求。

（7）根据外板展开图端缝线的位置，利用型线图作端缝线所在位置的横剖线，按比例绘制于肋骨型线图中；分段接缝线的绘制方法与端缝线和边缝线相同。

（8）艏柱缝线的绘制是根据艏柱结构图提供的艏柱板尺寸，首先在型线图中画出艏柱接缝线。量取该接缝线与各水线以及甲板边线、外板顶线和舷墙顶线交点的半宽值，按比例在肋骨型线图相应的型线上绘出这些交点，连接各点即为所求，如图 8-6 所示。

（9）标注各构件定位尺寸，标注肋骨型线编号，标注构件交线的名称，标注假想连线的名称，注明边缝线的名称（如 A×B 表示 A 列板与 B 列板的边缝线），如图 8-7 所示。

（10）编写相关的栏目。

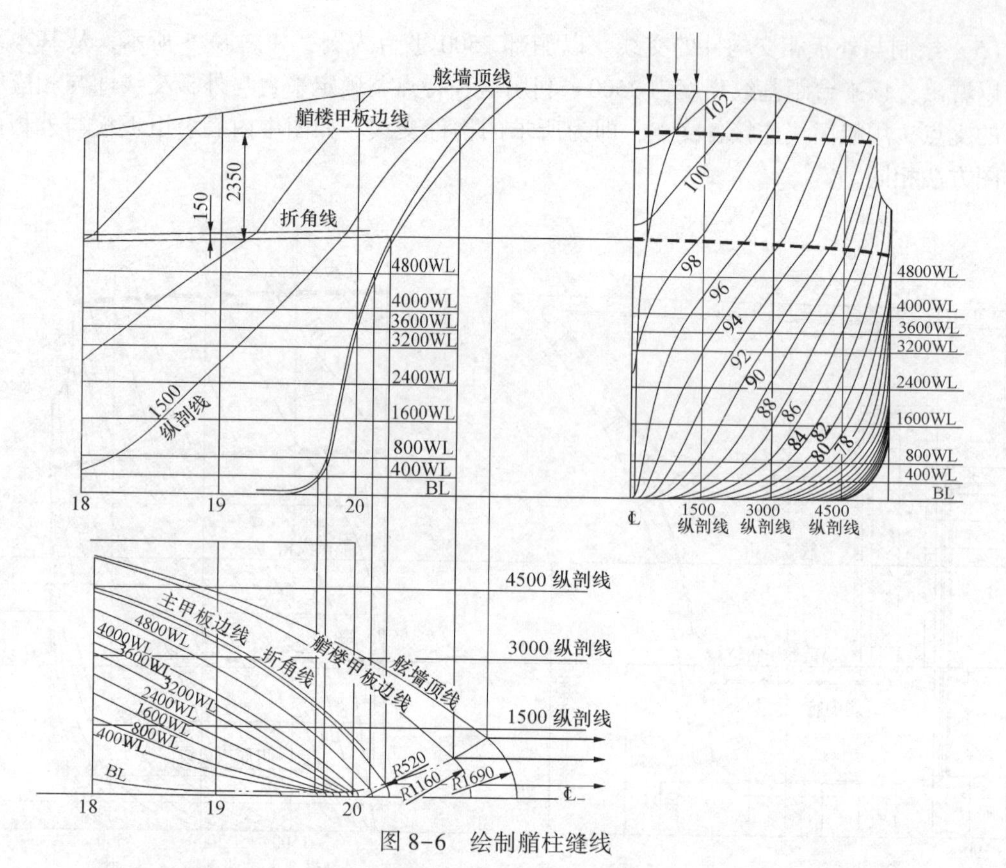


图 8-6　绘制艏柱缝线

图 8-7　绘制外板板缝线

## 8.2 外板与甲板板

外板（Shell Plate）指构成船体舷侧、舭部和船底的外壳板。这里所指甲板板（Deck Plate）是船舶主体上表面的壳板。外板和甲板板是由多块钢板拼接而成的。钢板长边通常沿船长方向布置。构成外板和甲板板的钢板的横向接缝线称为端缝线，纵向接缝线称为边缝线。钢板逐块端接而成的连续长条板称为列板（Strake）。图 8-8 显示了一个船体分段中，外板与甲板的组成及外板名称。其中，符号“Y”表示各列板的接缝位置。

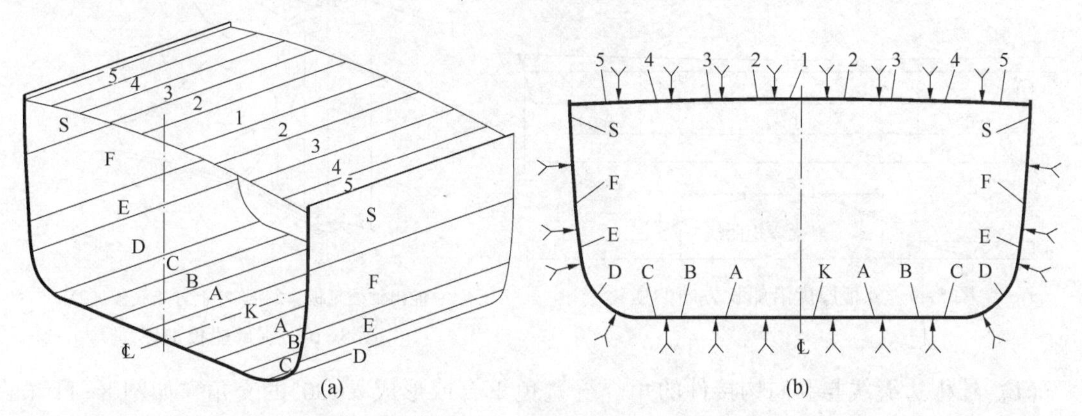


K—平板龙骨；A~C—船底板；D—舭列板；C~F—舷侧列板；S—舷侧顶列板；1~4—甲板板；5—甲板边板。

图 8-8 船体外板编号

船壳板有几列特殊板，在船体受到外力作用时，它们承受的力要大于其他列板。它们在图 8-8 中的代号与位置是：

5——甲板边板（Deck Stringer）；

K——平板龙骨（Plate Keel）；

D——舭列板（Bilge Strake）；

S——舷侧顶列板（Sheer Strake）。

外板的命名从 K 板开始，按字母顺序 A、B、C、……排列，K 板与 S 板的代号是固定不变的。

### 8.2.1 外板

如前所述，外板指 K、A、B、C、……、S 列板的总称。外板遭受的作用力主要有：总纵弯曲应力；横向载荷作用产生的局部弯曲应力；波浪、主机和桨运动产生的水动压力和激振力；冰块撞击、砂石的碰撞和磨擦产生的外力等等。这些作用力影响外板的分布和厚度。

1. 外板的厚度分布与加强

船舶产生总纵弯曲时，最大应力发生在船中 0.4$L$ 范围内，向艏、艉逐渐减小，如图 8-9 所示。因此，外板厚度也随之变化。在 0.4$L$ 范围内，板厚较大；艏、艉端受力特殊，板也较厚。介于二者之间 0.07$L$ 范围称为过渡区，板厚从中部向艏、艉逐渐减薄。平板龙骨和舷顶列板位于船体箱形梁下端和上端，除了承受较大的总纵弯曲应力，还分别承受建造时船墩的支反力和甲板传递的力，因此厚度较其他板大。

另外，螺旋桨上方的船底板、主机下方的船底板、以及在外板的开孔、开口处应做局部加厚，如图 8-10 所示。

2. 外板的布板要求

外板的布置在外板展开图上进行。排板时，应综合考虑用材经济合理、避免应力集中、焊缝排列美观等基本原则。具体排板过程中，应注意如下要求：

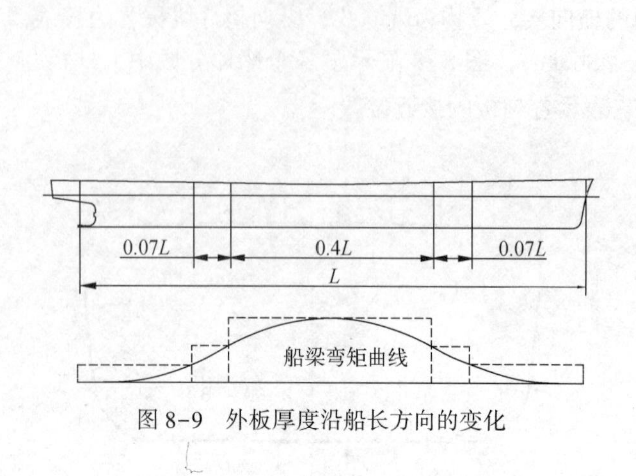


图 8-9　外板厚度沿船长方向的变化

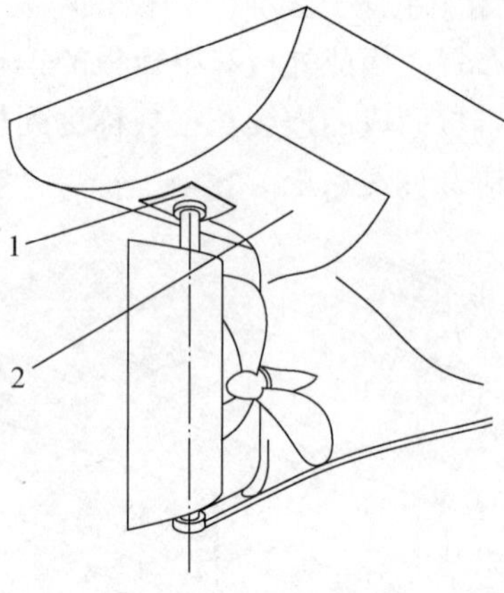

1—舵出轴处复板；2—桨叶上方船底板加厚。

图 8-10　艉部船板加厚

（1）外板边缝线与纵向构接件的角焊缝避免重合或形成 $\alpha<30°$ 的交角，如图 8-11（a）所示。如若不然，可改为阶梯形缝线，如图 8-11（b）所示。

（2）边缝线在很长一段距离与纵向构件角焊缝形成等距时，其间距应大于 50mm。

（3）艏、艉由于线型的变化，外板列板的数量相应要减少。通常采用并板方式过渡，其形式有双并板，即用加宽列板替代相邻两列板，如图 8-12（a）所示；阶梯形并板，即相邻两列板端接缝在不同肋位中断，与另一加宽列板形成阶梯形接缝，如图 8-12（b）所示。

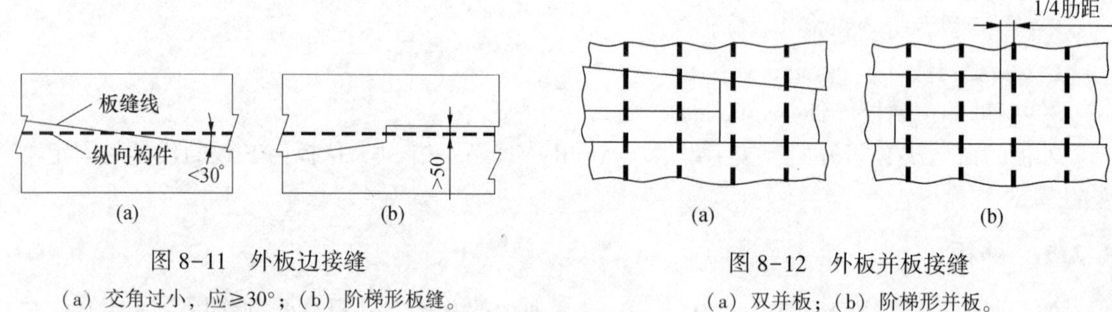

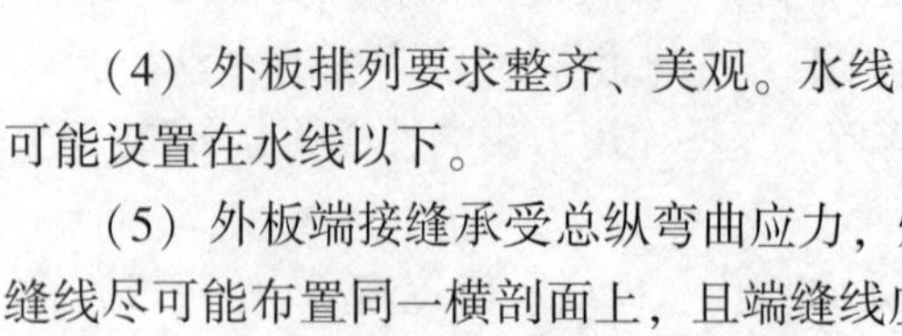

图 8-11　外板边接缝

（a）交角过小，应≥30°；（b）阶梯形板缝。

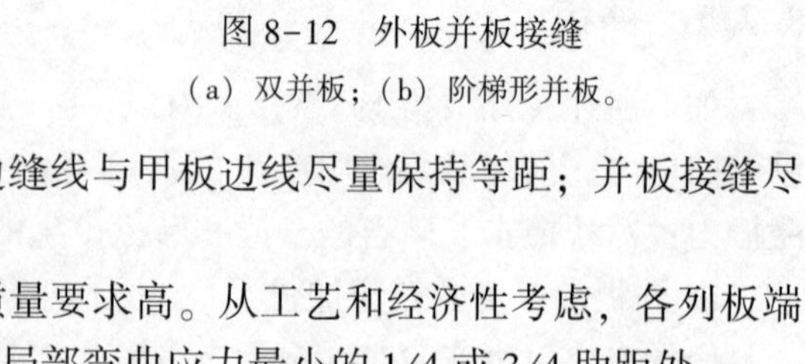

图 8-12　外板并板接缝

（a）双并板；（b）阶梯形并板。

（4）外板排列要求整齐、美观。水线以上边缝线与甲板边线尽量保持等距；并板接缝尽可能设置在水线以下。

（5）外板端接缝承受总纵弯曲应力，焊接质量要求高。从工艺和经济性考虑，各列板端缝线尽可能布置同一横剖面上，且端缝线应位于局部弯曲应力最小的 1/4 或 3/4 肋距处。

### 8.2.2　甲板板

船体在发生总纵弯曲时，受力最大的甲板称为强力甲板（Strength Deck），通常为上甲板。强力甲板是船梁的上翼板。与外板类似，上甲板参与总纵弯曲时，中部受力最大，因此在船中 0.4$L$ 长度范围内的甲板板较艏、艉厚一些，向艏、艉两端逐渐减薄。

沿船宽方向，甲板边板是上甲板中最厚的一列板。这是由于甲板边板是甲板板中自首向尾有效的纵向连续构件，承受总纵弯曲应力。此外，甲板边板处因经常积水易受腐蚀，也要求加厚些。

甲板板的长边沿船长方向布置，且与甲板中线平行。在艏、艉端，由于甲板宽度减小，甲板板列的数目也相应减少，也可以将钢板沿横向布置。此外，在大开口之间也可将钢板沿横向布置。

甲板上人孔开口，应做成圆形或长轴沿船长方向的长扁圆形，以缓和应力集中。

矩形大开口角隅（Opening Corner）处应力集中严重，应设计成圆形、椭圆形或抛物线形。圆形角偶半径不小于开口宽 1/10，同时加厚甲板或采用复板加强。如角隅半径 $R \geqslant 610$ 或采用椭圆或抛物线形，可不必加厚或加复板。但应符合规范的相关规定，各种舱口角隅见图 8-13。

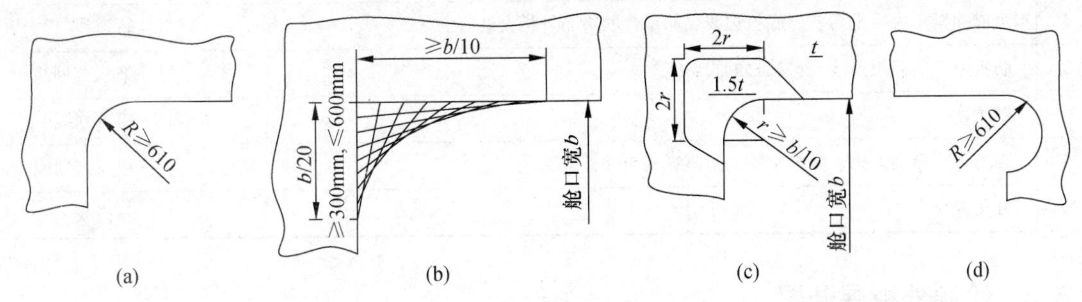


图 8-13　舱口角隅处开口形式

（a）大圆弧角隅；（b）抛物线角隅；（c）加补板角隅；（d）集装箱船大开口角隅。

## 8.3　外板展开图

外板展开图是近似地表示船体外板的展开面积、表达船体外板的结构形式即布置和连接关系的图样。外板展开图是船体放样的参考依据，也是统计外板数量、规格、计算船体外板的重量重心和订货、备料的依据。

### 8.3.1　外板展开图的表达内容及特点

外板展开图（Shell Expansion Plan）是从船体右舷一侧向正立投影面投影得到的视图，其表达内容包括：外板的规格，板缝的排列和布置情况；外板上的开口、复板的位置和尺寸；与外板直接相连的船体构件的位置。因此，构件与外板的交线被视为不可见，并且在视图中要区分水密性。

船体外板通常是三向曲度的曲面，数学上为不可展曲面。但是，为了工程实际需要，外板展开图采取了近似的展开方法，即外板展开图具有仅展开横向曲度（将肋骨型线展直），纵向保持投影长度、不展开的特点，如图 8-14 所示。所以，外板展开图横向（垂向）反映实长，纵向为投影长。

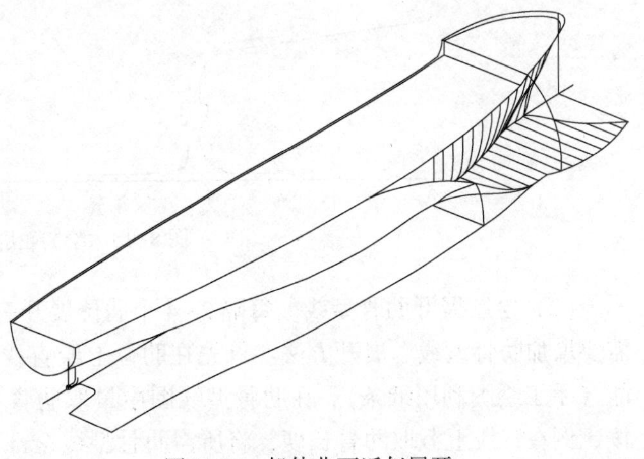

图 8-14　船体曲面近似展开

### 8.3.2 外板展开图的图线应用

附图六是1000t货船的外板展开图。图中，各种图线的应用及表达内容见表8-2。

表8-2 外板板展开图的表达内容及图线运用

| 序号 | 表达内容 | 图线名称 |
| --- | --- | --- |
| 1 | 外板板缝线、开孔轮廓线、艏艉轮廓线、外板或舷墙顶线 | 细实线 |
| 2 | 船底纵骨（横骨）、肋骨 | 细虚线 |
| 3 | 非水密平台、舱壁、旁底桁与外板的交线 | 粗虚线 |
| 4 | 水或油密甲板、平台、内底板边线、舱壁、肋板与外板交线 | 轨道线 |
| 5 | 肋板边线的假想连线、护舷材的投影线 | 细双点划线 |
| 6 | 舭龙骨 | 粗点划线 |
| 7 | 强肋骨、舷侧纵桁、旁内龙骨、基座纵桁与外板的交线 | 粗双点划线 |
| 8 | 分段缝线 | 斜栅线 |

### 8.3.3 绘制外板展开图

外板展开图以型线图、基本结构图和分段划分图为依据，结合肋骨型线图绘制。本章以1000t货船的尾部外板展开图为例，介绍绘制外板展开图的基本步骤：

（1）确定比例、图幅，绘制基准线。依据型线图，绘制反映实形的艏艉轮廓线，如图8-15所示。

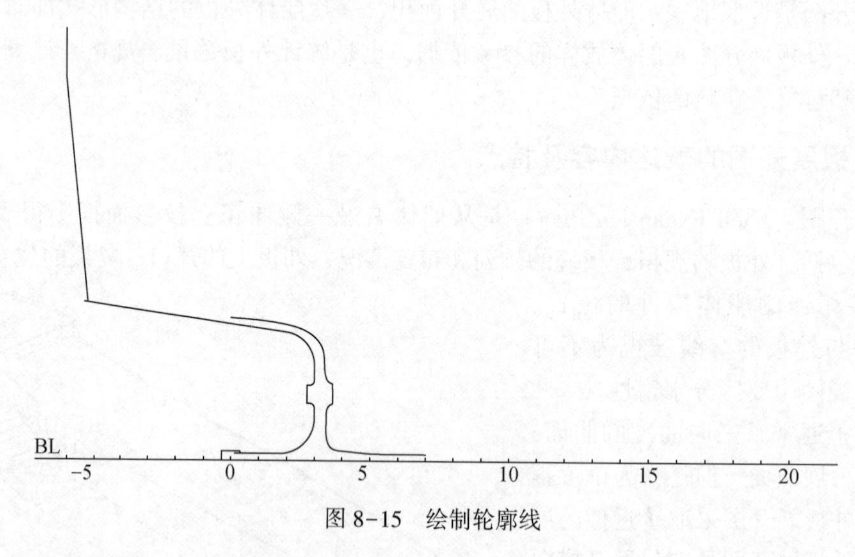


图8-15 绘制轮廓线

（2）绘制展开肋骨型线。每隔2~4个肋位展开一根肋骨型线。曲率变化大的部位，根据需要增加肋骨型线。展开方法：首先在肋位上绘直线垂直于基线BL；其次利用CAD查询功能（手工绘图利用纸条），在肋骨型线图中量取肋骨长度；再次在外板展开图中对应肋位处按比例在直线上截取肋骨长度，将所需肋骨型线全部展开；最后利用曲线连接艏艉轮廓以及展开肋骨线的端点。曲线所包围区域即为船体一舷的近似展开面积，如图8-16所示。

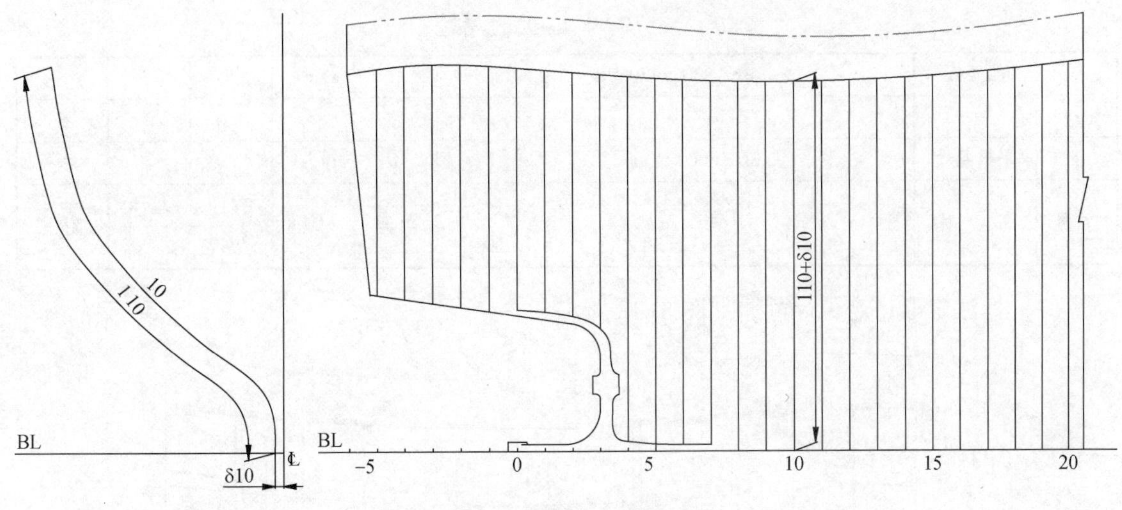


图 8-16　绘制展开轮廓线

（3）绘制纵向构件交线。构件交线包括外板与内底板、甲板板、平台板、舷侧纵桁、旁底桁、旁龙骨等的交线。在肋骨型线图中量取某一构件的边线与肋骨型线的交点；再次利用展开原理（步骤（2）的方法），将交点距船中的肋骨型线长度，截取在外板展开图对应的肋骨型线上。按表 8-2 规定的线型连接各肋骨型线上同一构件相应的交点，即为所求，如图 8-17 所示。

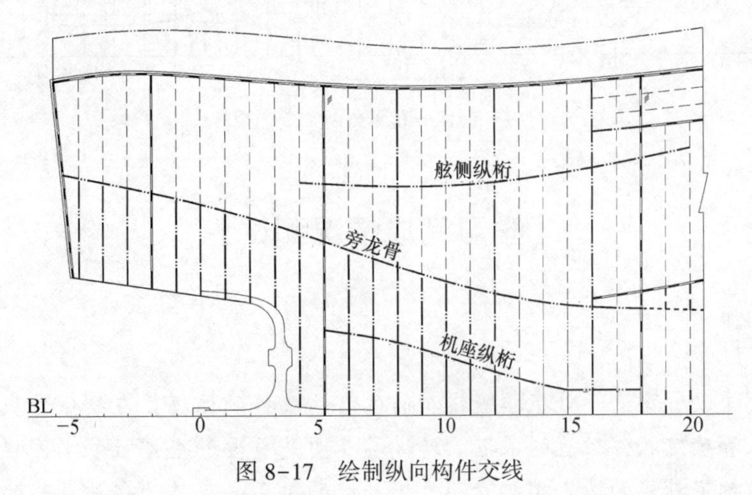


图 8-17　绘制纵向构件交线

（4）根据表 8-2 规定的线型绘制横舱壁、强肋骨、肋骨、肋板等横向构件与外板交线的展开图。

（5）按照分段划分图，利用板材的规格尺寸布板并绘制板缝线。板缝布置应遵循 8.2.1 节的基本要求进行。

（6）对外板进行编号、尺寸标准并填写明细栏。外艏板板件编号基本顺序：由基线向舷顶（即由下至上）按 K、A、B、……、S 编排；由船艉至船艏每列板按 1、2、3、……编号。在每块板上标记以相应的编号及板厚，编号标写在直径为 8mm 的圆内，规格线应对准圆心引出，板厚标注在规格线上。如Ⓑ$_2^{10}$表示 B 列板中的第二块，厚度为 10mm。

在明细栏中，按板的类型、名称、标号、规格、数量依次注出，如表 8-3 所列。

表 8-3　标注板的属性

| 序号 | 名称 | 规格 | 数量 | 材料 | 单件 | 总计 | 附注 |
|---|---|---|---|---|---|---|---|
| | | | | | 重量（kg） | | |
| 9 | 船底板 | B2　8000×1500×8 | 2 | CCSA | | | |
| … | … | … | … | … | | | |
| 1 | 平板龙骨 | K0　8000×1500×10 | 1 | CCSA | | | |

（7）标注定形、定位尺寸，如图 8-18 所示。

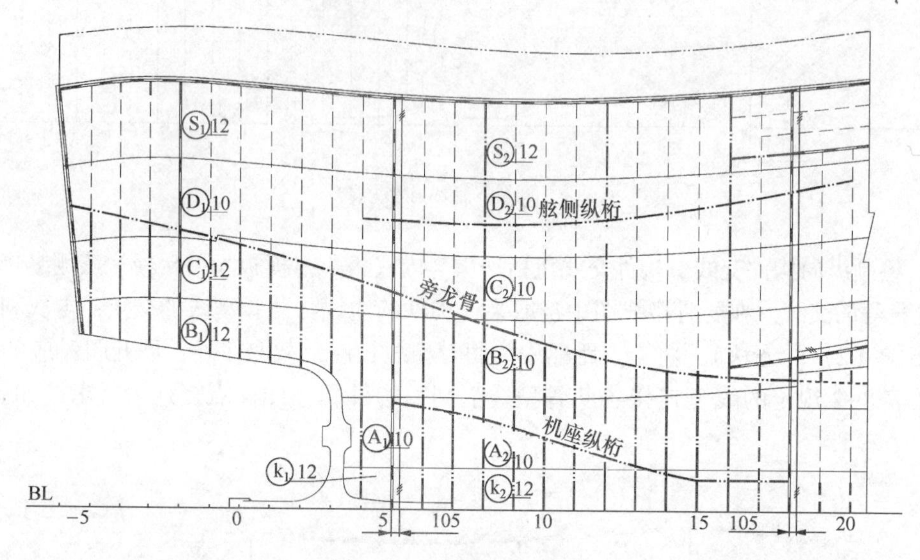


图 8-18　布置外板、标注

# 【学习完成情况测试】

## 【任务导入】

肋骨型线图是肋骨型线、外板接缝线和船体结构放样的依据；在绘制外板展开图时是求取肋骨型线实长和确定构件位置的依据。外板展开图是重要的全船性基本图样之一。它与肋骨型线图配合，确定外板的边、端接缝和外板并板的位置，可作为船体放样的依据，也是统计外板数量、规格、计算船体外板的重量重心和订货、备料的依据。肋骨型线图和外板展开图共同表示了船体外板结构和主要构件的位置。

## 【任务实施】

### 一、简述题（共 62 分）

1. 外板展开图有什么特点？（6 分）
2. 肋骨型线图与外板展开图有什么关系？（8 分）
3. 外板布板的要求有哪些？（10 分）
4. 什么是端接缝？什么是边接缝？（6 分）

5. 什么是平板龙骨？什么是舷顶列板？（6分）

6. 外板的编号方法是什么？（6分）

7. 肋骨型线图表达了哪些内容？图中的线条有哪些类型，各有什么含义？（10分）

8. 外板展开图表达了哪些内容？图中的线条有哪些类型，各有什么含义？（10分）

**二、填空题（每空1分，共20分）**

1. 绘制肋骨型线图所需的输入图纸有________、________、________和外板展开图。

2. 肋骨型线图中，外板与舭龙骨的交线用________线表达，外板与甲板、平台甲板、内底板和船底桁的交线用________线表达。

3. 构成外板和甲板板的钢板的横向接缝线称为________，纵向接缝线称为________。

4. 肋骨型线图中，________反映实形。

5. 肋骨型线图的尺寸标注基准是________和________。

6. 在外板展开图中，用细实线表达的内容有开孔轮廓线、________、________以及________。

7. 船体外板的几列重要列板分别是________板、________板和________板。

8. 肋骨型线图和外板展开图中，用细双点划线表示的内容为________和________。

9. 在外板展开图中，水密平台结构线用________线表示；在肋骨型线图中，水密平台结构线用________线表示；

**三、识读附图五肋骨型线图和附图六外板展开图，填空回答下列问题（每空1分，共18分）。**

1. 在肋骨型线图中，主甲板边线用________线表示；舷侧纵桁用________线表示；平台边线用________线表示；旁龙骨用________线表示；内底板边线用________线表示。

2. 旁龙骨距离中线________mm；旁底桁距离中线________mm；船尾部分舷侧纵横距离基线________mm；船首部分舷侧纵桁距离基线________mm。

3. 在外板展开图中，平板龙K与A列板的接缝线用________表示。舷顶列板用________字母________表示。

4. 外板展开图中，基座纵桁用________线表示；旁龙骨用________线表示；舷侧纵桁用________线表示；肋骨用________线表示；强肋骨用________线表示；水密舱壁用________表示；肋板用________线表示。

**【测评结果】**

| 测试内容 | 分　值 | 实际得分 |
|---|---|---|
| 基本概念的掌握<br>（一、简述题；二、填空题） | 82 | |
| 识读训练<br>（三、识读习图） | 18 | |
| 总分 | 100 | |

# 第9章　船体分段划分与分段结构图

【学习任务描述】

目前船舶建造大多采用分段建造法。一艘中、大型船舶的船体，往往被分成几十个分段到近百个分段。这些分段先在车间或其他场地的胎架或平台上分别建造，然后将建造好的分段在船台上进行总装。由于船体构件繁多，仅靠中横剖面图和基本结构图等基本图样无法清楚完整地表达每个分段的结构。因此，当船舶设计进行到一定阶段，整个船舶的结构图已经完成，船台装配方式已经确定之后，就需要着手船体的分段划分和分段结构图的绘制。

船体分段划分是否合理，关系能否有效地利用船厂的造船设备，提高生产效率，改善劳动条件，提高建造质量和降低成本。也就是说，船体分段的尺寸、质量、形状及划分位置，对船舶建造的周期、成本和质量，都有相当大的影响。分段划分是一项复杂而细致的工作，需要经过反复分析研究，才能得到合理的分段划分方案，从而绘制出分段划分图和分段结构图。

【学习任务】

学习任务1：初步了解船舶设计的分类及其与船体图样的关系。
学习任务2：了解《金属船体制图》的最基本内容。
学习任务3：熟悉船体图样的基本符号与名称。
学习任务4：学习船体制图的基本表达方法。
学习任务5：了解船体图样的图线及表达方法。
学习任务6：了解《金属船体构件理论线》的基本内容。

【学习目标】

**知识目标**

(1) 了解船体分段的目的和作用以及与建造和工艺之间的关系。
(2) 熟悉分段划分图的表达方法。
(3) 了解船体分段结构图的作用和表达方法。
(4) 了解分段划分图和分段结构图之间的联系。

**能力目标**

(1) 能够正确识读分段划分图。
(2) 能够正确识读分段结构图。
(3) 能够正确表达与标注分段结构图。

**素质目标**

(1) 培养学生严谨、踏实、认真的工作态度。

(2) 培养学生克服困难勇于进取的精神。

(3) 培养学生实事求是、团结协作的优秀品质。

(4) 培养学生发现问题、分析问题、解决问题的能力。

【学习方法】

(1) 了解船体加工的基本过程和船厂工艺流程。

(2) 对前面所学习的相关结构章节进行系统的复习和初步的综合运用。

(3) 通过绘图练习对本章内容加深理解。

## 9.1 分段划分图的组成、表达内容和特点

分段划分图（Block Division Plan）表达全船分段的数量、各分段的接缝位置和分段理论重量，以及船台装配余量的数量和加放位置。某些分段划分图还表示了各分段在船台上的吊装顺序。船体分段划分图是船台装配时分段吊装、定位以及起重、运输配置设备的依据，也是其他结构图样绘制分段接缝线位置的依据。

### 9.1.1 分段划分图的视图

分段划分图的视图主要是表达分段的划分情况以及分段接缝位置。在船体分段划分图中，只表示分段的接缝，不表示一般的板缝。分段缝线用细实线表示，分段划分图的视图包括侧面图、甲板平面图、舱底图以及纵剖面图和横剖面图，如图 9-1 所示。

1. 侧面图

侧面图是从船体右舷向正立投影面投影所得的视图，是分段划分图的主视图。它表达了船体分段沿船长和船深方向的缝线位置。从该图可以了解全船分段划分的概貌。

2. 甲板平面图

甲板平面图是用剖切面沿甲板上表面剖切船体所得的剖面图。它表示了船体甲板分段沿船长和船宽方向的缝线位置。甲板平面图主要用来表示甲板分段或与甲板相关的分段位置。

3. 舱底图

舱底图是用剖切面沿底部构件的表面剖切船体而得的剖视图。它主要表达了船体底部分段沿船长和船宽方向的缝线位置。

除上述基本视图外，如果船体分段的板和内部骨架的分段接缝不在同一平面内时，则分段划分图进一步划分为纵剖面图、横剖面图等。

4. 纵剖面图

纵剖面图是用纵向平面剖切船体而得的剖视图。它表达剖切平面处，分段的板和内部纵向骨架沿船长方向的分段接缝位置。

5. 横剖面图

横剖面图是用横向平面剖切船体而得的视图，它表达了剖切平面处，分段的板和横向骨架沿船宽方向的分段接缝位置，如图 9-2 所示。

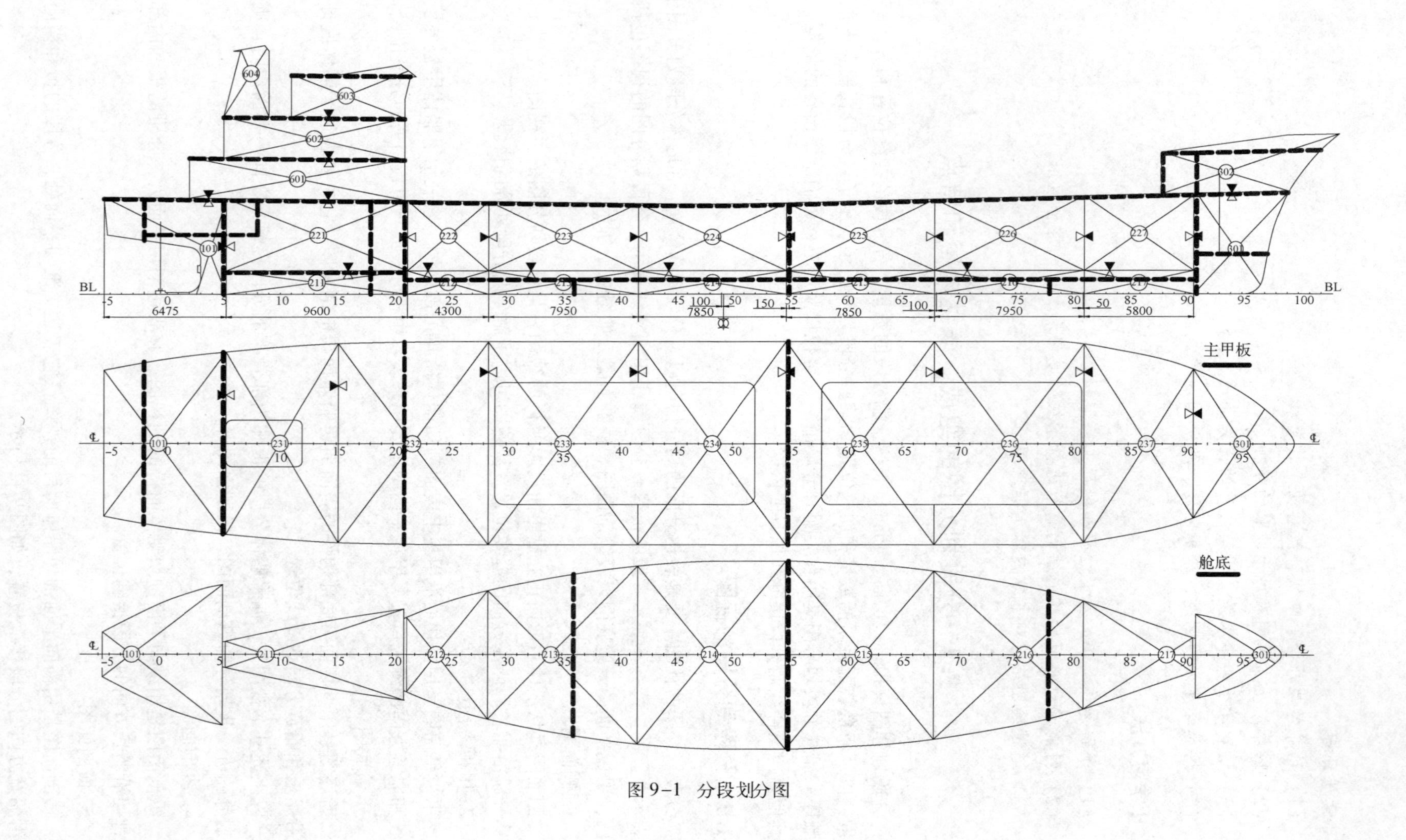


图9-1 分段划分图

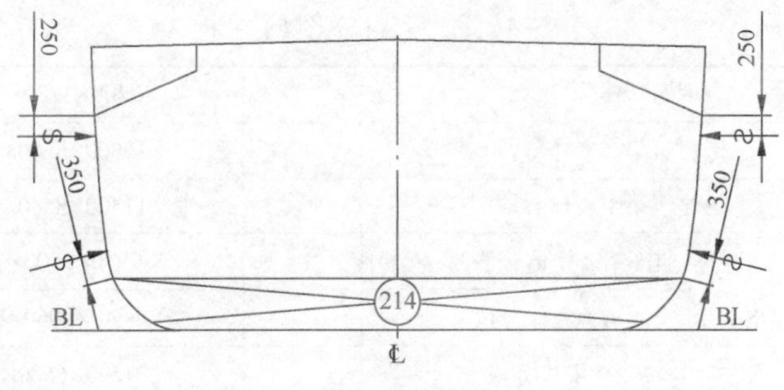


图 9-2　横剖面图

## 9.1.2　船体分段的编号

为便于图样的识读和船体的建造工作，分段划分图要对各分段进行编号。每个分段的编号称为分段号（Section Number）。分段号体现分段所在的位置及其依次上船台的顺序，按《金属船体制图》（GB/T 4476.4—2008）的相关规定进行编号。

1. 船舶主体分段编号

主船体分段采用三位数字编号。其中百位数字表示分段的区域，用“1”代表艉段；“2”代表中段，“3”代表艏段；上层建筑分段百位用“6”表示。同一分段左右两舷采用同一区域号，仅在数字之后以 P（表示左）、S（表示右）加以区别。十位数表示分段部位：“1”表示底部；“2”表示舷侧；“3”表示甲板；“4”表示舱壁；“0”表示立体分段。个位数表示纵向由艉至艏横向由下至上的分段顺序位置。

例如：

101——艉部第一立体分段；

211——中段第 1 船底分段（Bottom Section）；

222——中段第 2 舷侧分段（Side Section）；

233——中段第 3 甲板分段（Deck Section）；

302——艏部第 2 立体分段（Volume Surface Section）；

602——上层建筑第 2 立体分段。

每一分段在直径为 8mm 的圆中（细实线）写入分段号，并采用细实线绘出分段范围的对角线。

2. 分段明细栏

分段划分图在标题栏上方编有明细栏（Specification List），明细栏中列出了全船各分段的分段号、名称、质量及外形尺寸等，其格式见表 9-1，其中：序号为全船分段的次序号，通常的次序是由艉向艏，自下向上编排，可以从序号中知道全船分段的位置；分段号为各分段的代号；名称为各分段的名称及沿船长方向的位置；质量为该分段的理论质量，单位为 t（吨）；外形尺寸为分段长×宽×高的外形轮廓尺寸，长、宽、高的单位均为 m（米）；附注用于填写必要的说明。

3. 主尺度

分段划分图的主尺度主要有总长、垂线间长、型宽、型深、吃水和肋距。

表 9-1　分段划分图明细栏

| 序号 | 分段号 | 部位与名称 | 质量/t | 外形尺寸/m×m×m<br>（长×宽×高） | 附　注 |
|---|---|---|---|---|---|
| 15 | 604 | 烟囱立体分段 | | 2400×1200×3870 | $^{\#}5$~$^{\#}9$ |
| 14 | 602 | 上层建筑第 2 立体分段 | | 15600×6600×2300 | $^{\#}3$~$^{\#}21$ |
| 13 | 601 | 上层建筑第 1 立体分段 | | 11400×8540×2300 | |
| 12 | 302 | $^{\#}90^{-150}$~艏部第 2 立体分段 | | 9940×9500×3320 | |
| 11 | 301 | $^{\#}90^{-150}$~艏部第 1 立体分段 | | 5640×9060×5670 | |
| 10 | 233 | $^{\#}55^{-150}$~$^{\#}90^{-150}$甲板分段 | | 21600×6600×1300 | |
| 9 | 232 | $^{\#}22^{-15}$~$^{\#}55^{-150}$甲板分段 | | 20100×6600×1300 | |
| 8 | 231 | $^{\#}5^{+132}$~$^{\#}22^{-150}$甲板分段 | | 9600×10000×1300 | |
| 7 | 223 | $^{\#}55^{-150}$~$^{\#}90^{-150}$舷侧分段 | | 21600×1900×1300 | |
| 6 | 222 | $^{\#}22^{-150}$~$^{\#}55^{-100}$舷侧分段 | | 20100×500×1300 | |
| 5 | 221 | $^{\#}5^{+132}$~$^{\#}22^{-150}$舷侧分段 | | 9600×500×3840 | |
| 4 | 213 | $^{\#}55^{-150}$~$^{\#}90^{-150}$船底分段 | | 7950×11000×1300 | |
| 3 | 212 | $^{\#}22^{-150}$~$^{\#}55^{-150}$船底分段 | | 20100×11000×1300 | |
| 2 | 211 | $^{\#}5^{+132}$~$^{\#}22^{-150}$船底分段 | | 9600×11000×1300 | |
| 1 | 101 | 艉~$^{\#}5^{+132}$艉部立体分段 | | 6475×9860×5400 | |

4. 分段接缝位置的定位标注

分段接缝位置的定位尺寸标注，通常船长方向为靠近分段接缝最近的肋位，船宽方向为船体中线，船深方向为甲板、平台、内底等相关构件。

5. 余量与补偿布置

在分段划分图中，同时还标注全船各个分段余量的性质和留放位置。侧面图反映长度和高度方向的余量；甲板图和船底图反映长度和宽度方向的余量；横剖面图反映宽度方向的余量。

余量（Allowance）和补偿（Compensation）都是构件的边缘（板缝及骨架端部）在放样及下料时放出的大于理论尺寸的部分。余量和补偿的区别是：余量在施工到一定阶段，经过定位划线后要进行切割；补偿一般不需切割，它是为弥补由构件偏离理论尺寸和焊接收缩产生的误差，以满足反变形而留放的余量。补偿在船体装配焊接后自行消失，余量和补偿在图中用符号“▼”表示。目前，余量符号，船体图样还没有统一的标准。各船舶设计及生产单位标准不同。本书采用的符号，仅是为了说明余量表示而选用的一种。

补偿的符号由一个三角形和数字组成。如图 9-3 所示。符号含义有三方面：

（1）余量（补偿）留放部位。三角形顶点指留放余量分段的接缝，如图 9-3（a）所示。

（2）余量（补偿）的数值。图 9-3（b）中，$x$ 为余量值，$y$ 为补偿值。$y$ 值为 0 或无值时，表示余量切割后不留补偿。

（3）余量加工工艺。

▼——船台大合拢余量，在船台合拢过程中，分段在第一次定位划线后切割。

▽——分段船台无余量合拢调整切割余量。分段焊结束后，根据实测数反馈，在分段上

预先划出基准线，重新修正划线，切割余量后再吊上船台。

▽——船台合拢补偿，表示分段在船台合拢后，相邻部分尚未合拢前划线切割。

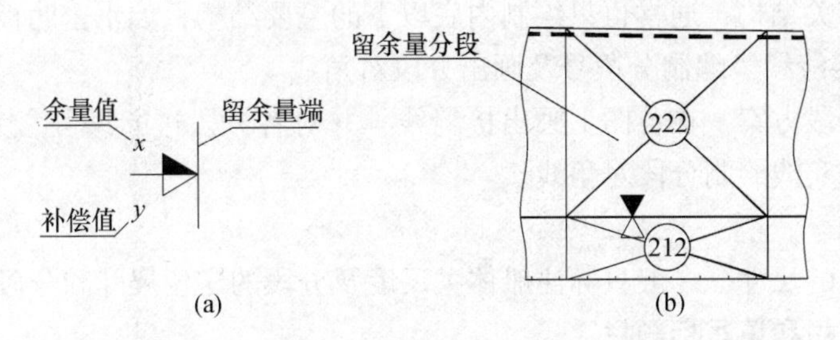


图 9-3　余量符号及标注

## 9.1.3　分段划分图的特点

1. 分段划分图视图的示意性

因为分段划分图主要表明分段接缝的位置，所以视图中，除与分段定位有关的结构（如甲板、平台、舱壁、内底、水密肋板等）外，其他结构均省略不画。这样图样简洁、清晰，画图方便，便于使用。

2. 图线的特殊性

除纵、横剖面图外，其余视图的外形轮廓用细实线表示；甲板板、平台板、舱壁板、内底板等与外板的不可见交线不论其水密性，均用粗虚线表示；分段接缝线用细实线表示。

## 9.1.4　分段划分图绘制方法和步骤

分段划分图的视图数量，取决于船舶类型、尺度及分段划分情况。在完整、清晰地表达分段情况的前提下，尽可能采用较少的视图，以减少烦琐的作图工作。

**一、选择图样比例和图纸幅面**

分段划分图常使用的比例为 1∶25、1∶50、1∶100、1∶200 等。根据所选比例、视图数量及主尺度确定图纸幅面。尽量控制图纸幅面，以便于绘图和使用。

**二、确定基准**

分段划分图的图面布置规则：侧面图布置在图面左上方；向下依次布置甲板平面图和舱底图；图纸中间部分布置纵剖面图和横剖面图，明细栏布置在标题栏上方，主尺度列于图纸的右上角；绘制各图形的基准线并定出肋位。

**三、绘制视图**

1. 绘制各图的外形轮廓

侧面图、甲板平面图以及舱底图的外形依据型线图绘制。横剖面图的外形轮廓可根据肋骨型线图中相应肋骨型线画出。

2. 绘制侧面图中有关结构

依据基本结构图绘制侧面图中的各层甲板、平台、内底、横舱壁和水密肋板等结构。

3. 绘制甲板平面图上的有关结构及开口

根据基本结构图画出该甲板以下的有关结构，如横舱壁、纵舱壁等，甲板以上的结构省略不画。甲板开口通常只画大开口，如机舱口、货舱口等。小的开口，如梯口、人孔等，均省略不画。

4. 绘制舱底图上的有关结构

舱底图上的有关结构，通常也只绘制内底以下的主要结构，如水密肋板、水密纵桁等。

5. 绘制分段接缝线，编制分段号及画出分段对角线

根据既定的分段方案，在各图上画出接缝线，并对各分段进行编号。为使分段的范围更清晰、醒目，用细实线绘制分段对角线。

**四、尺寸标注**

分段划分图中的尺寸，一般只标注船体主尺度及分段的定位尺寸和分段接缝线的位置。

**五、编制明细栏和填写标题栏**

明细栏设置在标题栏的上方时，应根据分段序号自下而上填写；若明细栏不设置在标题栏上方，则应根据分段序号自下而上填写。

## 9.2 船体分段结构图

### 9.2.1 分段结构图的作用

分段结构图（Block Structure Plan）是技术设计阶段的结构详图，是船体建造中放样（Lofting）、加工（Processing）、装配（Assembling）、焊接（Welding）等工序的施工依据，是编制装配工艺、施焊程序、胎架设计、工艺加强等施工工作的依据，是编制材料明细表、准备原材料及构件配套等工作的依据，也是计算船体重量和重心的依据。分段理论重量可供起重、运输分段时参考。本书以1000t沿海货船上甲板的一个分段为例，介绍分段结构图的绘图过程，如图9-4所示。

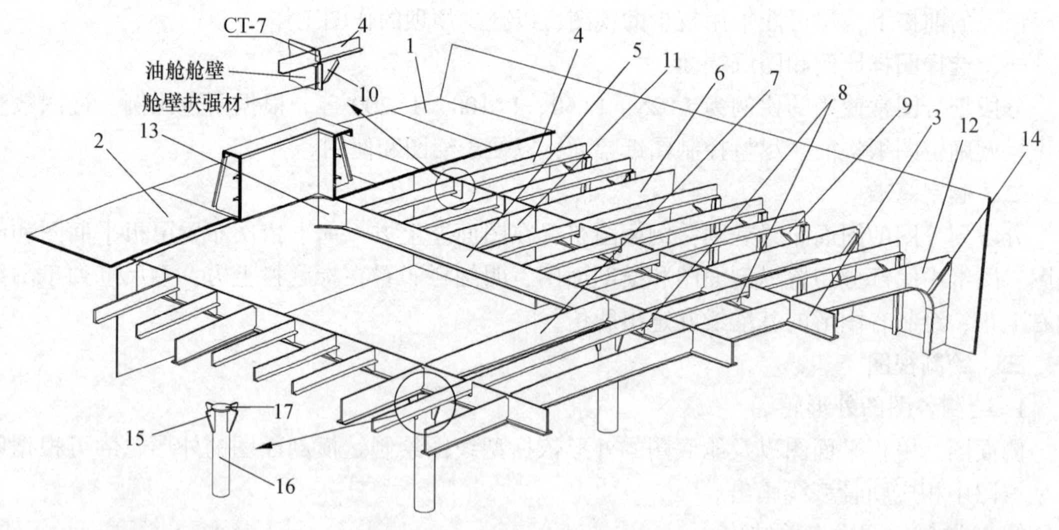


1—甲板边板；2—甲板板；3—甲板纵桁；4—甲板横梁；5—舱口纵桁；6—甲板强横梁；7—舱口端横梁；8—防倾肘板；9—梁肘板；10—肘板；11—强梁肘板；12-强梁肘板车；13—纵桁肘板；14—加强筋；15—支柱肘板；16—支柱；17—支柱垫板。

图9-4 甲板分段

## 9.2.2　分段结构图的组成和表达内容

分段结构图主要由视图和明细栏组成，根据施工需要，可以用文字对分段的技术要求、工艺措施和注意事项作简要说明。

### 一、分段结构图的视图

分段结构图的基本视图一般有主视图、（纵、横）剖面图和节点详图。在视图中应标注构件尺寸、件号和构件连接的焊缝代号。

1. 主视图

主视图是表示分段的总体结构的视图。主视图反映构件的布置、板缝的排列、构件的尺度及焊接要求。各平面分段如甲板、平台、底部的主视图，以基本结构图中各俯视图对应的图形为依据，采用较大比例绘制；各立体分段如艏、艉、双舷侧分段结构则以基本结构图中纵剖面的艏、艉部分为依据，采用较大比例绘制而成，也可以从舷侧有构架的一面进行投影所得的视图作为主视图。如图 9-5 所示。

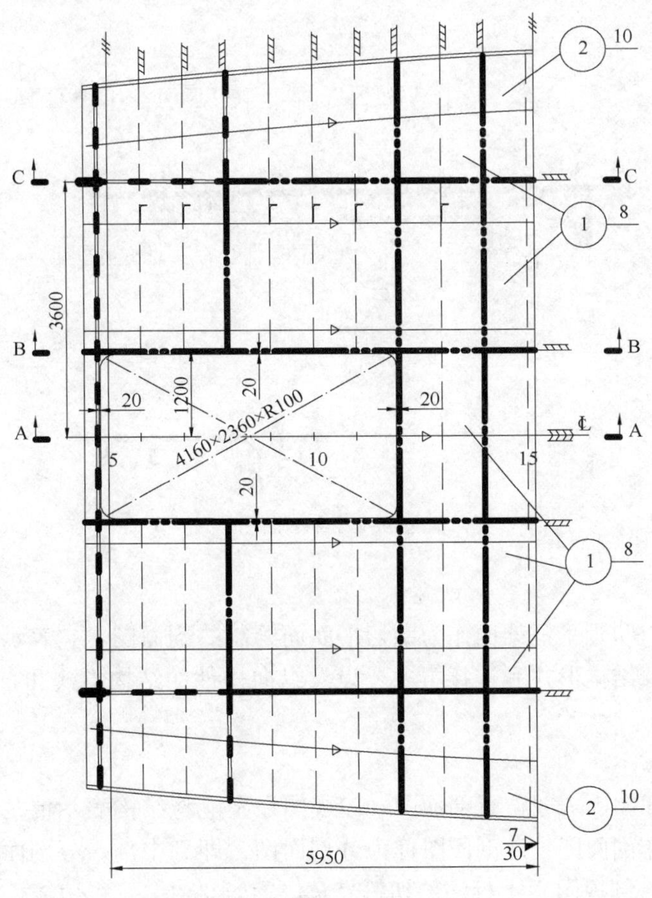


图 9-5　主视图

横舱壁结构则以它的肋位剖面图作为主视图；艏、艉柱结构是以它的侧面投影图为主视图。主视图采用简化画法绘制，图线的含义与基本结构图相同。

2. 剖面图

剖面图表达分段中构件的形状、结构形式、尺寸和相互连接方式。剖面图包括纵剖面图

（一般位置剖面图）、肋位剖面图和分剖面图等几种形式。

1）纵剖面图（一般位置剖面图）

纵剖面图是指沿纵向骨架平面剖切得到的剖面图，如图 9-6 中的 B-B、C-C 剖面等；一般位置剖面图是指不在骨架平面内的剖面图以及即使在骨架平面内，但仅表示某一局部结构的剖面图，如图 9-6 中的 A-A 等。在主视图中标注符号“A└ ┘A”，剖面图上方标明“A-A”与其对应。

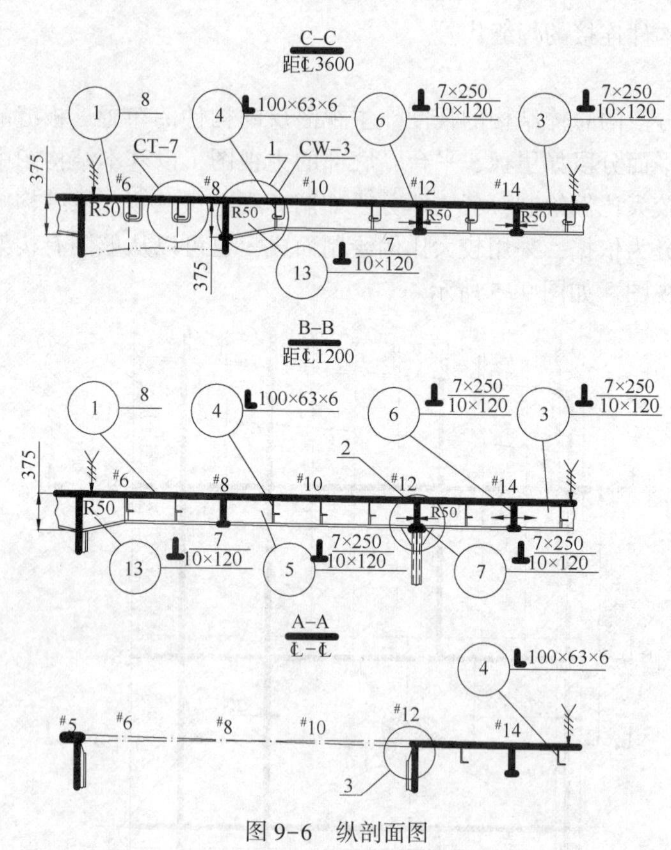

图 9-6　纵剖面图

2）肋位剖面图

肋位剖面图是以肋骨平框架面作为剖切平面而绘制的剖面图。它表示了位于肋骨平面内的横向构件的形状、结构形式和连接方式，以及纵向构件的结构形式和布置情况，如图 9-7 所示。

3）分剖面图

如果用肋位剖面图、一般位置剖面图、向视图还不能将结构表示清楚，则在剖面图或向视图、剖视图上再作剖面图，此剖面图称为分剖面图，即剖中剖。分剖面图标注方式为在原剖面图（或向视图、剖视图）上标注剖切符号及位置如“×└ 1”“×┘2”，在分剖面图上方对应标写“×—1”“×—2”等。

3. 节点详图

节点详图是表示节点处结构连接情况的局部放大图。因为主视图和剖面图通常采用小比例，往往不能完全将节点处的结构、尺寸及焊接要求表达清楚，所以在分段结构图中，对主视图和剖面图内图形较小、连接形式不同、表达又不够清晰的节点，另行绘制节点图，详细

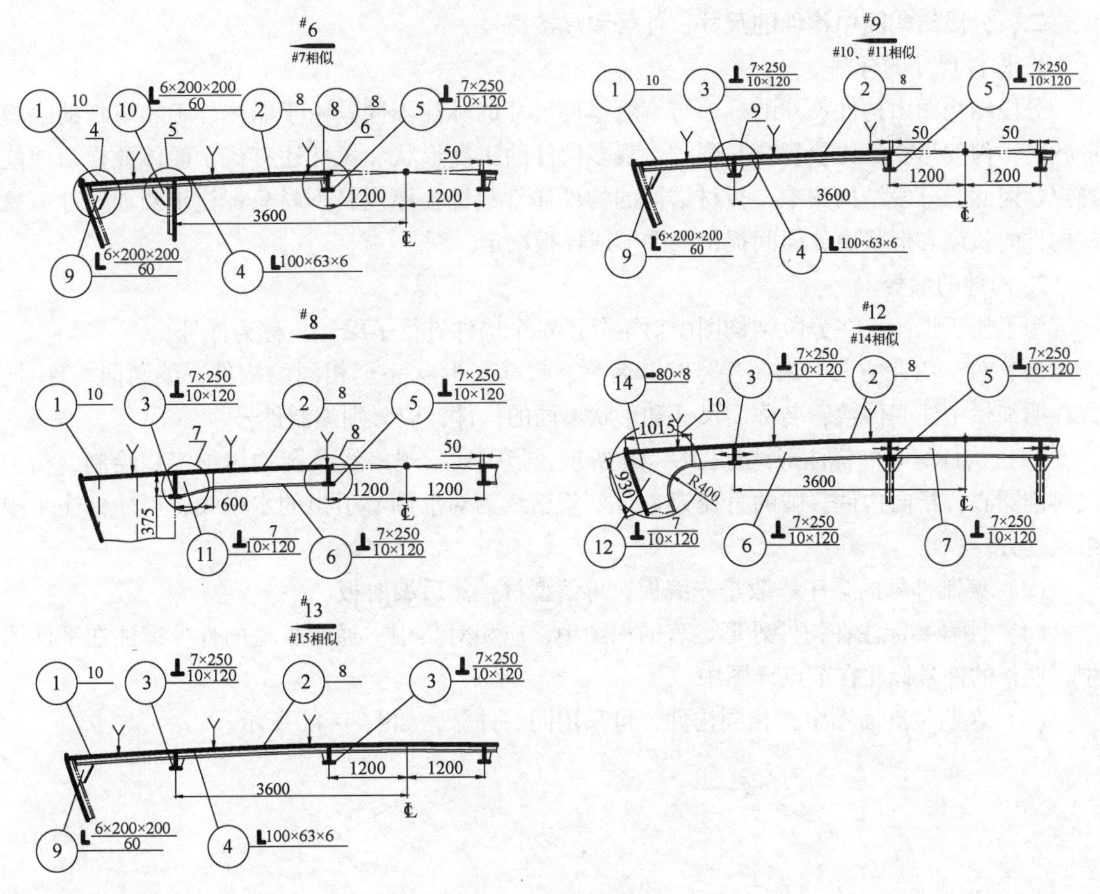


图 9-7　肋位剖面图

表达构件的结构形式和连接方式，并在图中完整地标注构件的尺寸和焊接符号。如果采用大比例绘制节点详图，板和型材厚度的投影大于 2mm 时，其剖面要绘制剖面符号。

节点详图的标注方法：在主视图或剖面图中，将要绘制详图的节点用细实线圆圈出，圆的直径视节点图形大小而定，并用 7 号字体的阿拉伯数字顺序编号，然后在节点详图上方用同样大小的字体标注相应的数字，下方注写节点详图的比例，如图 9-8 表示了该分段中的 1、4 号节点和 CT-7 贯穿节点的详图。

当节点详图较少时，可以不编号，而直接将其画在节点附近，并用箭头指出对应节点，如图 9-9 所示。

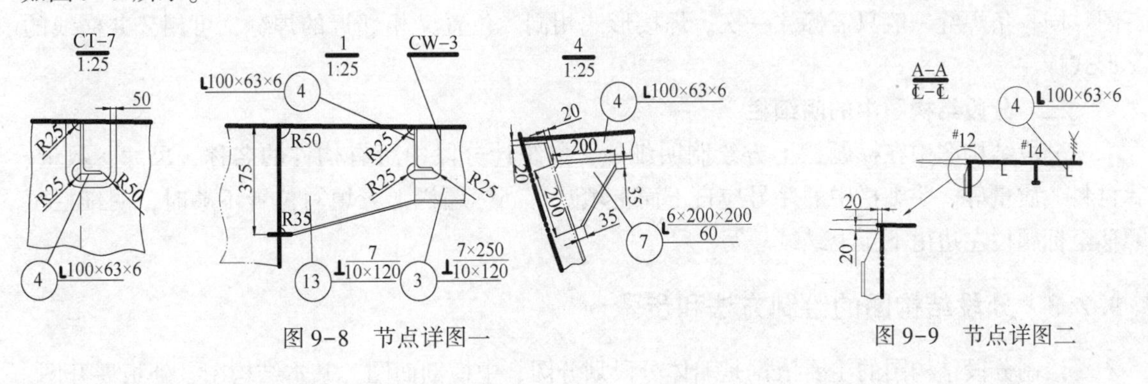


图 9-8　节点详图一

图 9-9　节点详图二

二、分段结构图中构件的尺寸、件号和焊接符号

1. 构件尺寸的标注

分段结构图中构件尺寸的标注与一般零件尺寸的标注不同。由于船体外板和甲板的表面形状与构件的形状都比较复杂，同时，很多构件的正确形状和尺寸还有待于船体放样后才能确定。因此，分段结构图中，板材结构的构件通常只标注厚度；型材只标注出断面尺寸。这些构件的长度和形状由放样间提供的图形或样板决定。

2. 构件的编号

为了便于识读，在分段结构图中对本分段每个构件进行了编号，称为件号。

（1）件号编制方法：编制件号时，名称、尺寸和形状完全相同的构件，编制同一件号，并在明细栏中注明件数；名称、尺寸和形状不同的构件，应分别编制件号。

（2）构件编号的标注形式如图 9-10 所示，指引线、规格线及圆均用细实线绘制。指引线对准圆心，指向构件，圆的直径为 8mm。规格线为对准圆心引出的水平线，尺寸标注于规格线上方。

（3）编制件号的顺序一般是先编板，再编型材，然后编肘板。

（4）件号要标注在构件外形显著的视图中，应相对集中。通常板材的件号标注在平面图中，肘板的件号标注在节点详图中。

（5）在肋位剖面图中，相同构件，可采用同一件号，如图 9-11 所示。

图 9-10　构件编号的标注形式　　　　图 9-11　采用公共指引线

目前，各船厂的生产设计图中，对构件的编号都有一定的要求，各个构件的编号都采用编码形式，编码不仅表示其尺寸、形状，而且还要表示出该构件的下料方法、加工方法、下料后的去向以及该构件所在船上的位置。各船厂所采用的构件编码也不相同。

3. 焊缝符号的标注

分段结构图中需要标注焊缝符号，以表示构件连接处的焊缝型式、坡口式样、焊接尺寸和焊接方法等。焊缝符号应标注在能清晰表示焊缝的视图中，并尽可能集中标注，以便于读图。同一条焊缝一般只需标注一次。焊接形式相同，位置又相邻近的焊缝，可用公共横线的形式标注。

三、分段结构图中的明细栏

分段结构图中在标题栏上方绘制明细栏，以统计分段中所有构件的名称、尺寸、数量、材料、质量等。明细栏中的序号应自下而上填写。当标题栏上方填写位置不够时，明细栏可移至标题栏左边由下至上继续填写。

### 9.2.3　分段结构图的绘制方法和步骤

绘制分段结构图的主要依据是船体分段划分图、中横剖面图、基本结构图、外板展开图、

肋骨型线图等。在仔细阅读和理解这些图样的基础上，了解分段构件的组成和主要构件的尺寸及连接情况。下面以1000t沿海货船上甲板分段结构图为例，说明绘制的方法和步骤。

**一、确定视图**

1. 确定主视图

一般选择能全面反映分段结构情况的视图作为主视图。本章例图是以甲板平面图作为主视图（图9-5）。

2. 确定剖面图

根据主视图所表达的结构情况确定剖面图，对形式不同的结构逐一绘制剖面图，对形式相同的结构，绘制一个剖面图来表示。并注明#*n*、#*m*……相似，如图9-12所示。

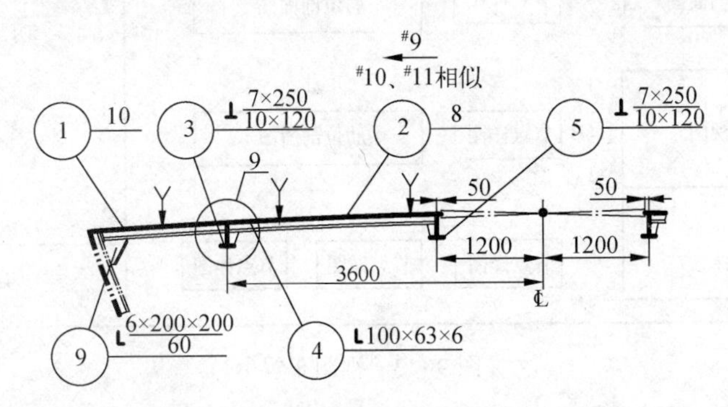


图9-12　相同或相似剖面的表达方法

（1）选取肋位剖面图。本例中，甲板共有结构形式和连接方式不同的肋位5处，其他肋位与这些肋位的结构形式或相同或相似。

（2）纵剖面图。该板架下方设有4道纵桁，且左右对称，即有两个纵剖图。

（3）选取其他位置剖面图。中纵剖面作为补充完善的剖面。

3. 确定节点详图

对于连接形式不同、图形较小、表达不够清晰的连接部件，需要绘制节点详图。

**二、选取图样比例和图纸幅面确定基准**

由于分段结构图直接用于施工，目前各企业都将每一分段绘成幅面为A3的图册。所以，图形比例由A3图幅面确定。按照分段的大小，选取适当的比例并绘制基准线：基线BL、船体中线℄等。

**三、布置视图的位置**

主视图一般布置在图纸的左下方，纵剖面图按投影关系依次布置在主视图的上方对应位置，各肋位剖面图依一定规律布置于图纸中间；明细栏布置在标题栏上，节点详图布置在其余空白的地方，如图9-13所示。

如采用图册形式，则主视图和相关的主要视图各占一A3幅面；纵剖面图占若干幅面，其中每一纵剖面图占一个幅面；节点图集中绘制节点图册。明细栏、施工说明及技术要求单独占幅面。

**四、绘制分段结构图**

绘制各种分段结构图的步骤，一般先绘制主视图，其次绘制剖面图，最后绘制节点详图。本分段图形绘制过程如下：

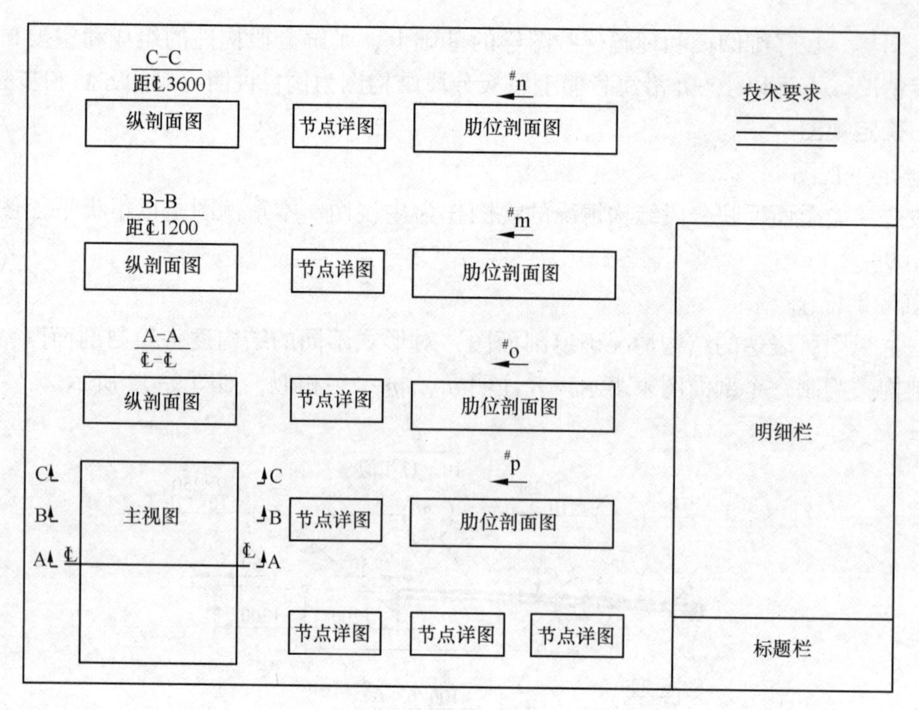


图 9-13 视图布置

（1）绘制主视图。

① 绘轮廓：一般作图方法是在型线图的半宽图中量取甲板边线的半宽型值，然后把这些型值量到主视图中相应的肋位号上，将截得的交点光顺连接便得甲板边线。

② 根据基本结构图中的上甲板平面图上#5～#15 甲板的图样，绘制并完成主视图。在电子绘图中，仅需要将基本结构图中对应的图形复制到主视图的位置，并删除与该分段无关的图线即可。

（2）绘纵剖面图、局部剖面图。

（3）绘肋位剖面图。

（4）绘节点详图。

在剖面图上，将要绘制详图的节点用细实线的圆圈出。在图面空余处，以适当比例绘制节点详图，并标注相应的节点号及比例。

最后，检查视图，补漏查错，按图线要求描深全图。

注意节点图应排列整齐，并尽量做到有序、规律，以方便读图。

**五、编制件号、标注尺寸和焊缝代号**

**六、编制明细栏、填写技术要求和标题栏**

## 【学习完成情况测试】

**【任务导入】**

船体分段划分图是表示全船分段划分情况的图样。分段划分图的视图表达比较简单，所识读内容与其他船体图样相比较少，主要了解船体分段位置、分段数量以及分段的重量和大小。识读分段划分图时，各个视图以及明细栏要相互参照。

分段结构图主要由一组视图和明细栏组成。在识图过程中，除了要各个视图相互对照识读外，还要随时查阅明细栏，了解构件的数量和所用的材料及重量，并且结合技术要求分析分段结构的特点，明确分段施工时的工艺措施和注意事项。绘制分段结构图应参考绘制船的型线图、分段划分图、中横剖面图、基本结构图、外板展开图和肋骨型线图。先绘制主视图，再绘制剖面图，最后绘制节点详图。

**【任务实施】**

**一、概念题（每个2分，共10分）**

分段划分、分段接缝线、分段编号、余量、件号

**二、简述题（每题4分，共20分）**

1. 分段划分图由哪几个视图组成？分段划分图的特点是什么？
2. 简述绘制分段划分图的步骤。
3. 分段划分图上的分段接缝线用什么图线表示？分段范围如何表示？
4. 指出下列分段号的含义：211（P）、233、241、102、301、603。
5. 简述绘制分段结构图的步骤。

**三、识读分段划分图训练（每空1分，共22分）**

识读本章图10-1和表10-1，回答以下问题。

1. 根据明细栏，结合各分段划分视图可知本船体的艏、艉段划分为立体分段，舯段划分为________底部分段、________舷侧分段、________甲板分段和________舱壁分段。上层建筑中，艉楼划分成________立体分段（包括烟囱分段），艏楼为________立体分段。共计________个分段。

2. 根据侧面图并对照相应的甲板图以及舱底图，侧面图中101分段，沿船长方向是自艉端至#________肋位（尾尖舱舱壁），船深方向是自船底至________。212分段是________分段，沿船长方向是自#________肋位向艏________mm至#________肋位向艏________mm，记为________，船深方向分段接缝线的位置在________以上。

3. 上甲板平面图中，231甲板分段，沿船长方向是自#________向艏________mm至#肋位向首________mm，记为________；货舱区甲板共分为________分段。

**四、识读分段结构图训练（每个1分，共14分）**

识读本章图9-5~图9-7，写出以下构件编号对应的构件名称。

| 构件编号 | 构件名称 | 构件编号 | 构件名称 |
|---|---|---|---|
| 1 | | 2 | |
| 3 | | 4 | |
| 5 | | 6 | |
| 7 | | 8 | |
| 9 | | 10 | |
| 11 | | 12 | |
| 13 | | 14 | |

## 五、分段结构图绘制练习（共34分）

根据附图四，以1∶50的比例绘制1000T沿海货船#42肋位～#55肋位的分段结构图。

## 【测评结果】

| 测试内容 | 分　值 | 实际得分 |
| --- | --- | --- |
| 基本概念的掌握<br>（一、概念题；二、简述题） | 30 | |
| 分段划分图识读<br>（三、识读分段划分图训练） | 22 | |
| 分段结构图识读<br>（四、识读分段结构图训练） | 14 | |
| 分段结构图绘制<br>（五、分段结构图绘制练习） | 34 | |
| 总分 | 100 | |

# 第10章 计算机船舶绘图基础

【学习任务描述】

高效率、高质量地绘制图纸可以提高造船质量和缩短造船周期。随着造船技术和计算机技术的不断完善，计算机绘图已成为船舶图纸绘制的主要手段。熟练应用计算机进行图纸绘制，成为船舶工程技术人员必须具备的基本素质。AutoCAD是由美国Autodesk公司开发的通用计算机辅助设计软件，在当今世界工程领域中有着广泛的使用。通过本章的学习，了解用AutoCAD软件绘制船图的一般过程，掌握构图和绘图的基本方法。

【学习任务】

学习任务1：熟悉AutoCAD的基本知识。

学习任务2：了解AutoCAD的环境设置。

学习任务3：熟悉AutoCAD操作的基本命令，图形显示控制，图形编辑命令，图块的定义、存储与插入方法，文本与尺寸标注及文本与尺寸编辑。

学习任务4：掌握船舶计算机二维绘图的基本方法和技巧。

【学习目标】

**知识目标**

(1) 熟悉AutoCAD绘制船体图样的环境设置。

(2) 掌握AutoCAD绘制船体二维图样的操作和编辑命令。

**能力目标**

能够使用AutoCAD绘制符合船体图样相关标准的图纸。

**素质目标**

(1) 培养学生自我学习、不断更新知识结构的意识和能力。

(2) 培养学生严谨的工作态度。

(3) 培养学生实事求是、团结协作的优秀品质。

(4) 培养学生分析问题、解决问题的能力。

【学习方法】

AutoCAD具有绘图灵活的特点，通过不断练习，在实践中掌握作图的技巧，积累绘图经验，从而有效提高绘图效率。

(1) 加强实践，增加上机操作时间，熟能生巧。

(2) 完成一条船舶基本结构图的计算机绘制。

## 10.1 概　　述

AutoCAD 是 Autodesk 公司在 20 世纪 80 年代开发的图形软件。经过版本不断升级，功能日益完善，能与先进硬件设备结合构成性能良好的图形系统，广泛应用于绘制船舶、机械和建筑工程设计领域，替代了传统的手工绘图，提高了工程设计的速度和质量，使设计过程发生了根本的变革。对于船舶工程 AutoCAD 制图，船舶行业专门制定了《船舶工程 AutoCAD 制图规则》。本章以 AutoCAD（中文版）为平台，对船舶 AutoCAD 的基本概念和基本操作相应的介绍。

### 10.1.1　AutoCAD 的功能特点

自 Autodesk 公司于 1982 年推出 AutoCAD V1.1 以来，AutoCAD 已经进行了多次升级。AutoCAD 既可在微型机上运行，也可在工作站上运行，从简易的二维绘图已发展到目前集三维设计、真实感显示及通用数据库于一体。全世界的 AutoCAD 正式注册用户已占据了很大的市场份额。AutoCAD 已成为微机 CAD 系统的一种标准和工程设计人员之间交流思想的公共语言。许多专业应用图形软件，都选择 AutoCAD 作为图形支撑平台。它最大的优点是软件本身的开放性，使得用户不仅使用方便，而且可以在原有的基础上扩展自己所需要的功能，是一款比较成功的商品化软件。AutoCAD 对系统的要求不高，现行的机器配置和操作系统都支持 AutoCAD 系统，安装也十分方便。

AutoCAD 自 2009 版开始采用 Ribbon 功能区，从 2015 版开始彻底取消了经典模式。很多用户习惯了 AutoCAD 的经典工作界面，对 Ribbon 方式不太习惯。可以通过修改 AutoCAD 设置，将默认作图空间设置为经典界面。不同的版本，修改设置的操作不尽相同，这里不做详细讲述。本章显示的作图空间为经典界面。

### 10.1.2　AutoCAD 绘图环境

双击桌面 AutoCAD 快捷图标直接进入 AutoCAD 绘图环境（Drawing Environment），如图 10-1 所示。

1. 标题栏

标题栏（Title Bar）位于应用程序主窗口顶部，显示当前应用程序名称（AutoCAD-[Drawing1]）。标题栏的两侧为 Windows 的控制菜单按钮，即最小化、最大化、还原和关闭按钮。

2. 下拉菜单

下拉菜单（Pull-down Menu）位于标题栏的下侧，是仅次于工具栏的常用命令输入工具。它将全部命令和应用程序以弹出菜单的形式组织在一起，使用快捷方便。有些选项的后面有“…”符号，表明选中该项后会显示一个对话框，供用户作进一步的选择；有的选项右边出现一个三角形符号，表示该项包含一个子菜单。某些菜单选项会变灰，表明该选项在功能上和其他选项是相互排斥的。

3. 工具栏

工具栏（Tool Bar）是最方便灵活的一种输入工具，有些常用的工具放在屏幕的四周，成

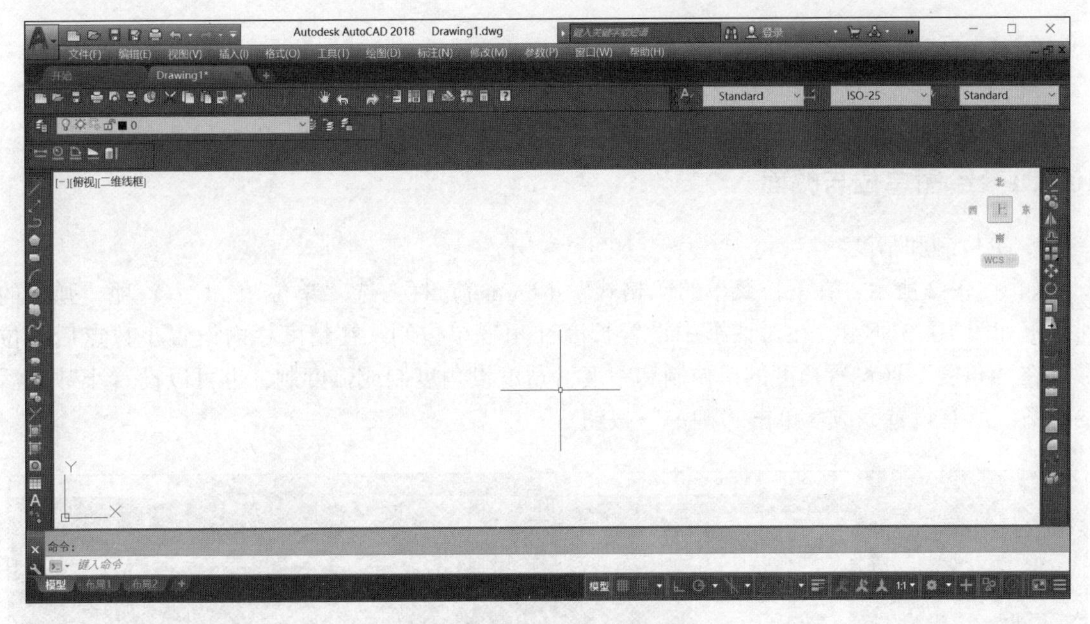


图 10-1　AutoCAD 绘图环境

为固定工具栏。工具栏能够随时显示和关闭，显示标题栏的工具栏称为浮动工具栏，浮动工具栏可以拖动到屏幕的任何部位。为了不过多地占用屏幕绘图区域，最好关掉不常用的工具栏。

工具栏的部分按钮右下角有一个小三角标记，单击这种按钮并按住鼠标左键不放，便会弹出另一个工具栏，这种工具栏称为弹出式工具栏。工具栏主要有三种：

1）常用的工具栏

常用的工具栏位于下拉菜单的下侧，有些则放在屏幕的左侧，集中了各种常用的命令。

2）属性工具栏

属性工具栏是 AutoCAD 的特殊工具栏，用来界定图形属性，如线型、线条粗细、线条色彩等。

3）图标工具栏

图标工具栏是进行图形设计和绘制的工具栏，包括有绘图、编辑、尺寸标注、文字处理等工程图样制作常用的各种工具。

4. 状态栏

状态栏（Progress Bar）用于显示 AutoCAD 当前的工作状态，如当前光标所在处的坐标、命令和功能按钮的说明等。同时状态栏还包含位于窗口底部的功能按钮，用于命令显示和控制工作状态。单击任一按钮，均可切换当前的工作状态。当按钮按下时表示相应的设置处于打开状态。

5. 绘图窗口

绘图（Drawing Window）位于屏幕的中央，是作图的区域。

6. 命令行窗口

命令行窗口（Command-line Window）“命令(Command)：”提示符，用作命令的反馈和响应。

# 10.2 用户绘图环境设置

## 10.2.1 绘图单位与幅面

1. 单位制和精度

如图 10-2 所示，在下拉菜单的“格式”（Format）栏，选“单位”（U…）项，弹出的对话框如图 10-3 所示。在对话框中设置长度和角度单位制。在精度栏内设置小数点后的位数。在“角度”区设置角度的单位制和精度，角度设角度制或弧度制，也可以设置小数点后的位数。所有设置完成后单击“确定”按钮。

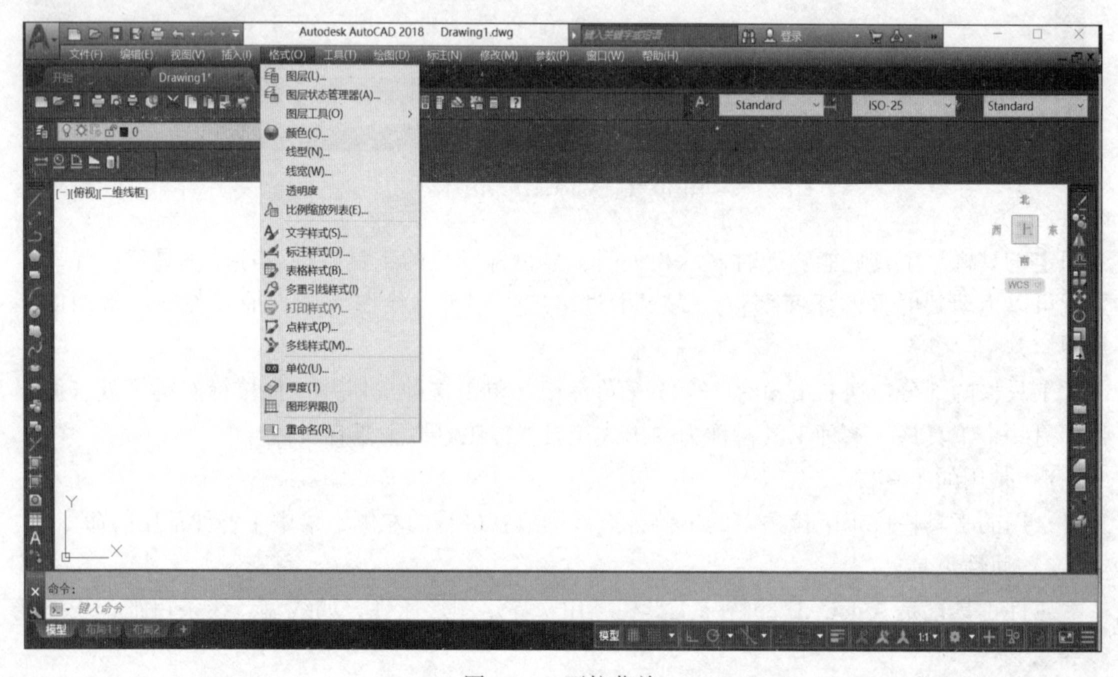


图 10-2 下拉菜单

2. 图形区域限定

手工绘制一张船舶图样的时候，首先要根据船舶或部件的大小和复杂程度，并按照国家标准，确定图纸幅面的大小。AutoCAD 也提供了设置图纸幅面的功能，用“图形界限（Limits）”命令，可以设置图纸幅面的大小并保证所作的图形在幅面内。

图形边界有打开和关闭两种状态。在打开状态，图形几何项不能超出边界，超过部分 AutoCAD 系统不画出。在关闭状态，即关闭限制功能后，超出边界的几何项，其超出部分也被画出。设置开闭状态，只要打开下拉菜单“格式→图形界限”即可。

用“图形界限”命令并不改变用户输入图形坐标值的范围。

```
重新设置模型空间界限:
指定左下角点或 [开(ON)/关(OFF)] <0,0>: ON (选打开状态)↓
```

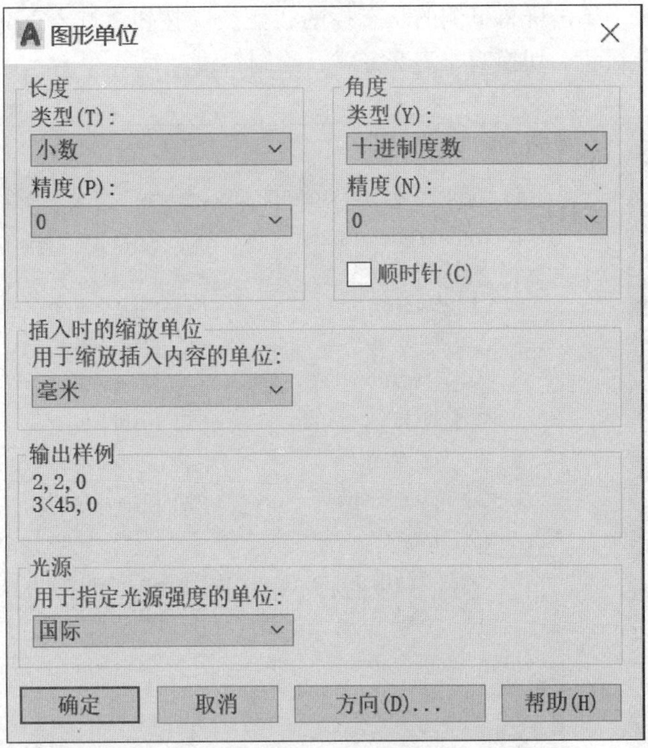

图 10-3　单位与精度

### 10.2.2　绘图辅助工具

1. 栅格捕捉

AutoCAD 提供了在屏幕上生成由点阵组成的栅格，便于观察所作图形是否在有效幅面内；也可利用栅格保持投影关系；同时可以用捕捉格点的方式精确作图和定位。单击状态栏图标，启动栅格与捕捉设置。单击图标，可以对栅格样式进行设置。

2. 特殊点的捕捉

在图形的基本几何元素上存在一些点，如线段的端点、中点或圆的圆心等，这类点称为特殊点，在绘图的过程中有时要准确选择这些点，称为特殊点的捕捉。用 AutoCAD 的目标捕捉功能可以方便、准确地找到这类点。捕捉几何项上的特殊点可以采用两种形式完成。

1）一次性捕捉

屏幕显示的工具条如图 10-4 所示。右击任一图标，拉出捕捉工具条。点取目标捕捉工具条上的按钮，准确捕捉到该点，再操作一次则自动退出目标捕捉状态，这种方式比较灵活。

2）多次捕捉

这种方式同时选择一种或多种目标捕捉类型。单击屏幕下侧的“对象捕捉设置”按钮，打开捕捉设置对话框，如图 10-5 所示。

3. 正交方式

在绘制船体图时，很大一部分图线是水平线或垂直线，为了精确地绘出水平线或垂直线，系统设置了正交方式。单击屏幕下侧的状态栏的“正交”按钮，进入正交方式，绘制水平或垂直线；再次单击该按钮，切换为非正交方式，绘制斜线。

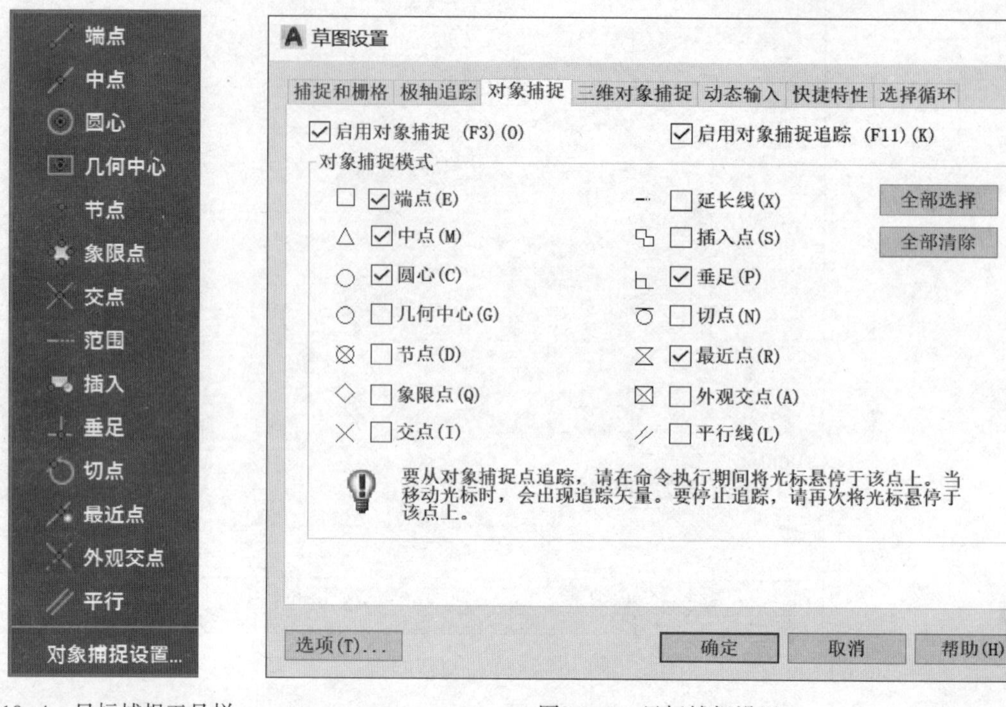


图 10-4 目标捕捉工具栏

图 10-5 目标捕捉设置

### 10.2.3 绘图的常用术语

1. 实体

实体指绘出的图形元素、文字或图形。通常所说的几何项、几何元素、几何图形和对象均为实体。

2. 属性

属性指实体所具有的某些共性特征。如线型、线宽、颜色等。与几何外观有关的属性称为几何属性，如线型和线宽；与几何外观无关的属性称为非几何属性，如颜色等。

### 10.2.4 层的概念及线型和色彩设置

1. 层的概念及作用

将具有某种属性的几何项作为一个整体存放在一起，并可对它执行一些统一的操作，使得图形的修改和显示十分方便。这个几何项集合称为一个图层。

图层是 AutoCAD 提供给用户组织图形的重要结构形式，层的设置可以使图形的组织结构层次分明，利用颜色和线型组织图形的最好方法是使用图层。例如，要画一张船体结构图，可以将轮廓线、不同的符号线（简化线）、基准线、尺寸标注和文字书写分别定义为不同的颜色和线型，放在不同的层，便于用户修改线型、颜色和线宽。层设置得合理、详细，既便于设计中的修改、编辑，又便于图样的输出、管理。

2. 图层的特点

图层可以想象为透明纸片，如图 10-6 所示。每张纸片用唯一的名字来标识，称为层名。各个图层具有相同设置的坐标系。因此，不同的层能够精确重叠在一起。在不同层上作的图，显示出来如同绘在同一层。各层均可以通过改变层的的属性，进行批量处理，以加快绘图速度，并减少误操作。

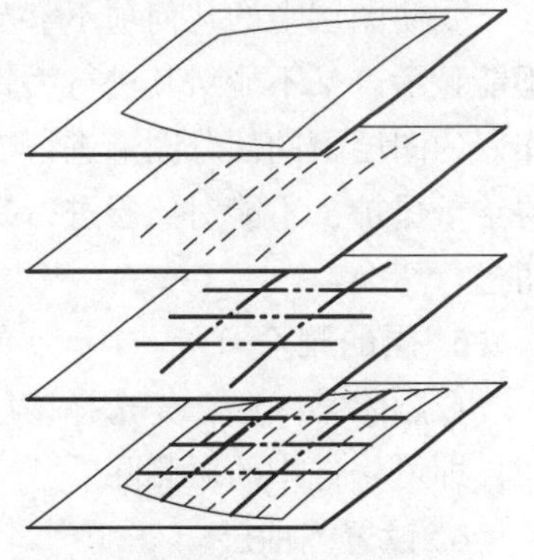

图 10-6　图层的概念

3. 层的创建

单击 AutoCAD 常用工具栏左侧的层按钮，启动层编辑对话框，打开图层设置对话框如图 10-7。对话框的编辑框内列出了各层的各个项目设置。

1）层名定义

在图层编辑框的“名称”栏内可以对图层名进行编辑，层名用于对层进行标识和管理，层的定名要见名知意，如层名定为“点划线”，用户一看便知道该层用于绘制点划线。

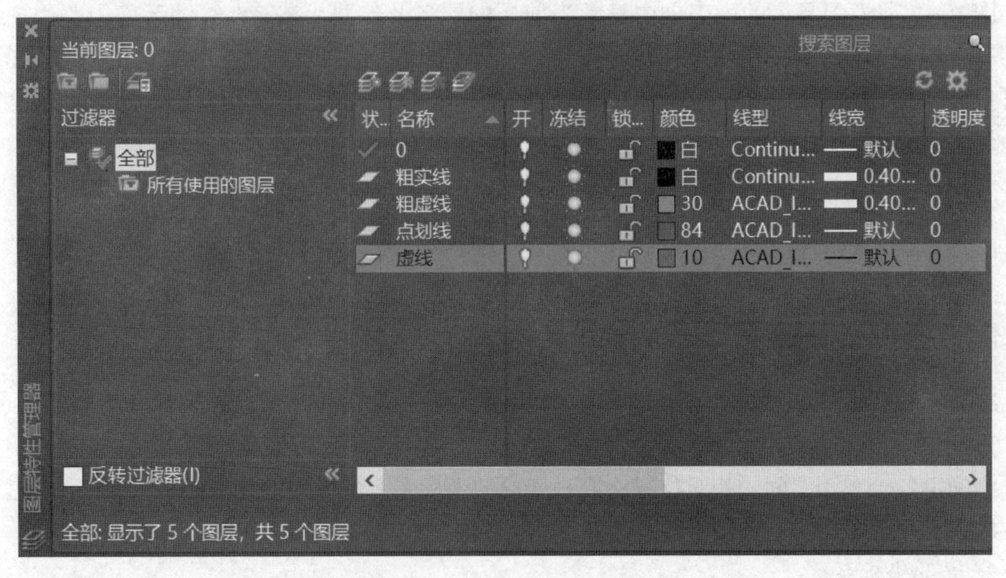


图 10-7　图层设置对话框

2）属性设置

图层上的图形元素，具有线型、线宽和颜色的区别，图形元素的这些特性称为属性。对于一个图层，可以设置统一的线型、线宽和颜色，这些特性称为图层的属性。单击一层的某一属性，可以进行修改和设置。

4. 层状态的控制

1）打开与关闭

层的默认状态是打开的，在图 10-7 中，要关闭某一层，单击某一层的小灯泡图标，即可关闭该层，屏幕上不显示该层的几何项。再单击则打开，两种状态相互切换。

如果当前层被关闭，则不能对对象进行编辑操作。

2）锁住与解锁

系统给出的初始状态是解锁状态，要锁住某一层，单击小锁图标，锁变为锁住状态，该层便被锁住。被锁住的层虽然显示几何项，不能对其进行任何操作。通常将作好的图形所在的图层锁住，避免误操作引起删除或修改。

3）冻结或解冻一个或一些图层

要使图层上的几何项不参与窗口裁剪或变换的运算，可将图层冻结。冻结后的图层，既不能显示，又不能对其进行编辑操作，也不能从打印机等设备输出。作复杂图形时，可将先作好的图层上的部分图形进行冻结处理，可方便观察后续作图并提高显示速度。系统对当前层给予保护，不能对该层进行操作。当需要解冻一个或一些图层时，只需要单击“冻结”按钮进行切换。

5. 层的删除

要删除某一层，先选择该层。在图 10-7 的对话框中，选择某一层，单击上方的“×”按钮，即可将选中的层删除。

6. 设置当前层

任一时刻只能对一个图层进行绘图操作，这个层称为当前层。当前层始终存在且只有一个，图 10-7 属性工具栏的列表框内显示当前层的层名及各种状态。在绘图环境中，用户要设置某一个层为当前层时，单击列表框内的箭头，弹出层状态列表框，选择要设为当前层的层，即可把该层设为当前层。只有在当前作图环境中已经存在并处于解冻状态的层才能被设置为当前层。

## 10.3 基本作图

### 10.3.1 坐标系

在 AutoCAD 环境中作图，图形的每一个几何元素都是用其特征点的坐标和参数描述的。

1. 全局坐标系

为确定各个视图之间的相对位置，取一全局的坐标系，也称为世界坐标系（WCS）。这种坐标系按右手法则定义，原点位于屏幕的左下角，$x$ 轴向右，$y$ 轴向上，$z$ 轴由屏幕向外为正。

2. 局部坐标系

绘制一些复杂的图形，可以在图上取一局部的坐标系描述图形，会使图形处理变得简便，这种用于描述局部图形的坐标系称为局部坐标系，也称为用户坐标系（UCS）。用户可以根据需要用“用户坐标”命令设置新的用户坐标原点，完成作图后再将用户坐标系设为世界坐标系。

### 10.3.2 数据的输入

AutoCAD 的命令有些在执行后要输入参数给予响应，这些都是数值型数据或字符型数据。很多命令要求输入点的坐标。坐标值可以是绝对坐标，也可以是相对坐标，可以是直角坐标，也可以是极坐标，用户根据作图需要选择坐标类型。

1. 直角坐标

1）绝对坐标

在提示输入点处，直接输入在当前坐标系下的 $x$ 和 $y$ 坐标值，坐标间用逗号分隔，如：

```
命令:_line 指定第一个点:0,0
指定下一个点或[闭合(C)/放弃(U)]:100,100
指定下一个点或[闭合(C)/放弃(U)]:
```

命令的执行结果是从(0,0)到(100,100)画一条直线段。

2）相对坐标

相对坐标是相对于前一个输入点的坐标，即以前一输入点作为局部坐标原点的绝对坐标。相对坐标是在坐标值前加一个@符号，如前例中第三行后输入“@5,5”，命令继续执行的结果是从(100,100)到(105,105)连续画一直线段。

2. 极坐标

1）绝对坐标

极坐标用极半径和极角表示一个点，形如“100<45”，100表示极半径值，极半径的极点在原点，45表示极半径与$x$轴方向间的夹角。

2）相对坐标

极坐标也可以采用相对坐标的形式，在极坐标的绝对表达式前加符号“@”，如“@100<100”表示输入的点的坐标是相对于前一个输入点的极坐标值。

### 10.3.3 命令的输入与执行

命令输入方式有命令行方式、屏幕菜单方式、下拉菜单方式和图标方式。下拉菜单和图标工具条中组织了最常用的命令。通常图标方式形象直观，最为方便。本书主要介绍这种方式。

1. 命令输入方式

1）工具栏输入

工具栏上的按钮形象直观，单击工具栏中的按钮，相应的命令即出现在命令输入窗口，单击相应的命令选项即可执行相应的操作，这是目前广泛采用的一种输入方式。

2）屏幕下拉菜单输入

单击屏幕下拉菜单中的命令项，选择主菜单中的对应选项，也可作命令输入。

3）命令行输入

在命令提示区可直接在“命令:”提示符下，直接从键盘输入命令，命令输入窗口即显示出输入的命令，按回车键立即执行命令，并出现相应的提示，再输入相应的选项即可完成命令的执行。

2. 命令的取消与重复执行

1）中断命令的执行

如果输入的命令或参数有错误，则在提示区显示出错信息，此时可用Esc键中断该命令，使系统回到“命令:”提示状态，再重新输入正确的命令。

2）取消执行过的命令

用“undo”（快捷键U）命令可以取消执行过的命令，每执行一次“undo”命令，取消一次操作，直至取消整个操作过程。

3）命令的重复执行

无论采用哪一种命令输入方式输入命令，当被执行后出现“命令:”提示符，若需重复执行上一条命令，此时只需按空格键或回车键（命令中用↓键表示），前一条命令就被重复执行。

### 10.3.4 基本绘图命令及选项

任何一个复杂的图形都是由一些简单的图形元素所构成的，如直线、圆弧或多边形等，这些基本的图形元素统称为几何项。下面介绍生成图形几何项的有关命令。绘图工具栏菜单如图 10-8 所示。

图 10-8 绘图工具栏

1. 直线命令

单击 (line) 图标，画直线段或折线，例如用它画一个 A3 幅面图纸的外框，如图 10-9 所示，命令输入形式及执行过程如下：

```
命令:_line 指定第一个点:0,0
指定下一个点或[闭合(C)/放弃(U)]: 420<0
指定下一个点或[闭合(C)/放弃(U)]: @ 0,2107
指定下一个点或[闭合(C)/放弃(U)]: @ 420<180
指定下一个点或[闭合(C)/放弃(U)]: c
```

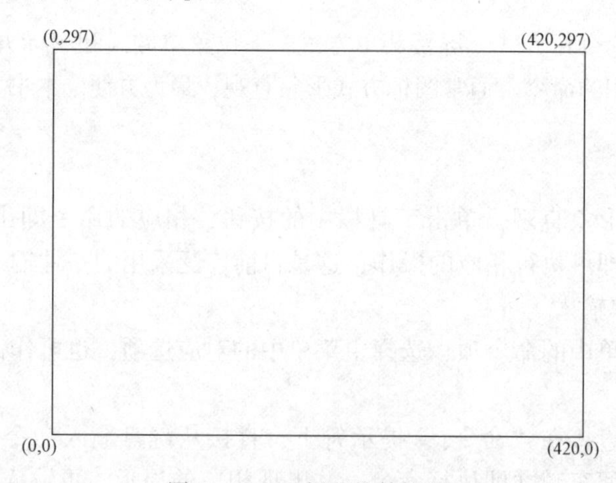


图 10-9 A3 幅面的外框图

c 为 close 的缩写，表示折线封闭，系统自动把起点作为最后一条线段的终点输入，并结束命令。如果不画封闭图形，则在输入最后一个点之后以回车响应，表示该命令的参数输入结束。在输入的四个点中，前两个点采用绝对坐标，第三个点采用相对直角坐标，第四个点采用相对极坐标。

用“直线”命令可以画出若干条首尾相连的直线段组成的折线，每条直线段都是单独的一个图形单元，在对它进行编辑操作时是以每条线段作为一个操作对象，而不是以整体作为一个操作对象。

2. 圆命令

单击 (circle) 图标，可以不同的方式绘出一个圆。最常用的形式是给出圆心，再给出半径或直径。为作图方便，利用“用户坐标”命令将圆中心线交点设为局部坐标原点。在提示中给出圆心坐标响应后，再提示输入半径或直径，直接给出的值为半径值；以D响应，后面给出的数值为直径，其格式如下：

```
命令：_circle 指定圆的圆心或[三点(3P)/两点(2P)/相切、半径(T)]:0,0
指定圆的半径或[直径(D)]:11
```

命令执行后画出以点(0,0)为圆心，以11为半径的一个圆，系统提示符“命令:”重新出现在命令输入窗口。点的输入也可以采用直接从屏幕输入的方式。命令提示中的选项3P为通过给定的三点作一个圆；2P为以给定的两点间的距离为直径作一个圆；TTR为作一个圆和已知的两线段或圆相切。

3. 圆弧命令

弧是圆的一部分，为满足不同的需要，AutoCAD提供了不同的画圆弧的方式，用户可以根据不同的情况选所需要的方式与对应的选项。单击 (arc) 图标后执行如下命令：

```
命令：_arc 指定圆弧的起点或[圆心(C)]: 12,0
指定圆弧的第二个点或[圆心(C)/端点(E)]:C
指定圆弧的圆心:0,0
指定圆弧的端点或[角度(A)/弦长(L)]:A
指定包含角:-270
```

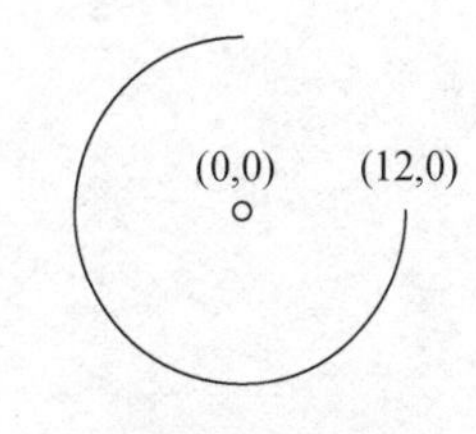

图 10-10　圆弧

画出的圆弧如图10-10所示。

4. 样条曲线命令

样条曲线 (spline) 命令尤其适用于绘制船体图中任意曲线，如型线、轮廓线和波浪线等。命令中提示要输入控制多边形的顶点和两端点处的切线，输完控制点后用空格键作分隔符，然后捕捉过两端点的切边，样条曲线将自动生成。

1）构造曲线起始端切边

在“Specify start tangent”提示后拾取一个屏幕点，该点与曲线的起始端点确定一条切线。

2）构造曲线终端切边

在“Specify end tangent”提示后拾取一个屏幕点，该点与曲线终点确定终端的切线。

两条切线分别控制曲线两端的形状，因此改变这些点的位置，就改变了切线的方向，引起曲线端部形状作相应的改变。

3）示例

图10-11表示了用“样条曲线”命令绘一条横剖线。$p_0 \sim p_6$分别为横剖线在BL及水线$W_1 \sim W_5$上的型值点，$p_7$、$p_8$为曲线首末两个切矢点，单击鼠标左键。

```
命令：_spline 指定第一个点或[对象(O)]:P0
指定下一个点:P1↓
指定下一个点[闭合(C)/拟合公差(F)]<起点切向>:P2↓
```

指定下一个点[闭合(C)/拟合公差(F)]<起点切向>:$P_3$↓
指定下一个点[闭合(C)/拟合公差(F)]<起点切向>:$P_4$↓
指定下一个点[闭合(C)/拟合公差(F)]<起点切向>:$P_5$↓
指定下一个点[闭合(C)/拟合公差(F)]<起点切向>:$P_6$↓
指定起点切向:$P_7$↓
指定端点切向:$P_8$↓

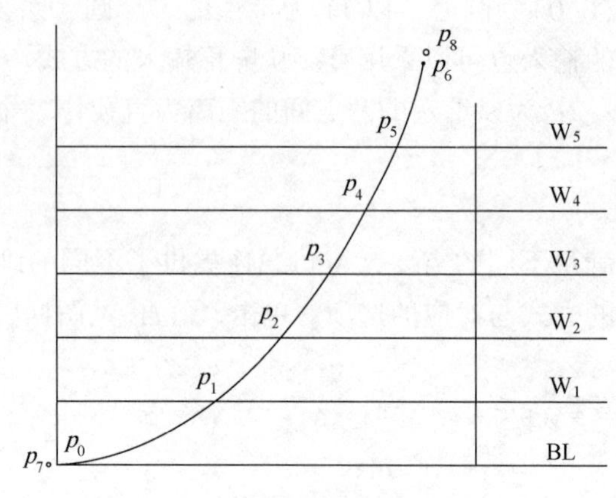


图 10-11　样条曲线绘横剖线

## 10.4　图形显示控制

在绘制一船图的过程中，有时需观察图形的全貌，如全船总体图样等。而对于复杂的图形，有时需要查看某个细节，如某个节点的情况。而屏幕窗口的大小总是不变的，为此，AutoCAD 系统提供了对屏幕显示图形缩放的功能，用以控制显示图形的大小。系统给出了一组实现对屏幕显示图形控制的命令，来改变显示比例、范围和在屏幕上的位置，以便取得好的显示效果。

### 10.4.1　图形缩放

图形缩放可采用“缩放（zoom）”命令和常用工具栏中的屏幕图形控制工具图标加以实现。而后者更常用。缩放操作常用工具见图 10-12。

常用工具的含义和作用：

（1）窗口缩放工具。即“缩放（zoom）”命令下的选项“窗口（Window）”。该命令显示指定的矩形区域内的部分图形，这个矩形区域称为窗口，窗口由给定的矩形两对角顶点定义。该图标下还可以下拉出其他缩放显示工具。

（2）全部缩放工具。即“缩放（zoom）”命令下的“所用（all）”。该命令执行结果是把绘图区域所确定的绘图有效区域显示在屏幕上，因此所有的图形元素都可见。

（3）实时缩放工具。AutoCAD 系统提供了实时缩放的功能，用户可以用任一比例动态地对图形进行放大或缩小，单击该图标后，屏幕上的图形随着位置的改变而变大或变小。要退出这种状态，按 Esc 键或回车键。

（4）恢复工具。该命令用于恢复前一次的显示。

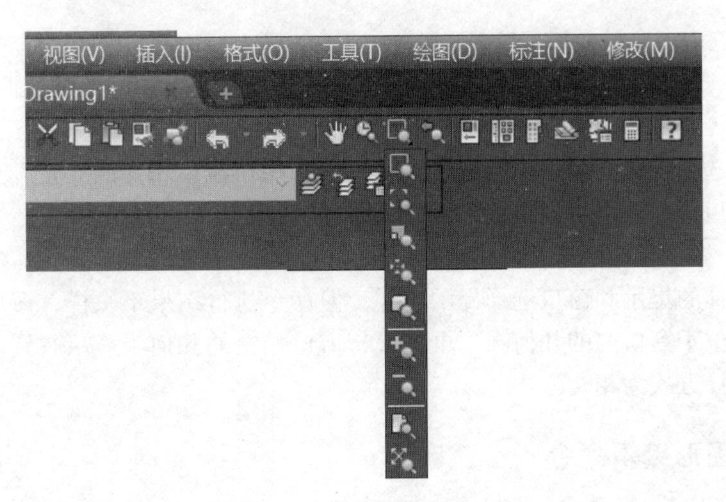


图 10-12　缩放操作常用工具

### 10.4.2　图形移动

图形移动即改变屏幕上的图形相对于窗口的位置，便于观察图形。图形移动有两种不同的控制方式。

1. 用滚动条拖动图形

拖动水平滚动条，图形在屏幕上左右移动，拖动垂直滚动条，图形在屏幕上下移动。

2. 图标方式

单击常用工具栏中图标，按住鼠标拖动图形沿任一方向移动，可以改变图形相对于屏幕窗口的位置。要退出这种状态，按 Esc 键或回车键。

## 10.5　图 形 编 辑

AutoCAD 系统提供了很丰富的图形编辑命令，使用户能很方便地修改图形，某种程度上说，图样是利用图形编辑命令编辑出来的。图形编辑工具栏如图 10-13 所示。

图 10-13　编辑工具栏

### 10.5.1　目标选择的方式

要进行图形编辑，首先要确定操作对象，即目标选择。被选择的目标可以是单个几何项，也可以是一组几何项，各编辑命令下，在目标选择的提示“捕捉目标:”后给予相应响应，AutoCAD 系统提供了多种选择方式。

1. 直接点取方式

将光标直接移到被操作的几何项上单击，该几何项由实线变成虚线表示目标被选中。这种方式为默认方式，用户一次可以选择一个或多个对象。

2. 窗口方式

窗口方式是一种选择多项的方式，适合对局部区域内对象的选择。窗口大小由两个对角顶点确定。一次可选中多个目标。窗口方式可分为包含方式（window）和相交方式（crossing）两种类型。

1）包含

包含方式只选择包含在窗口内的图形元素，不选择与窗口相交的元素。系统规定按从左到右的顺序输入矩形的两个对角顶点，该方式为窗口包含方式。

2）相交

相交方式选择的提示和窗口选择提示一样。但命令执行结果不一样，窗口相交方式选择的目标不仅包含位于窗口内的几何项，也包含与窗口相交的几何项。从右到左输入矩形的两个对角顶点，选择方式为相交方式。

### 10.5.2 基本图形编辑命令

每条编辑命令的提示中都有目标选择项，在响应命令提示时可选用相应的目标选择方式。选中的对象由实线变为虚线。

1. 删除命令

删除（erase）命令用于删除多画或错画的几何项。如图 10-14 所示，删去多余的投影符号“⌞”。采用包含方式和相交方式均可产生相同的结果。单击该图标后执行如下命令：

```
命令：_erase
选择对象：p1（输入窗口第一个角点）
指对角线点：p2（输入对角顶点↓）
选择对象：↓（以回车健响应，结束命令）
```

命令执行后，（a）中窗口内的几何项被删除，（b）中窗口内和与窗口相交的几何项被删除。

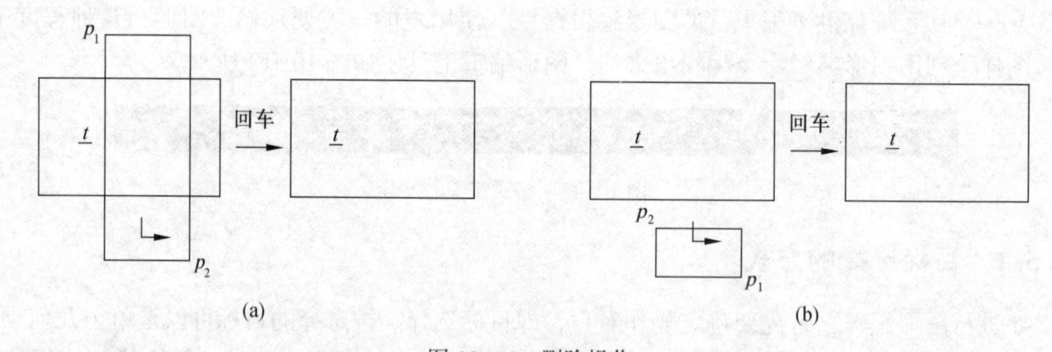


图 10-14 删除操作

（a）包含方式；（b）相交方式。

2. 修剪命令

修剪（trim）命令用于把画过头的图线或不需要的部分修剪掉。根据提示，首先要选择剪切边界，然后选择修剪对象。图 10-15（a）表明了船体外板与横舱壁剖面图修剪前的图形和选取对象的过程，图 10-15（b）表明了修剪结果。单击该图标后执行如下命令：

命令：_trim
当前设置：投影=UCS 边=无
选择剪切边…（选 $p_1$点，即选择修剪边界）
选择对象或<全部选择>：找到 1 个（选 $p_1$点，即选择剪切边后的响应信息）
选择对象：↓（以空格键或回车键结束剪切边界选择）
选择要修剪的对象：（选择 $p_2$点，即被剪切对象）↓（以回车键响应，结束命令）

选点的位置，决定着删除哪一段。例图中，如果点选在 $p_3$处，将错误地删去舱壁线。修剪命令能够选定同一边界，剪去多条线。

3. 延伸命令

延伸（extend）命令具有与修剪命令类似的形式，其功能是对选择的几何项进行延伸。如图 10-16 所示，单击该图标后执行如下命令：

命令：_extend
当前设置：投影=UCS 边=无
选择延伸边…（选 $p_1$点，即延伸的边界）
选择对象或<全部选择>：找到 1 个（选择延伸边后的响应信息）
选择对象：↓（以空格键或回车键结束延伸边界选择）
选择要延伸的对象，（用相交方式框选需要延申的构件，即从 $p_2$至 $p_3$框选，选择延伸对角）↓（以回车键响应，结束命令）

图 10-16（a）中表明了延伸前的图形和指点对象的过程，（b）表明了延伸结果。

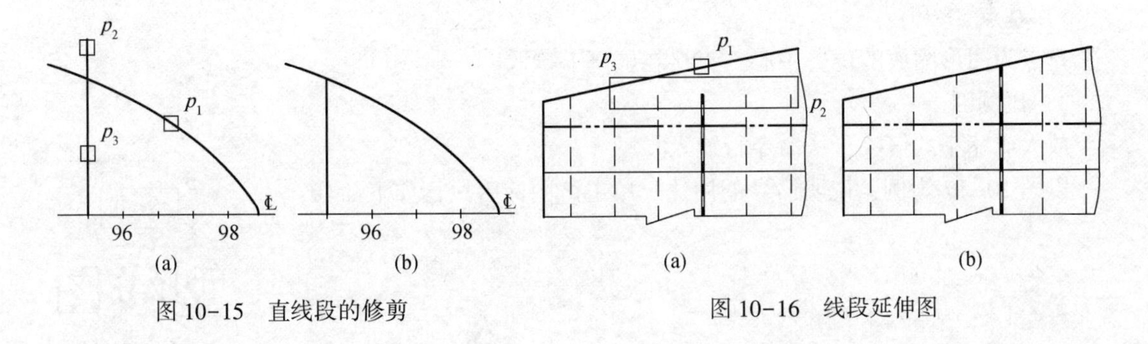


图 10-15　直线段的修剪

图 10-16　线段延伸图

4. 拆分命令

拆分（explode）命令用于将块这类特殊几何项组分离为独立的对象，以便进行编辑操作。单击该击图标，出现提示项“选择目标：”后，单击块中的任一项，整个块即被选中，按回车键后，块即被拆散。

5. 移动命令

使用移动（move）命令能够将一个或一组对象由原来的位置移动到新的位置，移动的结果是改变了对象间的相对位置或改变了整组图形相对于图面的位置。移动命令中需要输入基点和定位点。

1）基点

基点是确定对象相对位置所取的局部坐标原点，直接在屏幕上拾取。

2）定位点

确定图形移动至新位置的一个点，即基点移动后的位置。

```
命令：_move
选择对象：找到 1 个目标↓（用任一方式选择要移动的几何项）
选择对象：↓（结束选择）
指定基点或[位移(D)]/<位移>：（指定一点作为确定其位置的基点）
指定基点或[位移(D)]/<位移>：指定第二个点或<使用第一个点作为位移>
```

6. 旋转命令

采用旋转（rotate）命令可以按给定的基点和旋转角，旋转指定的图形。命令执行的过程中需要输入基点和旋转角。图形旋转时逆时针方向旋转角度为正，顺时针为负。

1）基点

基点为选择对象绕其旋转的旋转中心，可直接在屏幕上拾取或捕捉对象上的特殊点。

2）旋转角

对象转动的角度，可直接从命令行输入角度值，也可以给出一个参考点，用参考点和基点连线与 $x$ 轴间的夹角作为旋转角。

7. 缩放命令

缩放（scale）命令的作用是按给定基点与比例因子，放大或缩小指定的图形。它可以改变指定的图形相对于其他对象的大小。该命令与屏幕缩放的本质是不同的，它完全改变了对象的几何属性和坐标大小。而前者只改变了视觉大小。

1）基点

基点为图形缩放的位置中心。直接在屏幕上拾取。

2）比例因子

放大或缩小的倍数，从命令行输入。

以图 10-17 为例，说明命令的用法，单击该图标后执行如下命令：

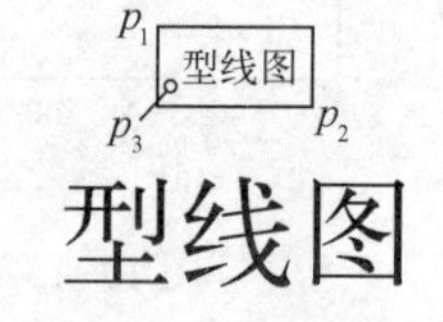


图 10-17　文字放大

```
命令：_scale
选择对象：p1（输入窗口第一个角点）
指定对角线点：p2（输入对角顶点）↓
选择对象：↓（1 found：系统反馈，缩放 1 个目标）
指定基点：p3
指定比例因子[复制(C)/参照(R)]<1>：3↓（放大 3 倍）
```

8. 偏移命令

偏移（offset）命令的作用是利用已有的几何项偏离一定的距离，从而生成新的几何项。该命令的功能实质为复制和移动命令功能的一种组合应用。

单击该图标，在“指定偏移距离或[通过(T)/删除(E/图层(L))] <通过>：”提示后输入距离值，按给出的距离值，在需要偏置的一侧单击，生成新的对象。

例如图 10-18 所示，绘制舵叶板厚，单击该图标后执行如下命令：

命令：_offset

指定偏移距离或[通过]< 通过>:<L>(输入偏移距离)

指定偏移对象或[退出(E)/放弃(U)]<退出>:(选 $p_1$ 点)

指定要偏移的那一侧上的点或[退出(E)/多个(M)/放弃(U)]<退出>:(选 $p_2$ 点)↓

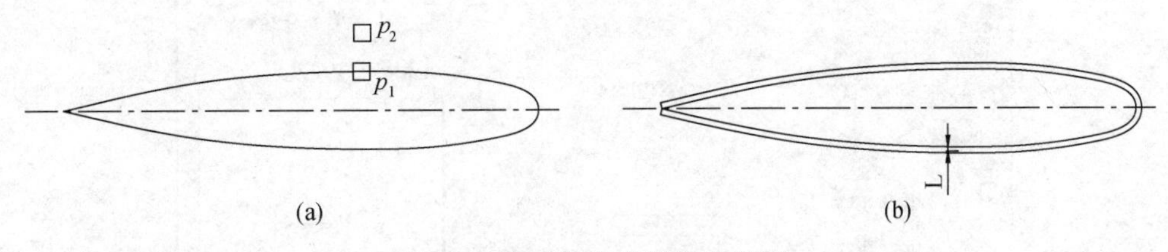


图 10-18　利用偏移绘舵叶板厚

9. 拉伸命令

拉伸（stretch）命令的作用是对窗口内的图形进行局部拉伸或压缩，改变图形的形状。命令分三步执行。如图 10-19 所示，以舵杆为例说明命令的操作方法。单击该图标后执行如下命令：

命令：_stretch

以交叉窗口或交叉多边形选择要拉伸的对象…

选择对象：(选 $p_1$ 点)

指定对角点：(选 $p_2$ 点)找到 30 个

选择对象：↓

指定基点或[位移(D)]< 位移>:(选 $p_3$ 点)

指定第二个点或<使用第一个点作为位移>:(选 $p_4$ 点)

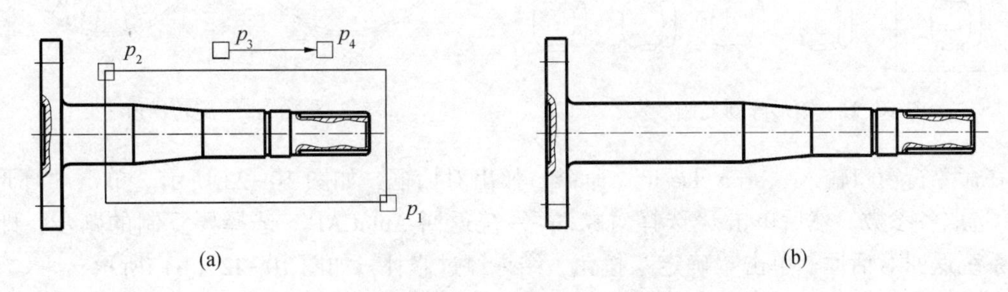


图 10-19　舵杆部分拉伸

10. 复制命令

复制（copy）命令用于复制对象。命令的各选项和移动命令的各选项完全相同，只是执行结果不同，复制命令在新的位置生成一个和原图一样的图形。

11. 矩形阵列命令

矩形阵列 (arrayrect) 命令把指定的对象按矩形复制成一个均匀分布的阵列。AutoCAD 的版本如果在 2016 版及以上，需要在命令行窗口输入“arrayclassic”命令，才能调出阵列设置对话框。以布置沙发为例说明矩形阵列的操作方法。在命令行窗口输入“arrayclassic”命令，弹出如图 10-20 所示的对话框，确定参数选项，然后单击“选择对象”，系统返回 AutoCAD，选择要复制的沙发后返回对话框，单击“确定”按钮，结果如图 10-21 所示。

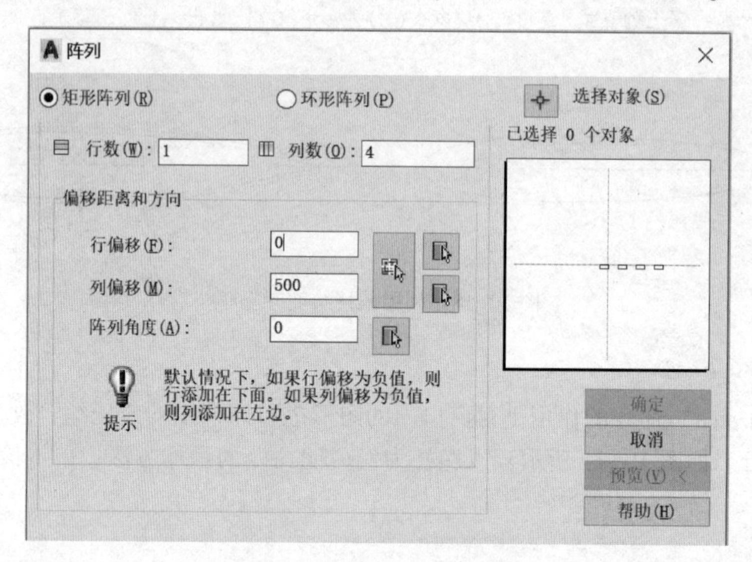


图 10-20　矩形阵列对话框

在图 10-22（a）条件下，用环形阵列绘制旋转梯。

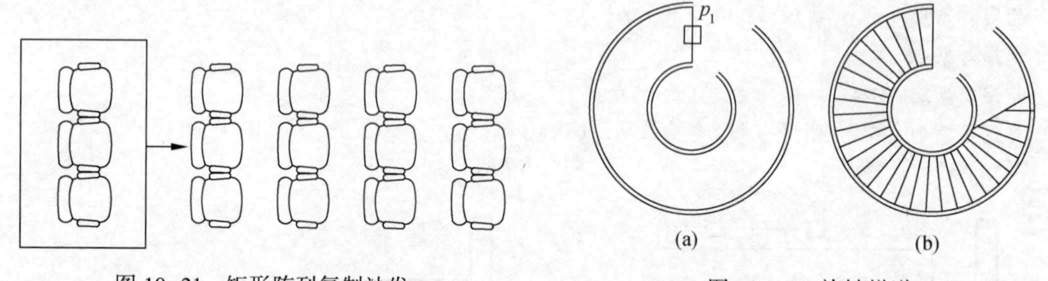


图 10-21　矩形阵列复制沙发

图 10-22　旋转梯道

在命令行窗口输入“arrayclassic”命令，弹出对话框，如图 10-23 所示。单击“环形阵列”，选取各参数。然后单击“选择对象”；系统返回 AutoCAD，选择要复制的踏步，即 $p_1$ 点；系统返回对话框，单击“确定”按钮，结果经过修补，如图 10-22（b）所示。

12. 镜像命令

镜像 (mirror) 命令的作用是以绘图区域内的任意一条直线作对称轴，将选中的所有对象作对称于该直线的对称映射。实质是将选中的对象作对称于直线的复制。图 10-24 以某船舱室布置图为对象，说明命令的操作方法。图 10-24（a）为左舷的舱室布置图，因为左右对称，用镜像可以快速完成全图，单击该图标后执行如下命令：

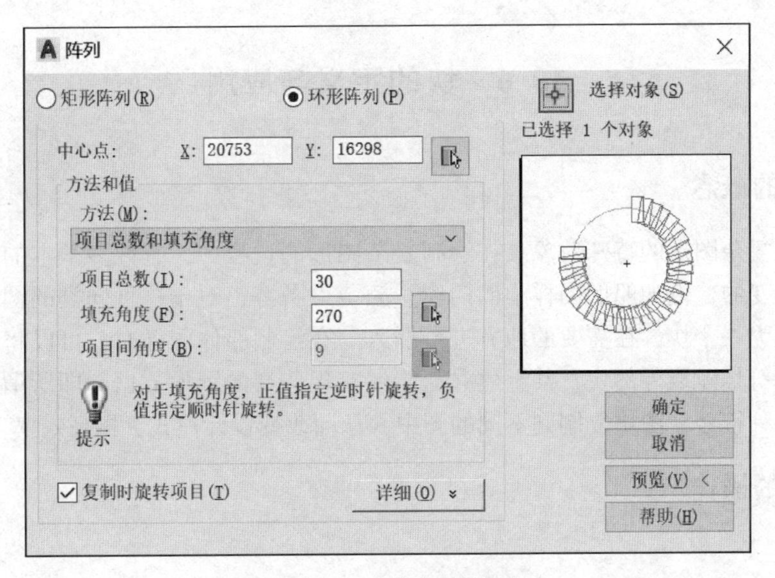


图 10-23　环形阵列对话框

命令：_mirror
选择对象：(选左舷一半的布置图)
选择对象：↓
指定镜向线第一点：(船图中线上的任意一点，图上是 $p_1$ 点)
指定镜向线第二点：(船图中线上的任意一点，图上是 $p_2$ 点)
要删除源对象么？[是(Y)/否(N)]<N>：↓

回车后，结果如图 10-24（b）所示。如果选择“Y”，则原图被删除。

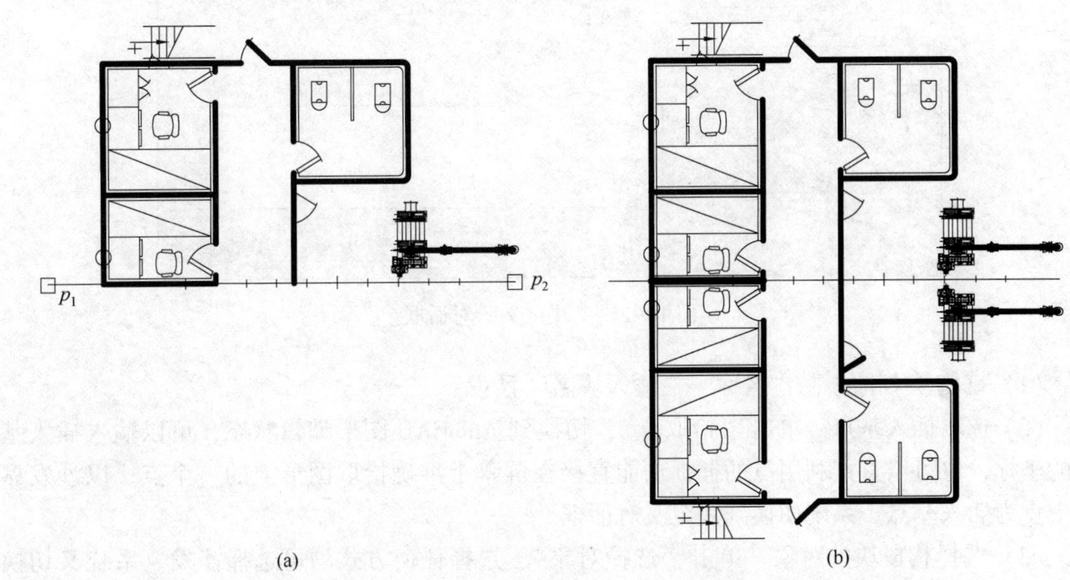


图 10-24　用镜像方式生成对舱室布置图

## 10.6 块的定义与应用

### 10.6.1 块的概念

块是构造复杂图形的特殊对象。在绘制复杂图形的过程中，有许多基本的图形其结构形状和大小是不变的，例如船舶图样中的门窗、舾装设备等，对于这种同类的图，只需绘出一个并将其定义为一个块，在需要的地方进行插入。在绘制船体图样时，可以将各种结构零部件或布置图形符号建成外部块，甚至建立起能够实现共享的图形数据库即所谓设计中心，便能快速地将各种符号、图块复制到不同的图中，从而改变设计模式，提高效率。

### 10.6.2 块的操作

1. 块的定义

以舱室沙发为例，介绍块定义的操作过程。单击该图标，启动“块定义”对话框，如图 10-25 所示。

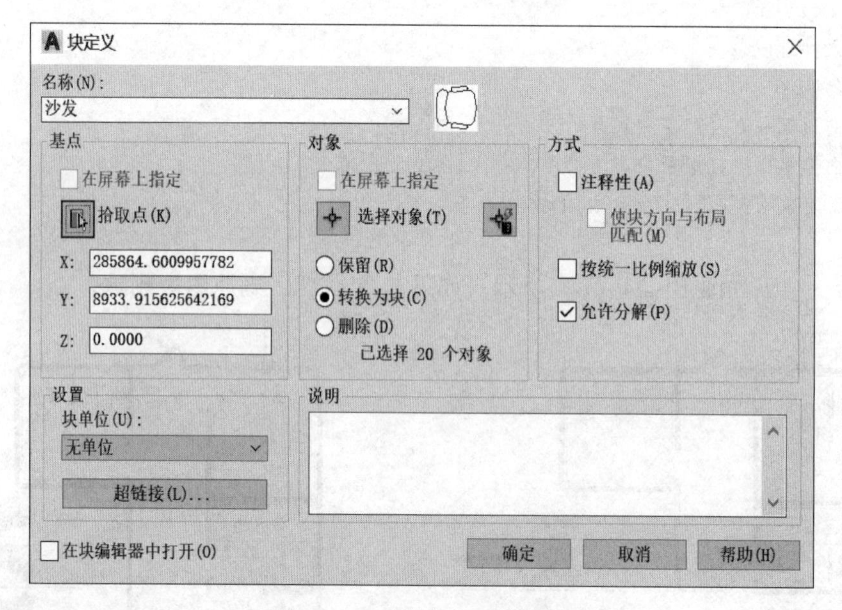


图 10-25 “块定义”对话框

（1）确定块名称。在“名称”栏输入块名“沙发”。

（2）选取插入基点。单击“拾取点”，切换到 AutoCAD 图形编辑状态，可以输入插入基点的坐标，也可以直接利用点的捕捉功能直接在屏幕上准确拾取图形上的一个点。以沙发靠背中点为插入基点。系统切换到块定义对话框。

（3）选择构成块的对象。单击“选择对象”，选择任何方式均可选择沙发。系统又切换到块定义对话框。单击“确定”按钮，块被定义。

2. 块的插入

单击插入块图标，弹出如图 10-26 所示的对话框。仍以沙发块为例，说明插入的操作

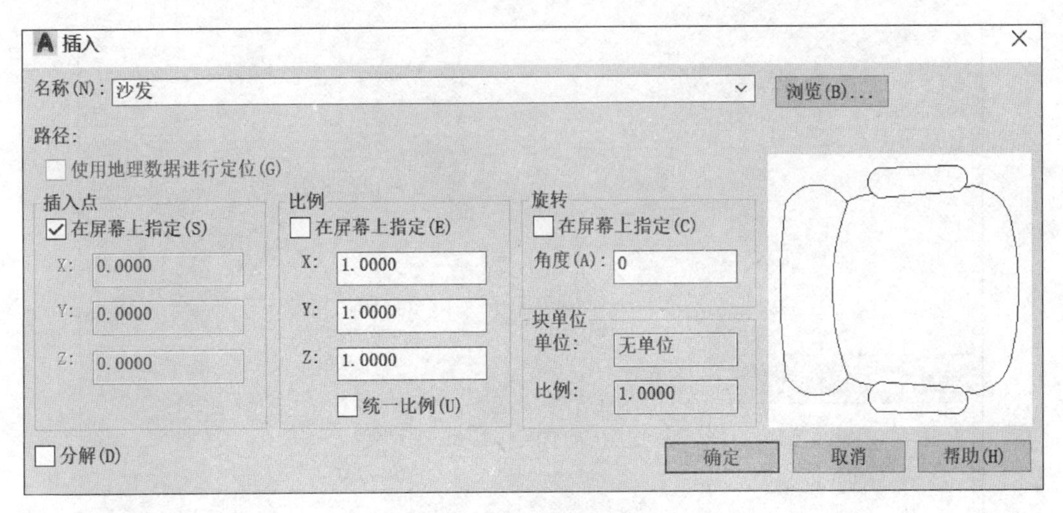


图 10-26　块“插入”对话框

方法。

（1）选择块名。单击“名列”列表框右边的下拉箭头，弹出下拉列表框，选择要插入的块名。外部块的插入方法和内部块基本相同，插入对话框构图。单击“浏览”按钮，弹出“文件”对话框，可对各个文件夹进行浏览，选择要插入的外部块文件。其余的步骤完全相同。

（2）选比例。在“比例”区域中，可以分别设置 $X$、$Y$ 和 $Z$ 方向的缩放比例。各个方向的比例应一样时，可选下边的“统一比例”复选框，设置统一的比例。

（3）定旋转角。对话框右边“旋转”区域的“角度”编辑栏内修改角度值。

以上各项完成后单击“确定”按钮，选择的块即被插入，这样便将“沙发”块插入图中，基点与插入点重合。

## 10.7　图样文本标注

标注是船体图样的重要组成部分。船体图样描述了船体的结构形状，加工制造的技术要求需要用文字或符号说明或注释，这些说明或注释被称为文本。在图样上注写文本称为文本标注。文本标注有汉字和字符的标注，汉字用颜色、字体、字高和宽度比例描述其外观形状。

### 10.7.1　建立文本样式

系统提供了建立文本样式的对话框，单击图标（或选择主菜单中的“格式”→“文字样式”命令），出现如图 10-27 所示的对话框。利用对话框可以建立不同的文本样式，按如下步骤进行。

设置字形参数，在“字体”栏可选择字体，在“高度”栏可输入高度值，在“宽度因子”栏可输入宽度比例因子。

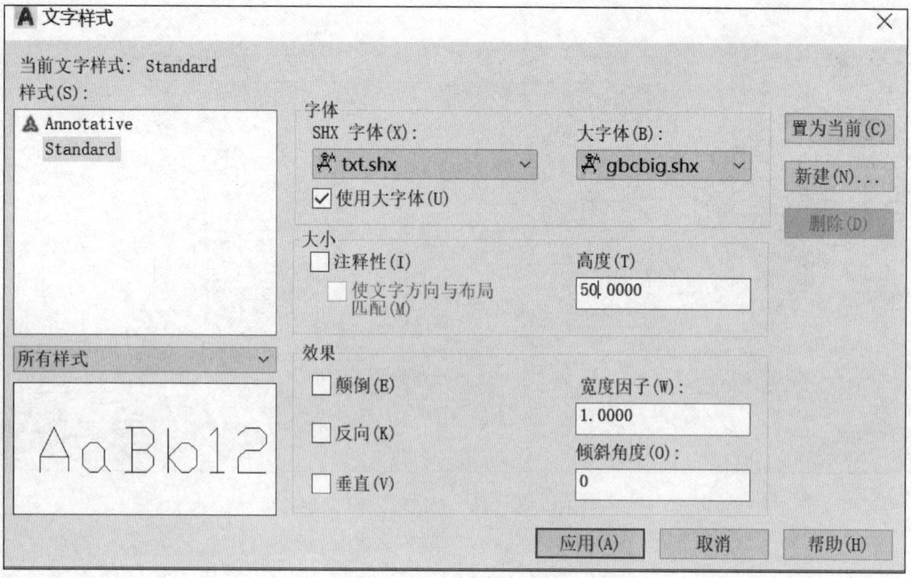

图 10-27 “文字样式”设置对话框

### 10.7.2 文本标注

AutoCAD 提供了各种文本标注的功能，充分利用 Windows 丰富的字体资源，更便于实现各种字体的汉字标注，提供了交互式输入与编辑环境。

1. 单行文本标注

启动“DTEXT”命令。DTEXT 表示动态文本（Dynamic Text），因为用户在输入文本的过程中输入的字符或汉字立即显示在屏幕的给定位置上。

1） 文本的定位方式

对于汉字，标注中可用不同的方式定位。

2） 文本输入

启动汉字输入法，输入文本的内容，输完后按回车键，还可以在新的位置进行文本输入，要结束输入，可连续按两次回车键。

3） 标注示例

以 5 个屏幕单位为字高（5mm，在样式中已设定），水平书写“总布置图”字样：

```
命令：_dt
Text
当前文字式样:STANDARD
当前文字高度:5
指定文字起点或[对正(J)/样式[S]]:(在屏幕上单击或命令行内输入起点坐标)
指定旋转角度 <0>:↓
(启动输入法输入)总布置图↓
Enter text：↓↓
```

2. 多行文本标注

多行文本标注方式用于段落文本的标注，文本编辑器有自动换行的功能，比单行文本有更多的格式选项，整个多行文本是一个对象。

1）文本输入

单击A图标启动多行文本编辑器，如图 10-28 所示。

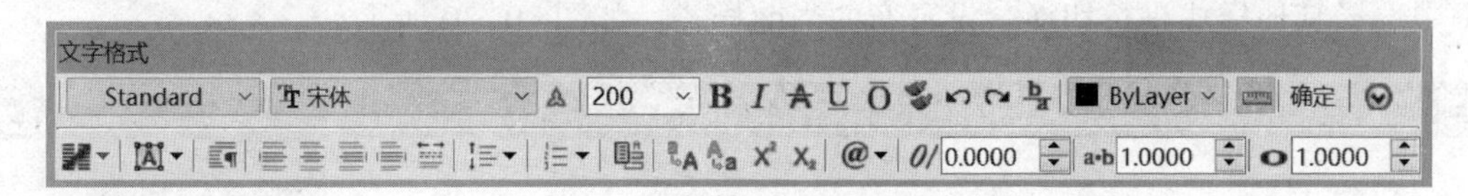


图 10-28　多行文本编辑器

2）多行文本编辑

多行文本输入和编辑使用的是同一个编辑器，只不过启动方式不一样。单击图标，启动多行文本输入，单击要编辑的文本对象，即进入多行文本编辑对话框，在对话框中可对文本的各种属性进行修改。按住鼠标左键拖动，选中的部分背景变灰，然后进行有关属性的修改，同时可对文本进行插入、删除和替换的操作。

## 10.8　图样尺寸标注

图形表达结构形状，尺寸表达大小和它们之间的相对位置。

### 10.8.1　样式的概念

为满足用户对尺寸标注的不同要求，AutoCAD 系统把一个完整的尺寸分解为尺寸线、尺寸界线、尺寸箭头和尺寸文本等最基本的元素，并给用户提供了一种自由组合尺寸标注外观形式的组织和管理的机制，称为样式。尺寸具有不同的外观形式，这种不同的要求可按不同的样式标注实现。图 10-29 所示为标注样式管理器，用户能够对尺寸样式进行设置和修改。

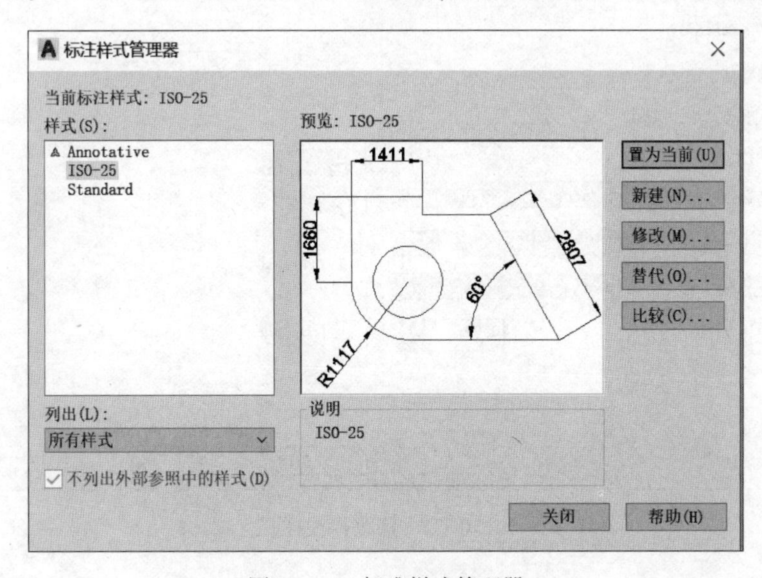


图 10-29　标准样式管理器

### 10.8.2 样式的建立

设置当前标注样式有两种方式。

1. 在尺寸标注工具栏中设置

在标注尺寸前，在工具栏右端列表框中可以设置当前标注样式，并且可以在样式下拉列表框中选择其他样式进行切换，设置新的当前样式，如图 10-30 所示。

图 10-30 在尺寸工具栏中设置样式

2. 在样式管理器中设置

单击图标弹出如图 10-29 所示的标注样式管理器，显示当前定义的尺寸标注样式。可以从列表中选择一个要定义为当前尺寸标注样式的样式，单击“置为当前”按钮，该样式即被设为当前标注样式。

利用标注样式管理器，还能够建立新样式和修改已存在的样式。如单击图 10-29 中的“修改”按钮，弹出“修改标注样式”对话框，如图 10-31 所示。在该对话框中可以对尺寸标注的各元素如尺寸线、箭头和文字等进行修改。

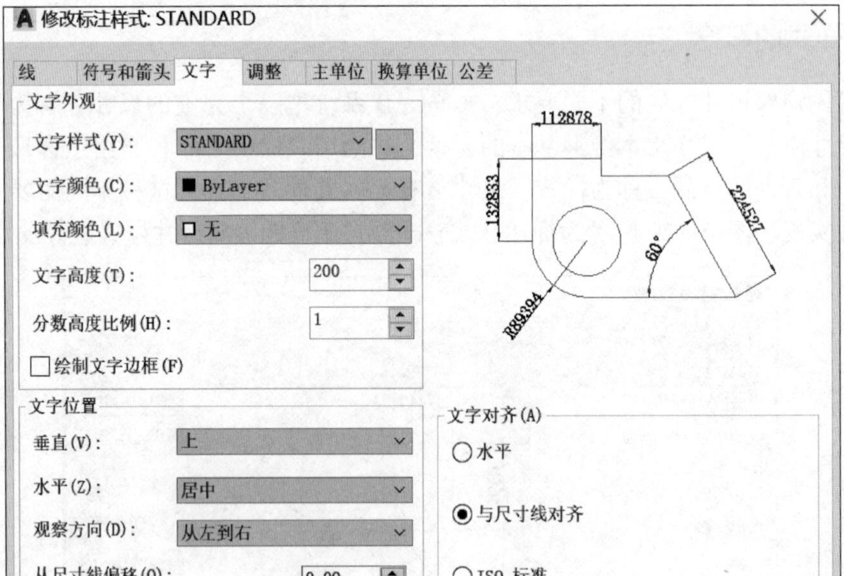

图 10-31 修改标注样式

## 10.9 船体图样绘制示例

船体图样的表达方式、图线运用，前面各章已作了介绍。本节主要通过一些实例说明利用 AutoCAD 绘制船体图样的过程和技巧。

无论绘制哪一种船体图样，设置绘图环境、设置文本样式与尺寸标注样式都是前期应该做的工作。对于一幅优秀的船体图、一个优秀的设计单位，合理、科学、有序的设置是必不可少的。

### 10.9.1 绘型线图

型线图线条简单，其难点在于保证型线的光顺性。采用 CAD 绘图，基本方法与步骤和第 2 章介绍的相同。本节主要介绍基于 AutoCAD 的型线绘制作图技巧。

（1）绘图采用 1∶1 的比例，以便于测量距离和标注尺寸。文字和符号的大小按出图比例在样式设置中完成。这一原则适用于计算机绘制各种图样。

（2）利用阵列命令和偏移命令作格子线。如图 10-32 所示，在布图完成后，绘出侧面图中的基线及#0 理论站线。利用阵列命令，以 $\Delta L_{pp}=(L_{pp}/10$ 或 $L_{pp}/20)$ 为步长、第一站线为目标，绘出 21 站的理论站线；利用“偏移”（等间距水线用阵列）命令，以基线为目标，向上画出若干水线，结果如图 10-33 所示。横剖线图、水线图的格子线作图同理。

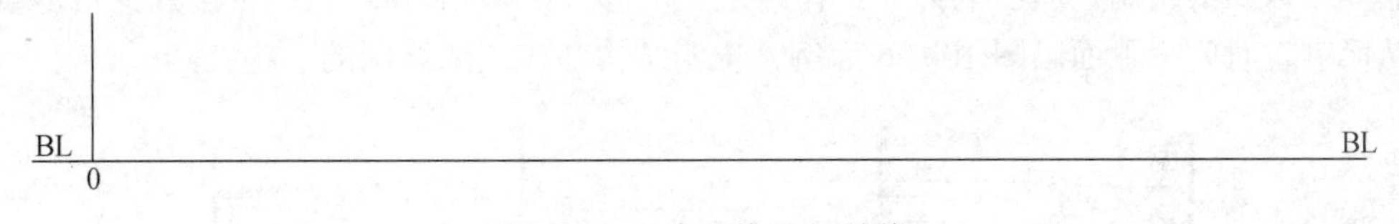


图 10-32　定基线及#0 站线

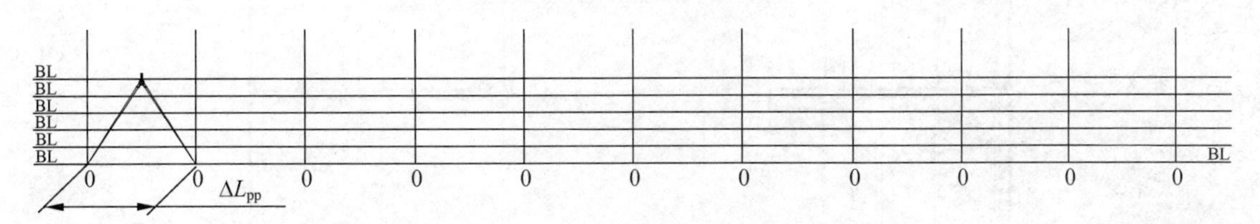


图 10-33　利用阵列命令画站线及水线

（3）利用阵列命令和文字修改命令修改站号和标注。输入文字要进行定位、确定比例、字体等多项操作，费时费工，利用阵列命令结合文字修改命令，可以提高效率。如上例，在#0 站线下方打出“0”，与站线同时阵列，见图 10-33。最后，利用文字修改命令逐一改为 1、2、3……，如图 10-34 所示。

（4）利用图形移动、旋转命令保持各视图之间的投影关系，提高作图效率，如图 10-35 所示，反映了利用移动、旋转命令画横剖线的过程。根据横剖线画水线的方法也相同。

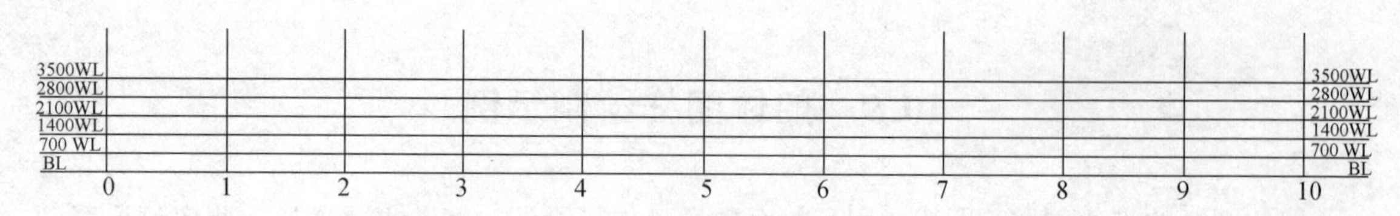


图 10-34　利用文字修改命令修改站号及水线标注

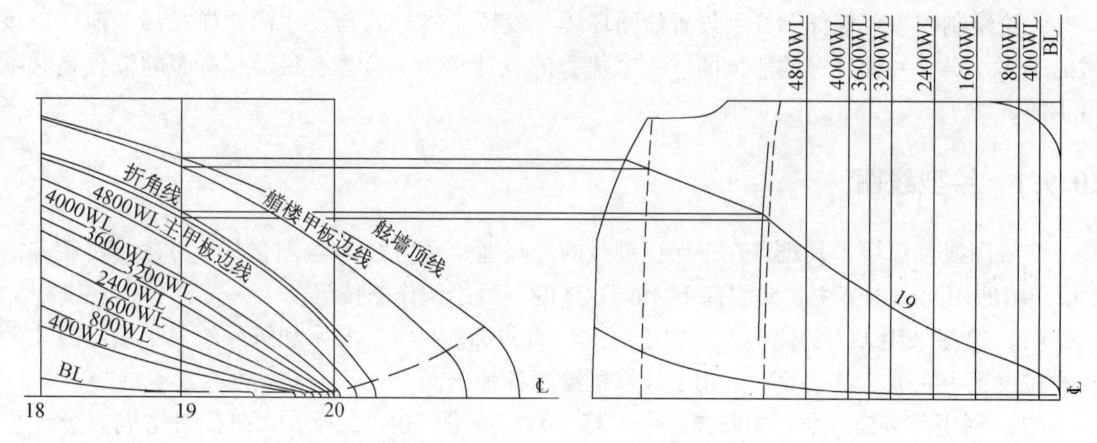


图 10-35　利用移动、旋转命令画横剖线

## 10.9.2　绘制结构和节点图

船体结构图的绘制是船舶设计中工作量最大的部分。采用 AutoCAD 能够减少很多重复工作，从而节省时间。下面以图 10-36 为例，说明结构和节点图绘图的一些技巧。

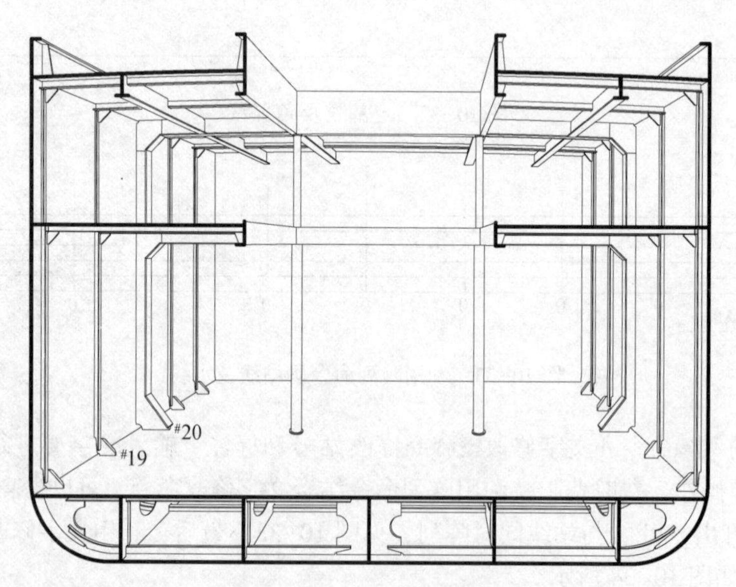


图 10-36　杂货船横剖面图

（1）分层设置线型，便于修改和调整，如图 10-37 所示。

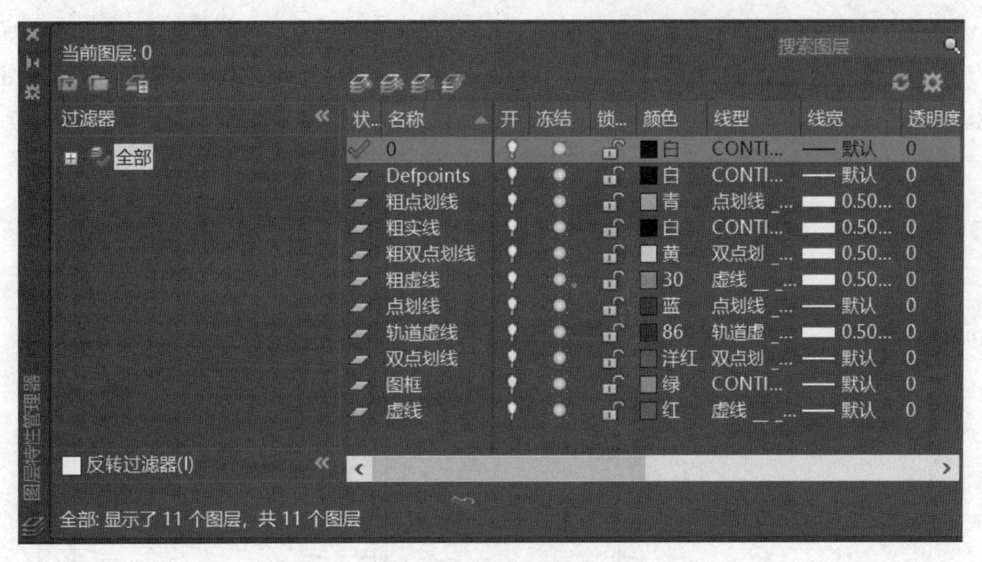


图 10-37　设置线型

（2）根据型线图，利用复制命令取得结构图轮廓。

（3）在基本层（0 层）中用“直线”命令，采用细实线绘出各基准线，如图 10-38（a）所示（本例将原图比例缩小 1/2）。

（4）自肋骨型线图复制#19 的横剖线，作梁拱线，如图 10-38（b）所示。

（5）利用偏移命令将基线分别向上复制 1000mm 和 4600mm，得到内底板和下甲板的位置线；将中线分别向左偏移 2000mm 和 4000mm，得到舱口围板和甲板旁桁、旁底桁的位置线，如图 10-38（c）所示。

（6）利用“修剪”命令截去超出部分，从而最后确定构件线。甲板旁桁、舱口纵桁的腹板高度，可以作辅助线，然后通过上述方法绘出，如图 10-38（d）所示。

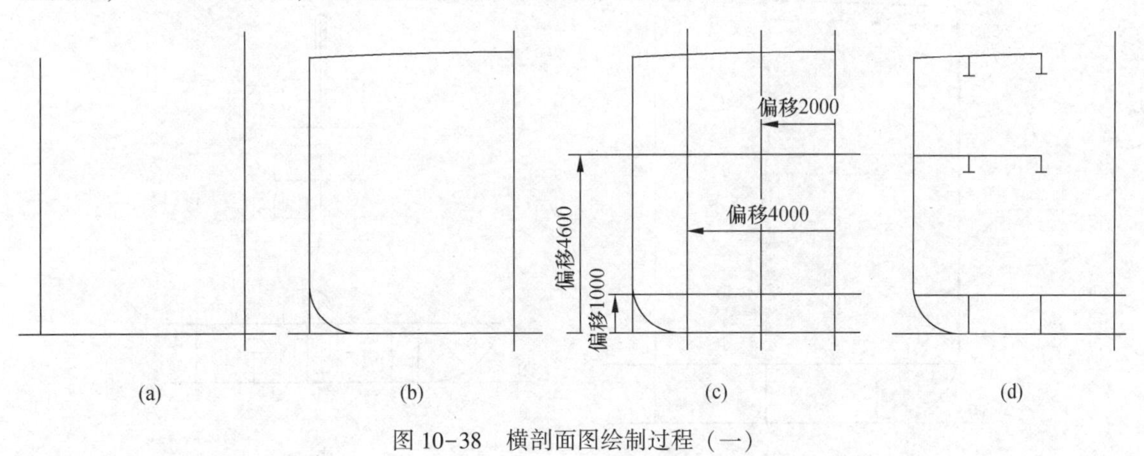


图 10-38　横剖面图绘制过程（一）

（7）选中所有构件线，单击图层过滤器，将它们移入粗实线层，结果如图 10-39（a）所示。

（8）利用相同的方法，作横向构件。注意，横向构件的板厚间距，按打印出图的比例确定，应保证打印以后与粗实线的宽度相同。

（9）通过各种编辑命令，如复制、修剪、偏移等，处理节点。节点处的图形可用屏幕放大的方法，应逐一详细绘制，为其后绘制节点详图打下基础。如图 10-39（b）显示了处理后的效果。

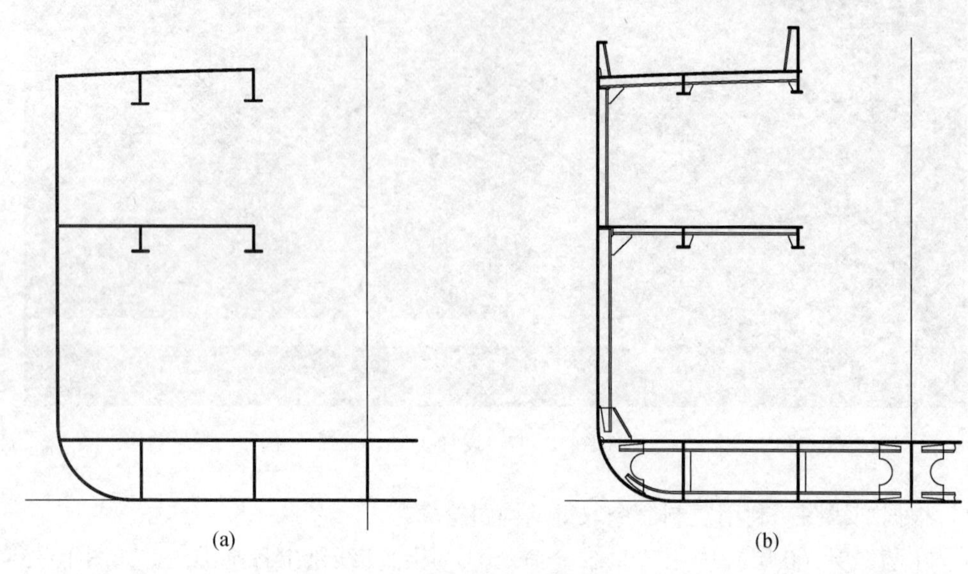


图 10-39　横剖面图绘制过程（二）

（10）打开双点划线图层。在该层内绘制#20 的强构件，即采用重叠画法表达横向强构件。作图技巧同上，结果如图 10-40（a）所示。

（11）绘制#20 的船底强构件图。复制图 10-40（a）底部图形，补绘舱底实肋板及其上的开孔及加强筋，如图 10-40（b）所示。

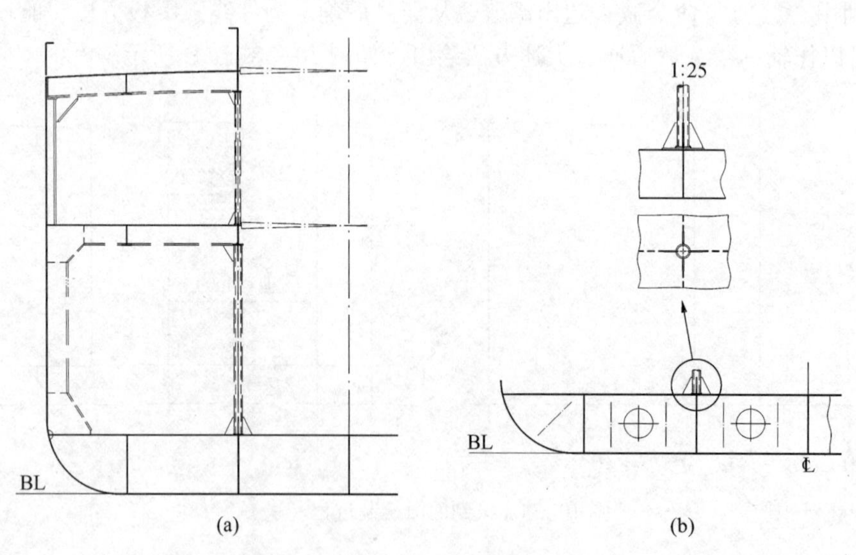


图 10-40　横剖面图绘制过程（三）

（12）绘制节点放大图（仅以支柱下端为例）。将需要表达的连接部位用圆框出，然后将圆所包容的节点图选中之后，复制至绘节点图的位置。利用缩放命令，按比例放大图形。利用圆为边界，剪去或删除多余图线。用样条曲线命令，绘出截断面的波浪线。然后进一步处理节点图。如板厚间距因为放大而变大，此时应改为原来的间距大小，以保证全图比例相同，图面美观，如图 10-40（b）所示。

（13）符号及尺寸标注。国标规定，尺寸线与轮廓线或其他尺寸线之间的间距约为 10mm。标注前要估算正确；标注构件尺寸时，可以预先绘出一个定位外框，指引线以此框为末端点位置，保证尺寸标注整齐、美观。图 10-41 为最终的图形。

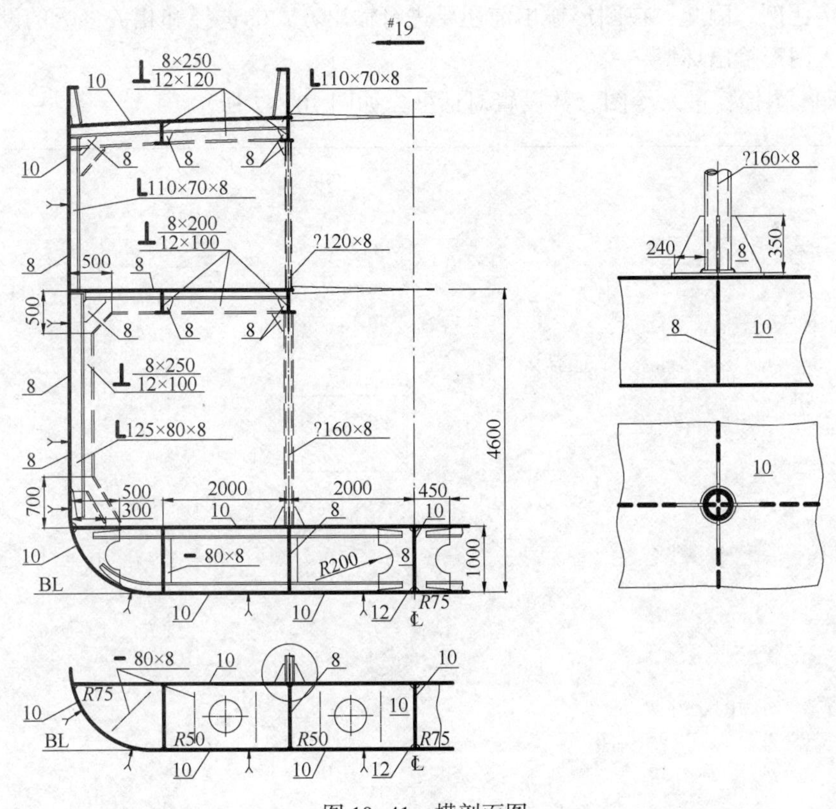


图 10-41　横剖面图

## 10. 9. 3　绘制总布置图

利用 AutoCAD 绘制船体总布置图时应注意：

（1）环境设置（图层、比例、线型、色彩、线宽）是保证绘图清晰、高效的前提。

（2）轮廓线由型线图提供。

（3）尽量运用复制、修剪、偏移、延伸等命令绘制（编辑）图形，以保证尺寸和位置的准确。

（4）建立总布置图形库。将图形符号、船舶设备和单元舱室模块化（做成图形块），便于绘图时调用、插入，提高作图效率和图面质量。

AutoCAD 绘图是一个逐步熟练、循序渐进的过程。只有通过大量的设计实践，方能熟而生巧，运用自如。绘图过程中要经常保存，以防止绘图文件的丢失和被破坏。

## 10.10 打 印 输 出

用 AutoCAD 绘出的船体图，经打印输出后才能成为生产图纸。使用 AutoCAD 绘图时，为了测量与尺寸标注的方便，大都选用 1:1 的比例绘图，即一个绘图单位代表 1mm。打印时按需要的幅面定比例。因此，在图形输出前还要进行输出方式的选择和相关参数的设置。

**一、进入图形输出环境**

单击打印图标，进入绘图参数设置对话框，如图 10-42 所示。

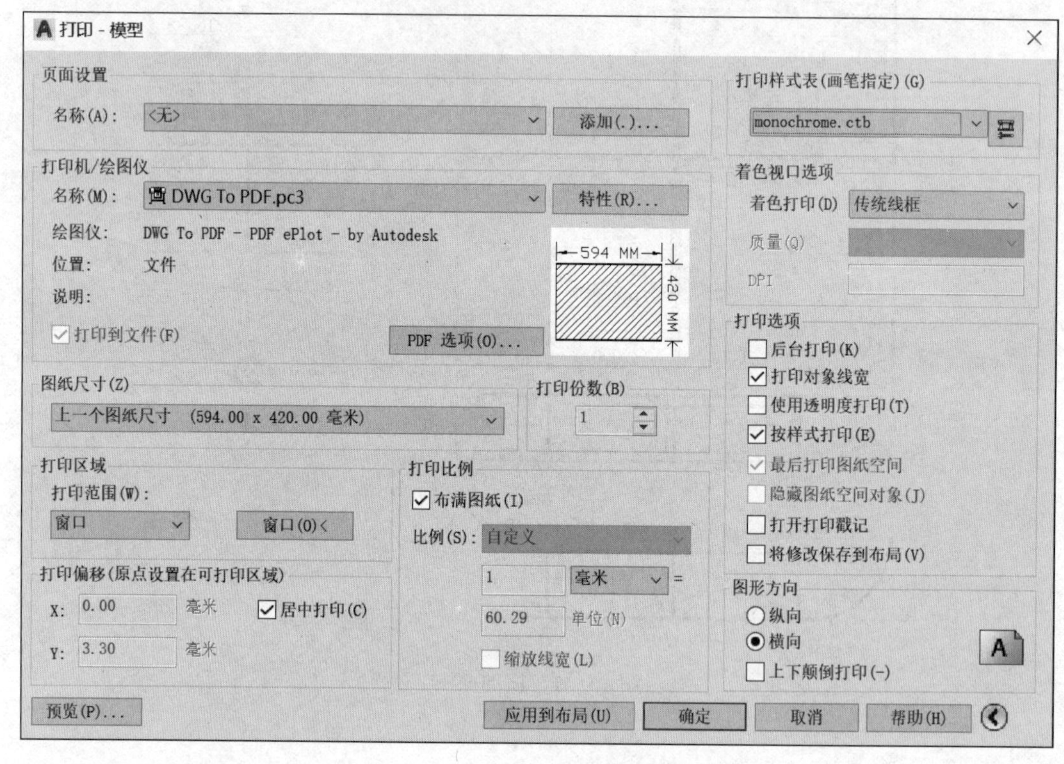


图 10-42 图形输出设备选择标签页

**二、选择打印机**

用户可以为 AutoCAD 配置多台打印机。如果系统仅配置一台打印机，系统将其设为默认的图形输出设备，执行打印命令后系统会自动选择它。当系统配有多台图形输出设备时，会将某台打印机设为默认的设备。用户可以在图 10-42 的“打印机/绘图仪”区设备列表中选择合适的图形输出设备。

**三、设置绘图参数**

在图 10-42 中，可进行一系列参数的设置和输出方式选择。

1. 设置单位

工程图一般以毫米为单位，可以在“打印比例”区定义或选择打印比例，设毫米为图形输出单位。

2. 选择图纸幅面

在“图纸尺寸”列表框中单击下拉箭头，弹出图纸幅面列表框，可选合适的图纸幅面。

3. 设置绘图原点

在“打印偏移”区的编辑框内，可以设置图形坐标原点偏离绘图机原点的 $x$ 和 $y$ 方向的坐标值。一般情况下，绘图机的原点和图形原点都应设在（0，0）处，以免出现图纸与绘图机版面错开的情况。

4. 选择打印区域

在“打印范围”下拉列表有四个选取项：

（1）显示：绘制当前屏幕上显示的图形。

（2）范围：尽可能大地绘制屏幕显示的对象，系统将实际图形所占最大区域作输出。

（3）图形界限：绘制“图形界限”（Limits）命令所限定边界范围内的图形，系统将其所限定的范围作为绘图区域输出。

（4）窗口：输出用户定义的窗口内的图形。单击右边的“窗口”按钮，系统切换到图形编辑状态，在屏幕上拾取定义输出窗口的两对角顶点，系统又回到图 10-42 所示的对话框，图形输出的范围即被确定。

5. 图形方向

在“图形方向”区选“纵向”或“横向”。

**四、图形输出**

所有设置完成之后，单击“预览”按钮，对输出图形进行预览。如果有些参数设置不合适，则显示中会出现一些警告性提示，可返回重新设置，直至合适为止。最后打开打印机，装好图纸，单击“确定”按钮，即可完成打印。

## 【学习完成情况测试】

### 【任务导入】

熟练应用计算机进行图纸绘制是船舶工程技术人员必须具备的基本素质。AutoCAD 需要通过不断练习，在实践中掌握作图的技巧，积累绘图经验，熟能生巧。

### 【任务实施】

**一、简述题（每个 4 分，共 40 分）**

1. AutoCAD 的命令输入方式有哪几种？列举一种你认为输入常用命令最方便的方式。

2. 用“图形界限”（limits）命令将绘图区域设置过大在图形显示中会产生什么问题？

3. 设置栅格和格点捕捉有什么作用？怎样打开格点设置与捕捉对话框？

4. 特殊点捕捉的设置有哪几种方式？各有什么特点？

5. 什么是当前层？怎样设置当前层？

6. 用 line 和 pline 命令画折线有何区别？

7. 图形编辑中选择目标的方式主要有哪几种？试说明窗口相交方式和窗口包含方式的区别。

8. 图形编辑命令的操作方式有哪两种？各种方式的主要特点是什么？图形编辑中如何取消部分被选择的几何项？

9. 使用块有何作用？内部块和外部块有何区别？

10. 块的修改应注意什么问题？

## 二、绘图实践训练

1. AutoCAD 绘制本书第 6 章练习中的节点，并标注尺寸（20 分）。

2. AutoCAD 绘制本书第 4 章图例，1000t 沿海货船的总布置图（40 分）。

### 【测评结果】

| 测试内容 | 分值 | 实际得分 |
|---|---|---|
| 基本概念的掌握<br>（一、简述题） | 40 | |
| AutoCAD 绘图能力<br>（二、绘图实践训练） | 60 | |
| 总分 | 100 | |

# 附录一　舷弧、梁拱、甲板中心线的作图方法

1. 舷弧线的绘制

甲板边线的正面投影称为舷弧线，多设计为抛物线。在纵剖线图中可以根据艏、艉舷弧的高度等用近似作图方式绘制。以艏部甲板舷弧线为例，如附图 1-1 所示，具体绘图步骤如下。

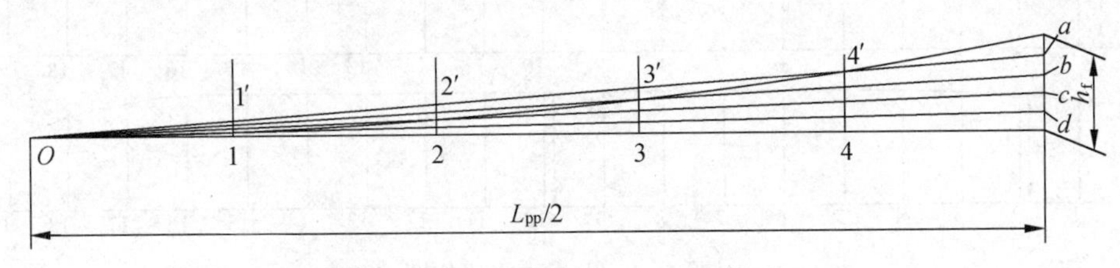


附图 1-1　舷弧线（甲板边线）的作图步骤

(1) 按比例作高度为型深的水平线交于艏垂线。

(2) 过交点在艏垂线上量取艏舷弧高 $h_f$。

(3) 分别将 $L_{pp}/2$ 和 $h_f$ 分为若干等份（图中为 5 等份），等分点分别为 1、2、3、4 和 $a$、$b$、$c$、$d$，并过 1、2、3、4 点作垂直线 11′、22′、33′、44′。

(4) 将 $h_f$ 上各等分点与垂线间长中点 $O$ 相连。

(5) 与对应各等分点引的垂线相交于 1′、2′、3′、4′。

(6) 根据舷弧线的延伸曲线，得到与艏艉轮廓线的交点。用样条曲线依次光顺连接各点即得舷弧线。

艉舷弧线作图方法相同。外板顶线、舷墙顶线多为甲板边线的等距线，其方法类似。

2. 梁拱线的绘制

梁拱线指具有梁拱的甲板型表面与某站横剖面的交线，一般系指最大横剖线处的交线。运输船舶各层露天甲板一般具有同一曲率的梁拱线。梁拱线的绘制方法有多种，本书仅介绍其中一种。作图步骤如附图 1-2 所示。

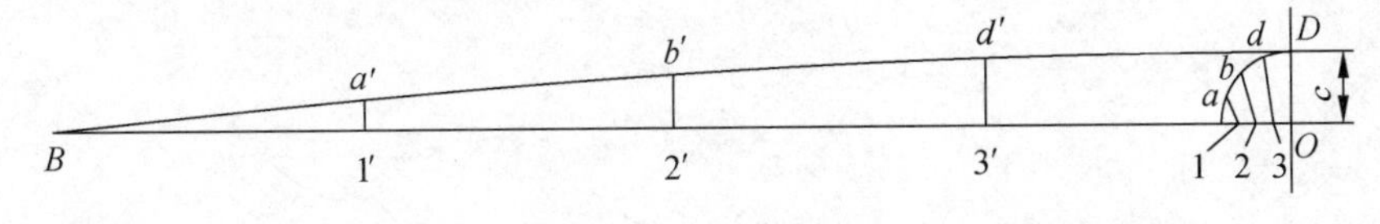


附图 1-2　梁拱作图

(1) 作半宽线 $OB$。过 $O$ 点，在中线上以梁拱 $C$ 为半径作 1/4 圆弧。

(2) 将圆弧和图的半径 $OD$ 和半宽 $OB$ 为成若干等份（书中为 4 等分）。

(3) 将圆弧与半径上的各等分点对应相连，1-$a$、2-$b$、3-$d$……。

(4) 过 $OB$ 等分点作垂线，并在其上截取对应的长度 $1'a'=1a$，$2'b'=2b$，$3'd'=3d$；

（5）过点 $B$、$a'$、$b'$、$d'$、$D$ 光顺地连接曲线即得梁拱线。

3. 甲板中心线的绘制

甲板中心线是中纵剖面与甲板型表面的交线。甲板中心线的绘制是在梁拱作图的基础上完成的，甲板中心线与甲板边线在站线处的高度差就是梁拱高。一艘船上各层甲板梁拱的曲率一般是相同的，各处梁拱高度随着甲板宽度的变化而变化。梁拱线中点的连线即为甲板中心线。甲板中心线的作图如附图 1-3 所示。

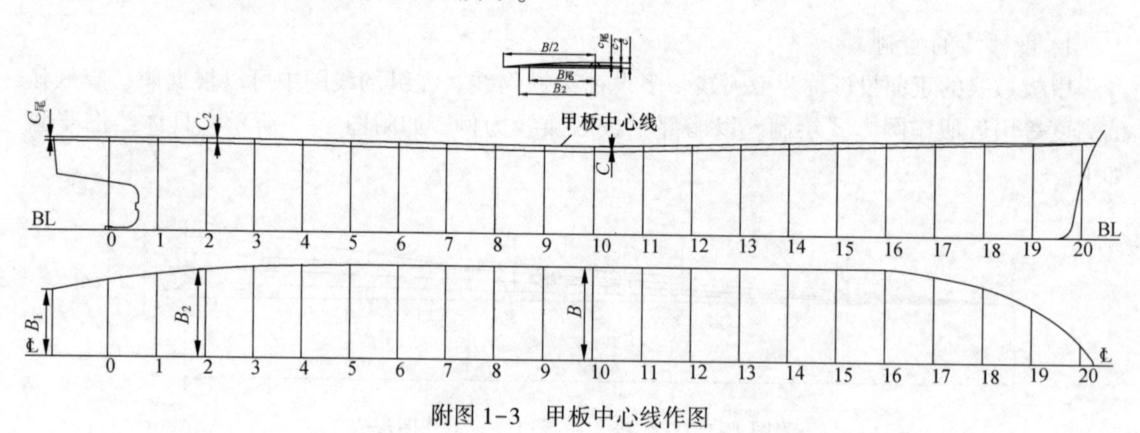


附图 1-3　甲板中心线作图

例如，附图 1-3 中#2 站处甲板半宽为 $B_2$。在 $OB$ 线上，截取第 2 站半宽 $B_2$，过端点作垂线交标准梁拱曲线于 $I$ 点，作水平线交于中线，$C_2$即为第 2 站梁拱的高。在纵剖线图中，于第 2 站甲板边线向上截取 $C_2$，各站以此类推，分别作出 $C_{艉}$、$C_1$、$C_2$、$C_{i-1}$、$C_i$、$C_{i+1}$…、$C_{19}$、$C_{20}$、$C_{艏}$，连接各顶点和艏艉端点即为所求。

注：对平艏或切平艉的船，甲板边线与甲板中心线并不汇交于一点。

# 附录二　船舶布置图图形符号（GB/T 3894—2008）摘要

| 名　称 | | 图形符号 | 名　称 | 图形符号 |
|---|---|---|---|---|
| 一、舱壁、围壁及开孔、门窗、舱口及舱口盖 | | | 带盖甲板孔 | |
| 金属舱壁或围壁 | | | 带盖人孔 | |
| 木质或其他非金属舱壁或围壁 | | | 带盖手孔 | |
| 门 | 金属 | | 金属舱口盖 | |
| | 非金属 | | 出入舱盖 | |
| 水平移门 | 金属 | | 二、舱室家具 | |
| | 非金属 | | 床头柜 | |
| 弹簧门 | | | 写字台 | |
| 带窗门 | | | 带抽屉和柜的写字台 | |
| 双扇水平移门 | | | 单人床 | |
| 固定方窗 | | | 双层床 | |
| 侧开方窗 | 外开 | | 可拉出床 | |
| | 内开 | | 折叠床 | |
| 上下开方窗 | | | 双人床 | |
| 水平移窗 | | | 长凳或普通座位 | |
| 垂直移窗 | | | 有垫座位或沙发 | × × × |
| 固定舷窗 | | | 圆凳 | |
| 上下开舷窗 | | | 普通座椅 | |
| 侧开舷窗 | | | 带扶手有垫座或单人沙发 | |
| （金属）舱壁净开孔 | | | 电视 | TV |

（续）

| 名　称 | 图形符号 | 名　称 | 图形符号 | |
|---|---|---|---|---|
| 三、生活卫生设备 | | | 俯视图 | 侧面图 |
| 带冷水供应的盥洗盆 | | 桅灯 | | |
| 独立式浴缸 | | 尾灯 | | |
| 有淋浴喷头的装入式浴缸 | | 左舷灯 | | |
| 水加热器 | | 右舷灯 | | |
| 坐式便器 | | 锚灯及其他环照灯 | | |
| 蹲式便器 | | 探照灯 | | |
| 小便器 | | 五、梯 | | |
| 燃煤灶 | | 向上梯 | | |
| 燃油灶 | | 从下层甲板上来的梯 | | |
| 电灶 | | 表示甲板开口带扶手的自下层甲板上来梯 | | |
| 砧板 | | 叠加梯 | | |
| 和面机 | | 电梯 | | |
| 冰箱 | | 直梯 | | |
| 沸水器 | | 六、救生设备 | | |
| 四、航行与信号设备 | | 救生圈 | | |
| 操舵仪 | | 带救生浮索救生圈 | | |
| 磁罗经 | | 带亮灯救生圈 | | |
| 电罗经 | | 救生衣 | | |
| 雷达显示器 | | 气胀式救生筏 | | |

（续）

| 名　　称 | 图形符号 | | 名　　称 | 图形符号 | |
|---|---|---|---|---|---|
| | 俯视图 | 侧面图 | | 俯视图 | 侧面视图 |
| 划桨救生艇 | OL | | 单十字带缆桩 | | |
| 机动救生艇 | ML | | 双十字带缆桩 | | |
| 全封闭救生艇 | EL | | 导缆钳 | | |
| 自备空气系统救生艇 | AL | | 导缆孔 | | |
| 耐火救生艇 | FL | | 单滚轮导缆器 | | |
| 救助艇 | RB | | 多滚轮导缆器 | | |
| 七、系泊设备 | | | 系泊羊角 | | |
| 双柱带缆桩 | | | 缆绳卷车 | | |

# 附录三　船体结构 相贯切口与补板（CB* 3182—83）摘要

1. 直通型切口形式、代号和尺寸

(1) CC-1

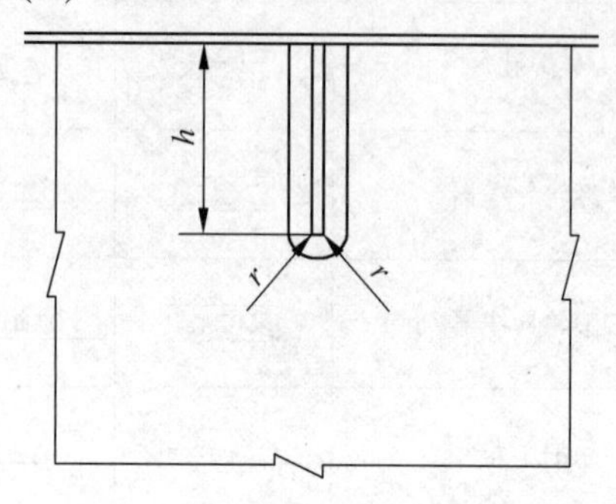


(2) CC-2

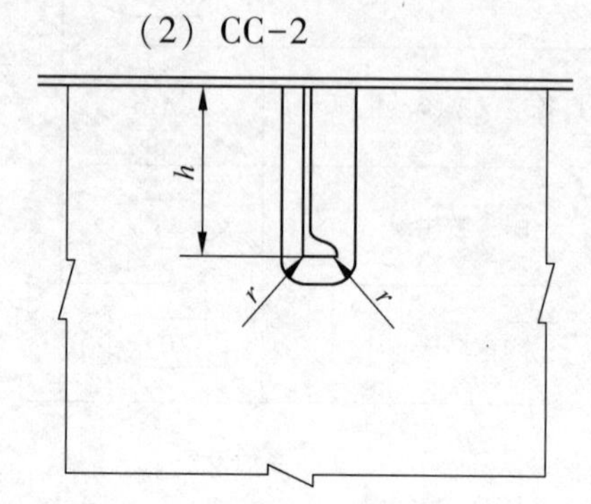


(3) CC-3

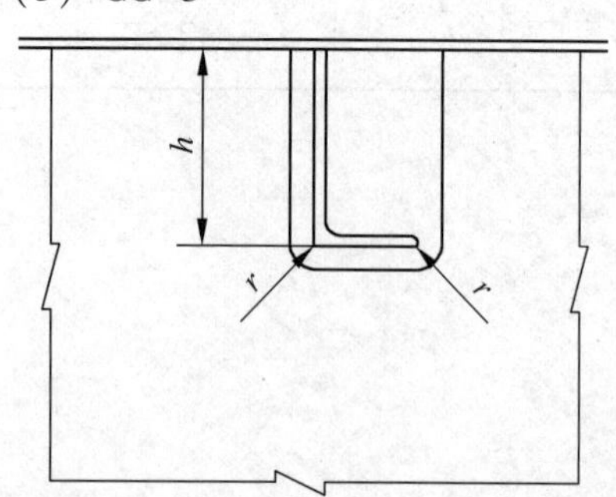


(4) CC-6

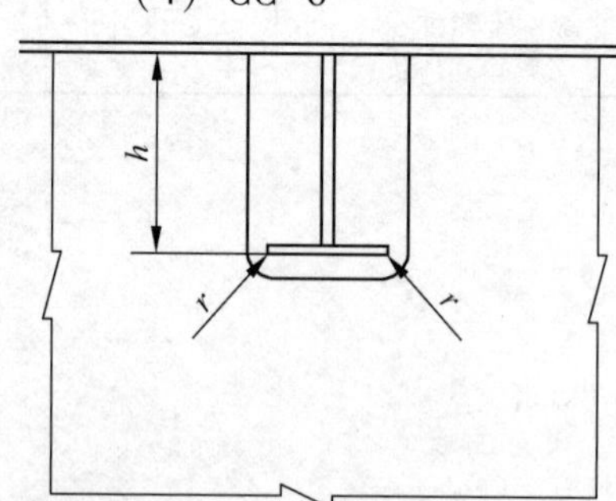


| $h$/mm | $r$/mm |
|---|---|
| <100 | 15 |
| ≥100 | 25 |

2. 腹板焊接型切口形式、代号和尺寸

(1) CW-1

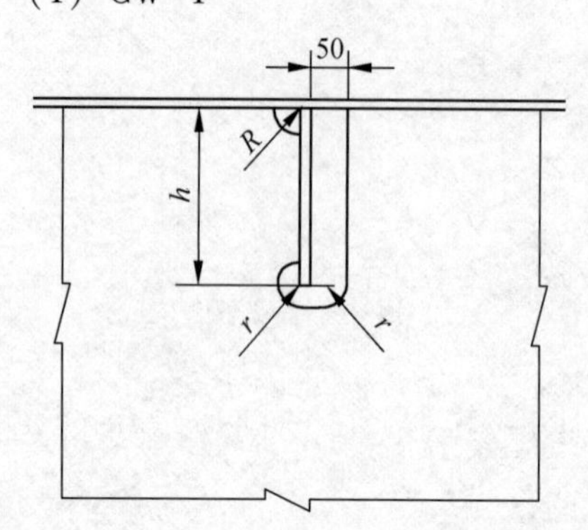


(2) CW-2

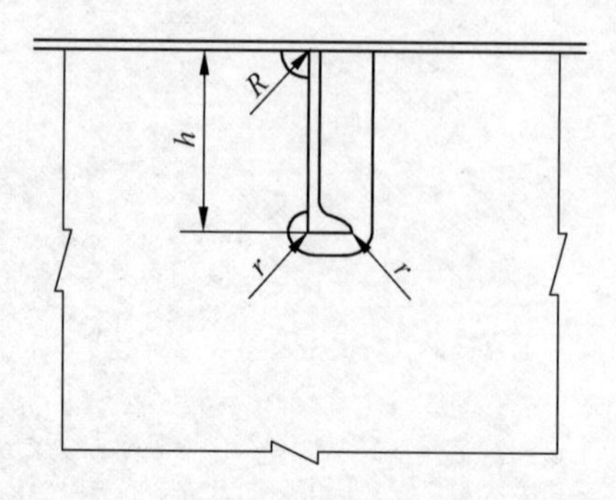

(3) CW-3

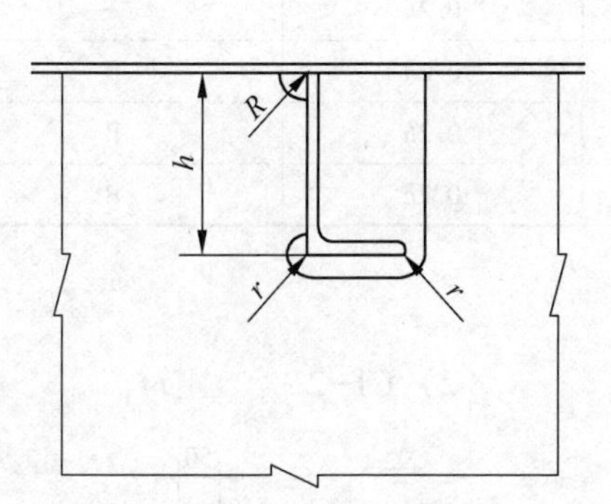


(4) CW-6

| $h$/mm | $R$/mm | $r$/mm |
| --- | --- | --- |
| <100 | — | 15 |
| $100 \leqslant h<150$ | 25 | 25 |
| $150 \leqslant h<250$ | 35 | 25 |
| ≥250 | 50 | 25 |

注：$h<100$ 时，$R$ 用 CB 3184—83 的通焊孔 WC 代替。

3. 非水密补板型切口与补板形式、代号和尺寸

(1) CN-1

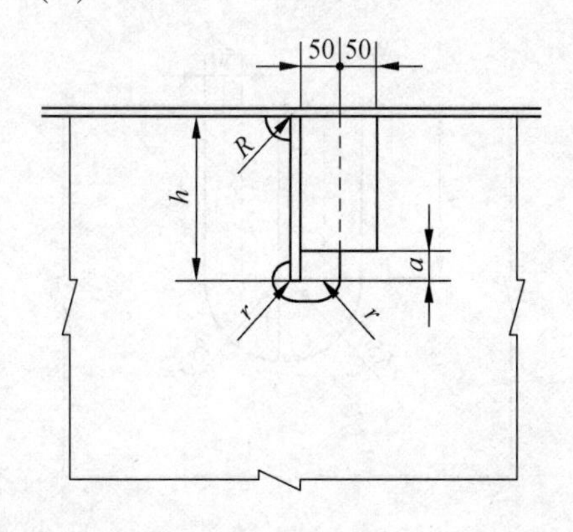


(2) CN-2

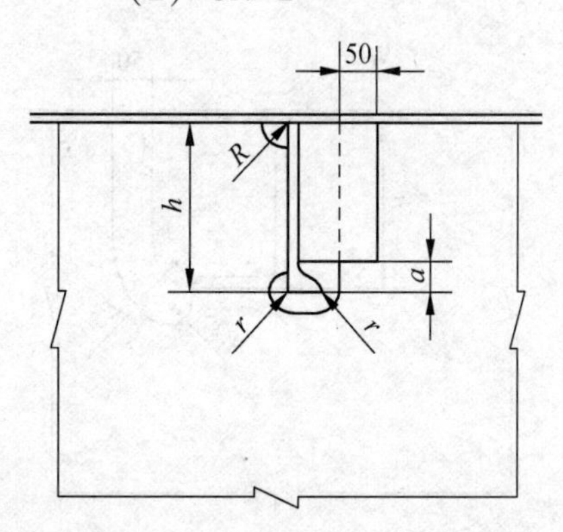


(3) CN-3

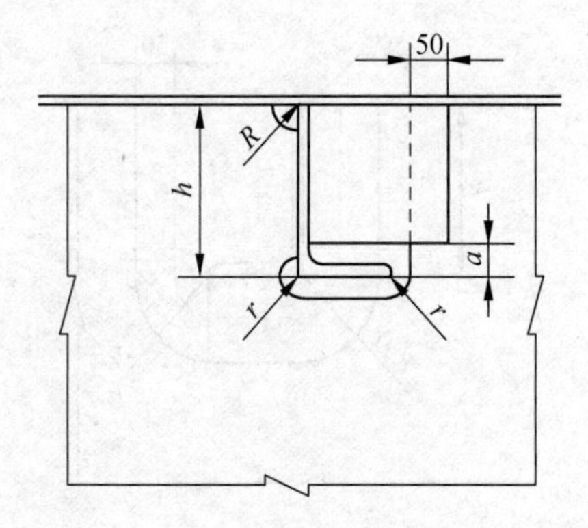


(4) CN-9

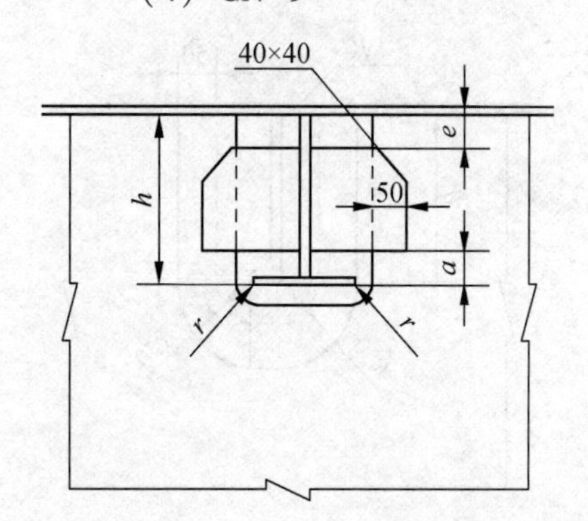

| $h$/mm | $R$/mm | $r$/mm | $a$/mm | $e$/mm |
|---|---|---|---|---|
| <100 | — | 15 | 0.2$h$ | — |
| 100≤$h$<150 | 25 | 25 | 0.2$h$ | R |
| 150≤$h$<250 | 35 | 25 | 0.2$h$ | R |
| ≥250 | 50 | 25 | 0.2$h$ | R |

注：$h$<100 时，$R$ 用 CB 3184—83 的通焊孔 WC 代替。

4. 水密补板型切口与补板形式、代号和尺寸

（1）CT-1

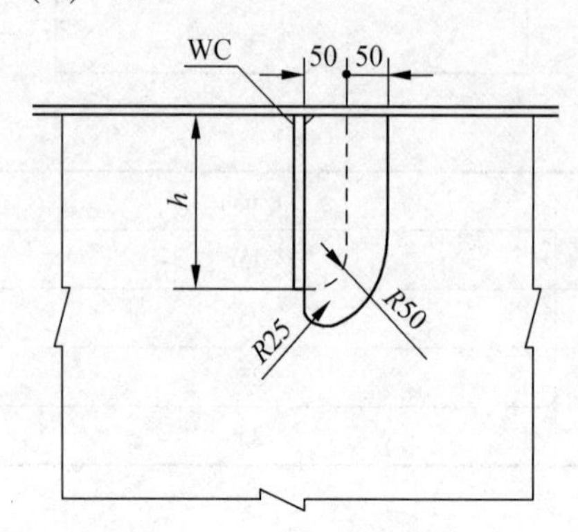


（2）CT-2

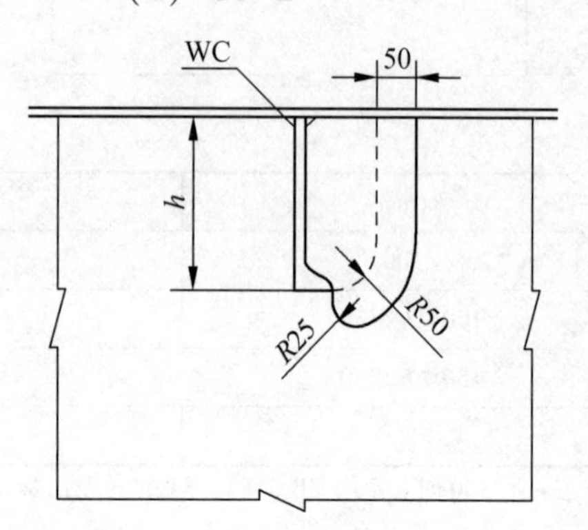


（3）CT-3

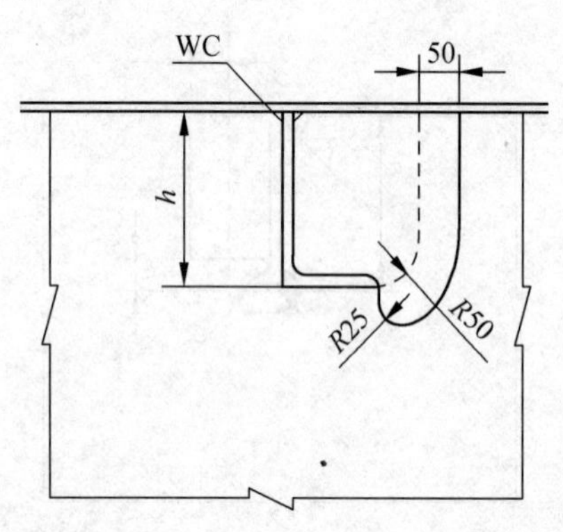


（4）CT-4

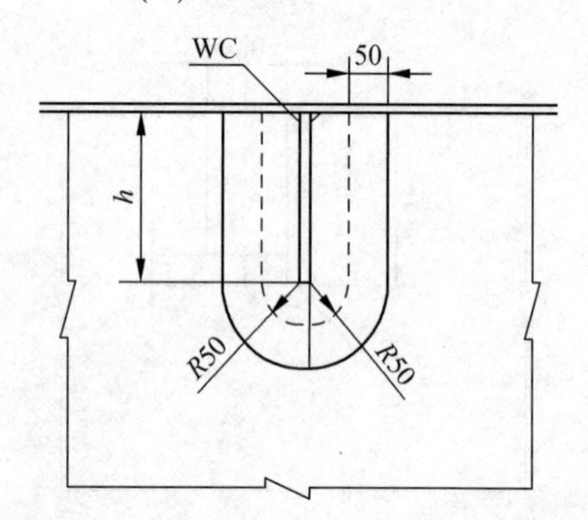


（5）CT-5

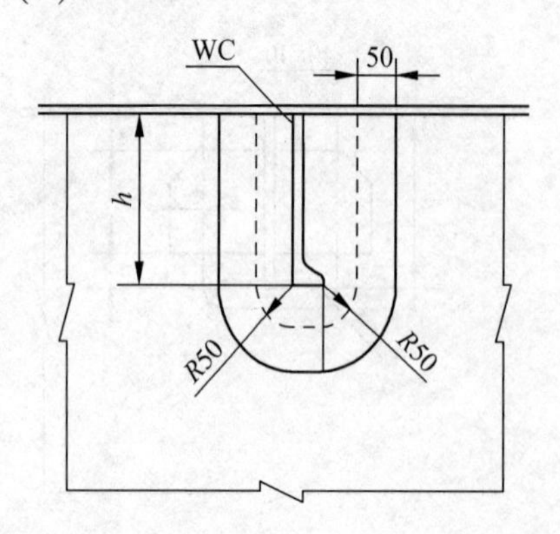


（6）CT-6

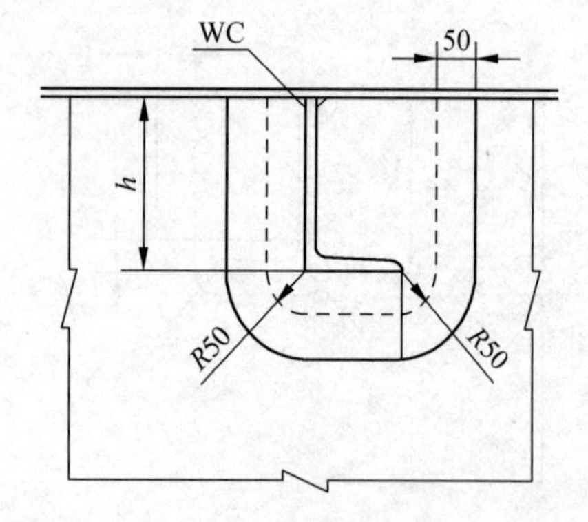

(7) CT-7

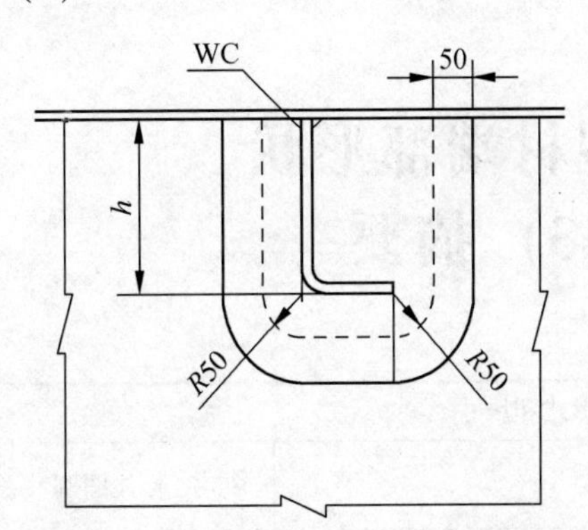


(8) CT-9

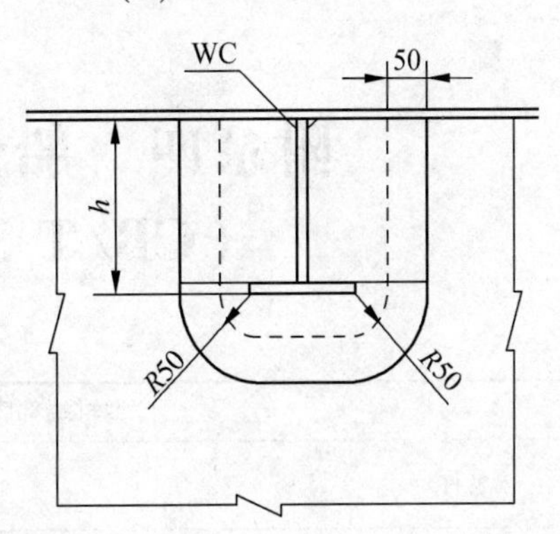


注 1：WC 为 CB 3184—83 的通焊孔标准代号。

注 2：水密与非水密补板的厚度等于该切口处被穿过构件的腹板或壁板厚度。

# 附录四　船体结构 型材端部形状（CB/T 3183—2013）摘要

| 序号 | 名称 | 代码 | 型式和尺寸 | 标注图例 |
|---|---|---|---|---|
| 型材端部腹板和面板都切斜的形式和尺寸 | | | | |
| 1 | 角钢、折边材 | S | 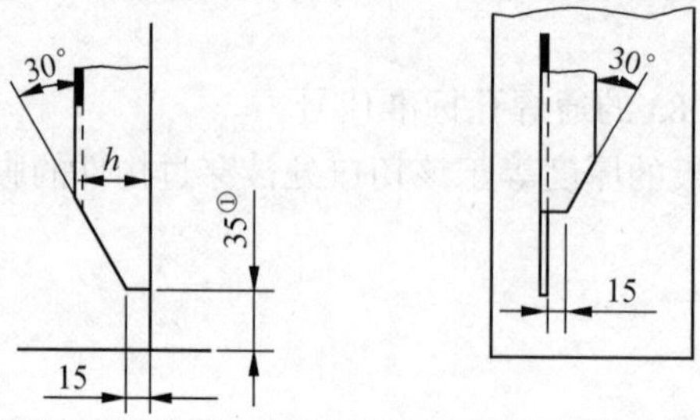 30° h 35① 15；30° 15 | 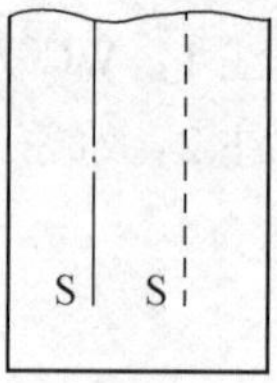 S S |
| 2 | T 型材和不对称 T 型材 | S | 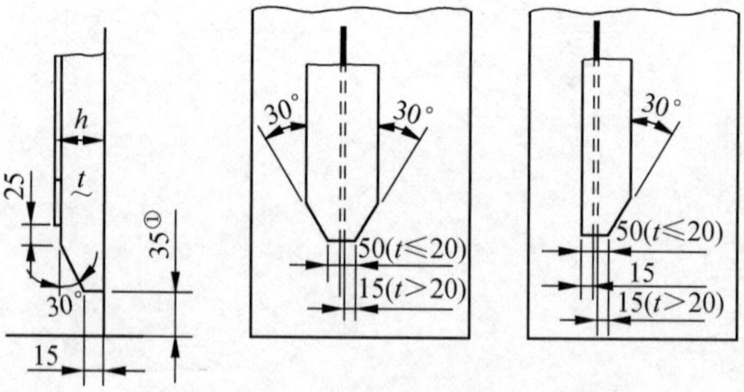 h t 25 35① 30° 15；30° 30° 50($t\leqslant20$) 15($t>20$)；30° 50($t\leqslant20$) 15 15($t>20$) | 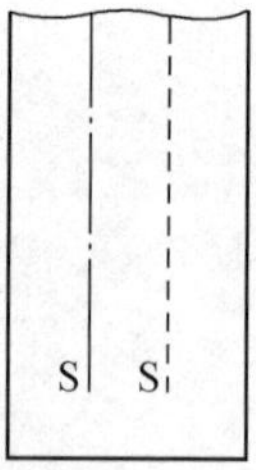 S S |
| 型材端部腹板切斜的形式和尺寸 | | | | |
| 1 | 扁钢 | S | 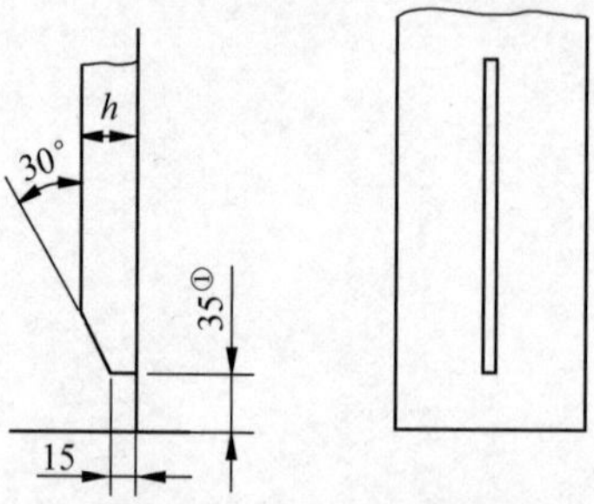 h 30° 35① 15 | 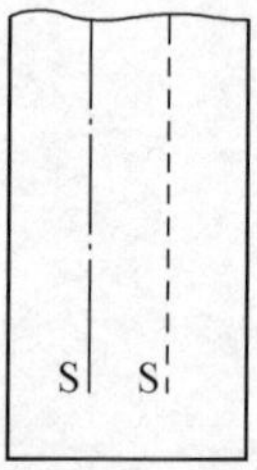 S S |
| 2 | 球扁钢 | S | 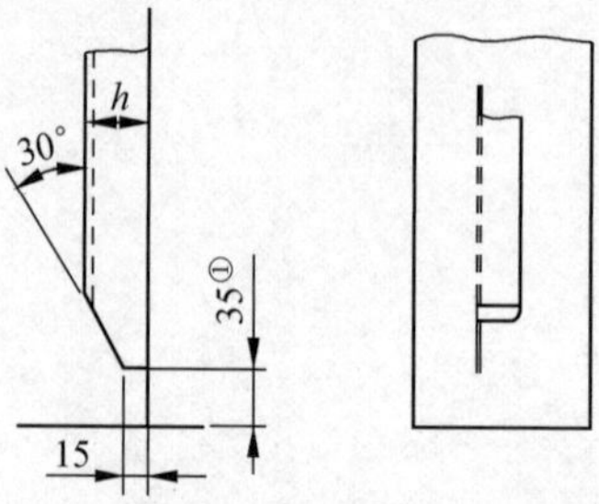 h 30° 35① 15 | 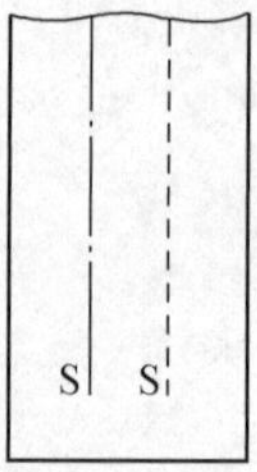 S S |

(续)

| 序号 | 名称 | 代码 | 型式和尺寸 | 标注图例 |
|---|---|---|---|---|
| 型材端部面板切斜的形式和尺寸 | | | | |
| 1 | 角钢、折边材 | F | 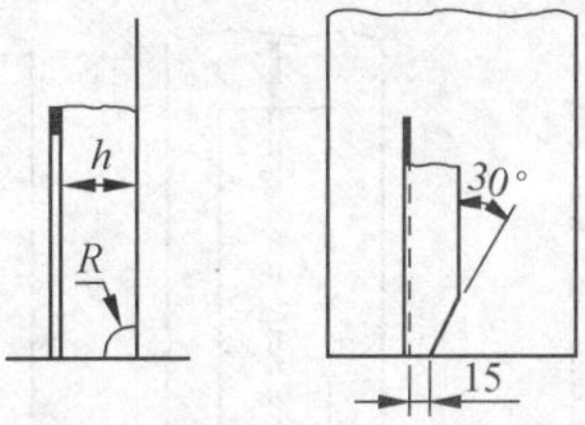 $h$ $R$ 30° 15 | 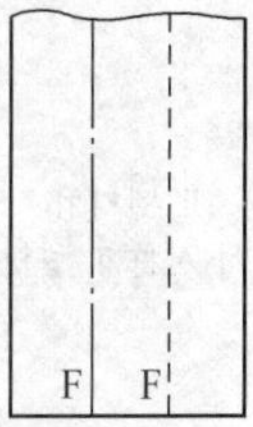 F F |
| 2 | T型材和不对称T型材 | F | 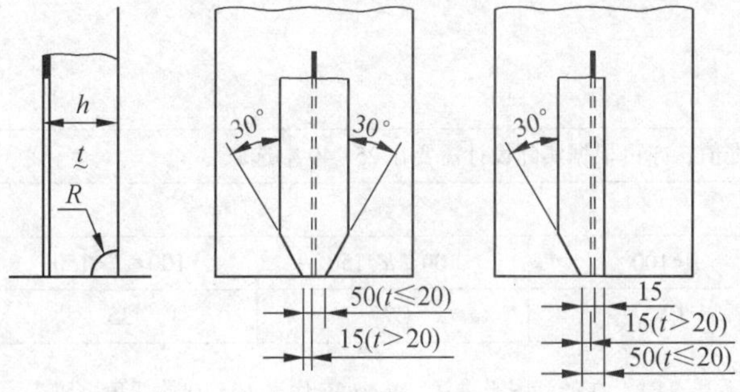 $h$ $t$ $R$ 30° 30° 50($t$≤20) 15($t$>20) 30° 15 15($t$>20) 50($t$≤20) | 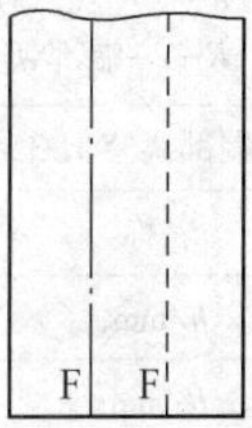 F F |
| 3 | | FS | 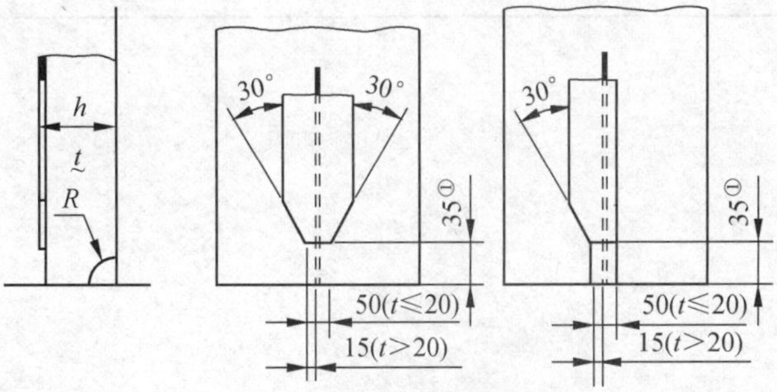 $h$ $t$ $R$ 30° 30° 35① 50($t$≤20) 15($t$>20) 30° 35① 50($t$≤20) 15($t$>20) | 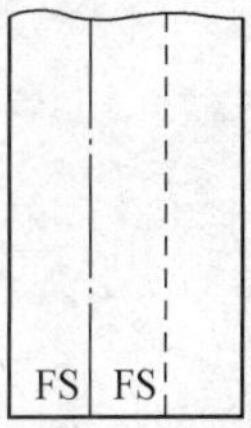 FS FS |
| 型材端部不切斜的形式和尺寸 | | | | |
| 1 | 扁钢 | L | 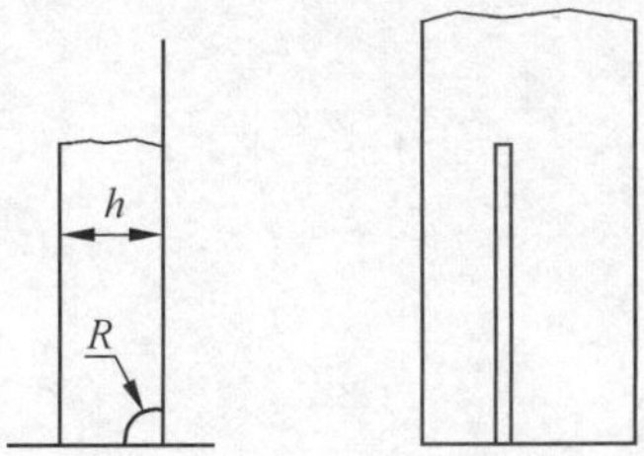 $h$ $R$ | 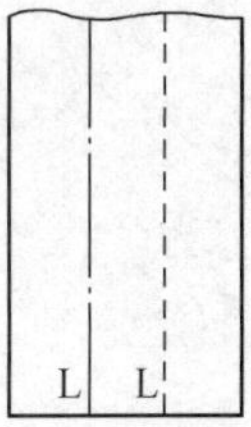 L L |
| 2 | 球扁钢、角钢、折边板 | L | 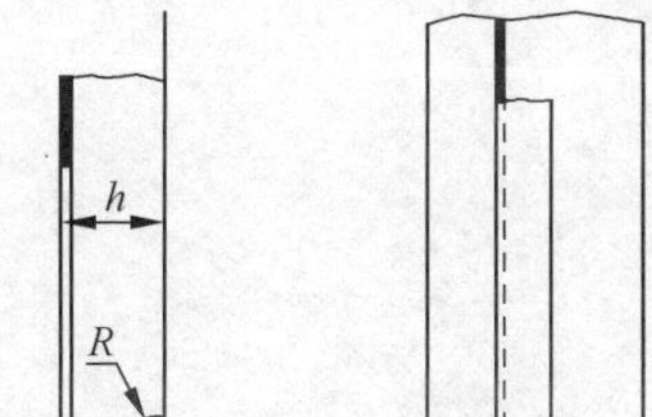 $h$ $R$ | 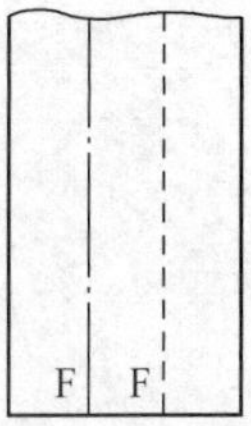 F F |

（续）

| 型材端部不切斜的形式和尺寸 | | | | |
|---|---|---|---|---|
| 序号 | 名称 | 代码 | 型式和尺寸 | 标注图例 |
| 3 | T 型材和<br>不对称 T 型材 | L | 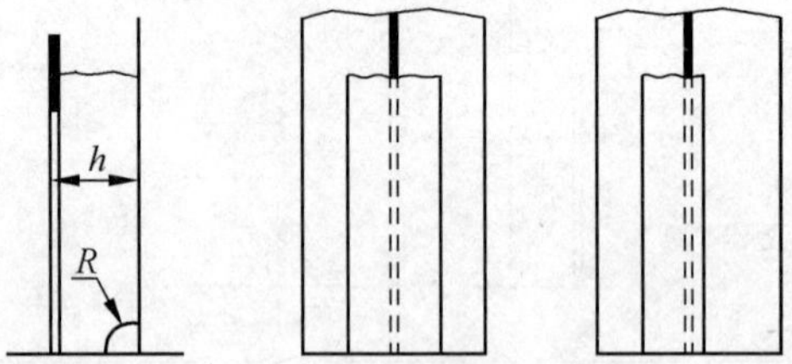 $h$ $R$ | 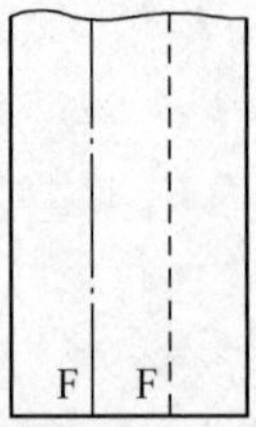 F F |

注：$t$——腹板厚度；
$h$——型材高度；
$R$——端部切角。

① 端部离空值 35 为其标准值，亦可根据实际设计需要在 25~40 中选取

| 名称 | 范围 | | | |
|---|---|---|---|---|
| $h$/mm | $h$<100 | 100≤$h$<150 | 100≤$h$<150 | 100≤$h$<150 |
| $R$/mm | CW | CW | 35 | 50 |

注：当焊接需连续通过而不开 $R$ 时，在产品图纸中注 CW，CW 代表 10×10 的切角，以表示通焊孔。
当不需要流水孔和透气孔时，$R$ 取 CW

# 附录五　船体结构 流水孔、通气孔、通焊孔和密性焊段孔（CB/T 3184—2008）摘要

<table>
<tr><th colspan="5">流水孔的形式和尺寸</th></tr>
<tr><th>序号</th><th>名称</th><th>代码</th><th>型式和尺寸</th><th>标注图例</th></tr>
<tr><td>1</td><td>圆形流水孔</td><td>Dϕ</td><td>
$\phi$<br>15<br>$h$<br>外板或舱底
<table>
<tr><th>$h$/mm</th><th>$\phi$/mm</th></tr>
<tr><td>$h$<120</td><td>25 且不大于 $h$/4</td></tr>
<tr><td>120≤$h$<160</td><td>30</td></tr>
<tr><td>160≤$h$<200</td><td>40</td></tr>
<tr><td>200≤$h$<300</td><td>50</td></tr>
<tr><td>300≤$h$<500</td><td>75</td></tr>
<tr><td>$h$≥500</td><td>设计者定</td></tr>
</table>
</td><td>D$\phi$50或$\phi$50</td></tr>
<tr><td>2</td><td>腰圆形流水孔</td><td>DY</td><td> 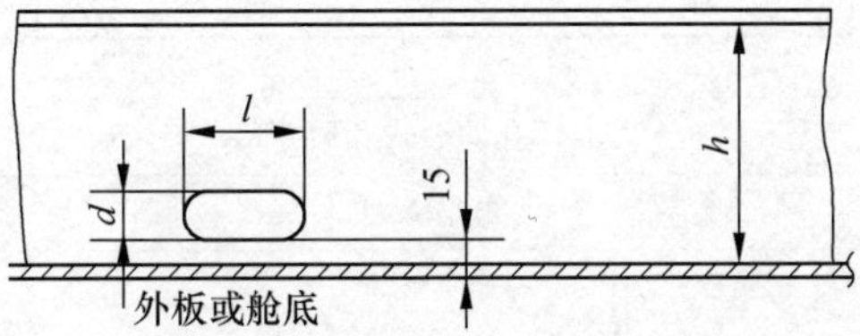
$l$<br>$d$<br>15<br>$h$<br>外板或舱底
<table>
<tr><th>$h$/mm</th><th>$d$×l/mm</th></tr>
<tr><td>$h$<120</td><td>25×50<br>且 $d$ 不大于 $h$/4</td></tr>
<tr><td>120≤$h$<160</td><td>30×60</td></tr>
<tr><td>160≤$h$<200</td><td>40×80</td></tr>
<tr><td>200≤$h$<300</td><td>50×100</td></tr>
<tr><td>300≤$h$<500</td><td>75×150</td></tr>
<tr><td>$h$≥500</td><td>设计者定</td></tr>
</table>
</td><td>DY50×100或Y50×100</td></tr>
</table>

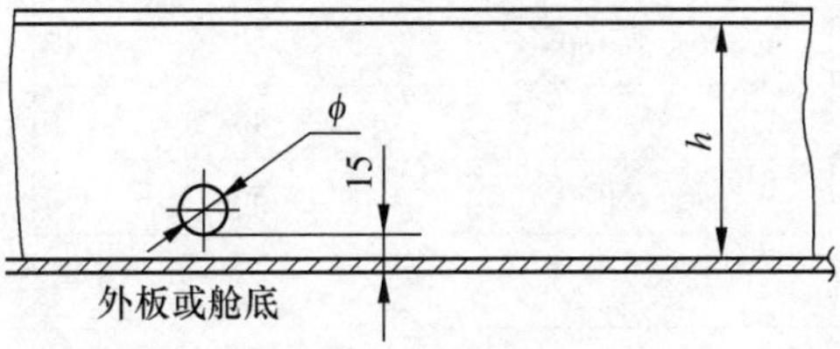

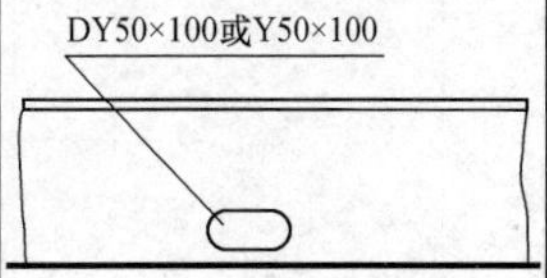

(续)

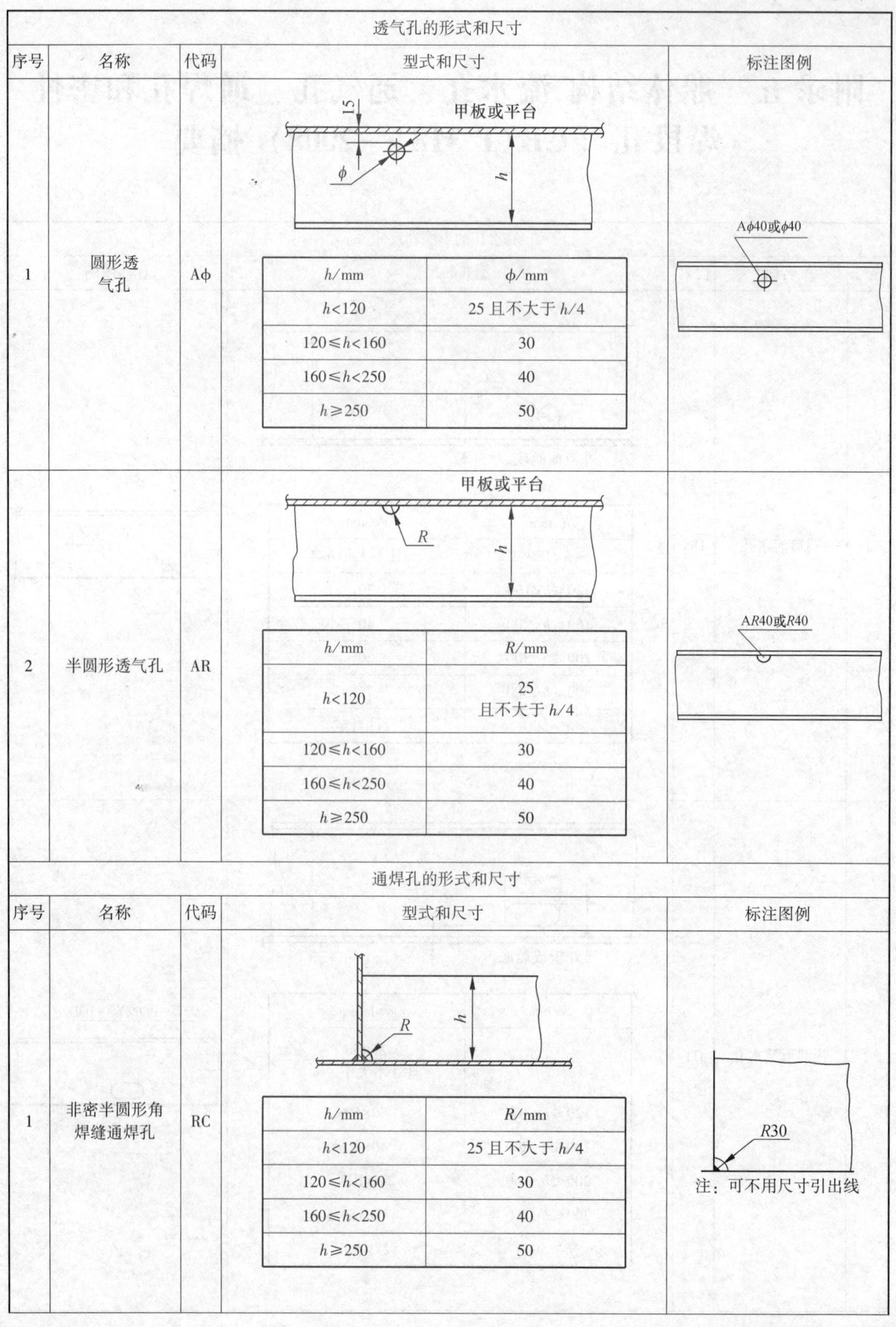

透气孔的形式和尺寸

| 序号 | 名称 | 代码 | 型式和尺寸 | 标注图例 |
| --- | --- | --- | --- | --- |
| 1 | 圆形透气孔 | Aϕ | 甲板或平台；15；$\phi$；$h$ | A$\phi$40或$\phi$40 |
| 2 | 半圆形透气孔 | AR | 甲板或平台；$R$；$h$ | A$R$40或$R$40 |

序号1 圆形透气孔（Aϕ）：

| $h$/mm | $\phi$/mm |
| --- | --- |
| $h$<120 | 25且不大于$h/4$ |
| 120≤$h$<160 | 30 |
| 160≤$h$<250 | 40 |
| $h$≥250 | 50 |

序号2 半圆形透气孔（AR）：

| $h$/mm | $R$/mm |
| --- | --- |
| $h$<120 | 25<br>且不大于$h/4$ |
| 120≤$h$<160 | 30 |
| 160≤$h$<250 | 40 |
| $h$≥250 | 50 |

通焊孔的形式和尺寸

| 序号 | 名称 | 代码 | 型式和尺寸 | 标注图例 |
| --- | --- | --- | --- | --- |
| 1 | 非密半圆形角焊缝通焊孔 | RC | $R$；$h$ | $R$30<br>注：可不用尺寸引出线 |

序号1 非密半圆形角焊缝通焊孔（RC）：

| $h$/mm | $R$/mm |
| --- | --- |
| $h$<120 | 25且不大于$h/4$ |
| 120≤$h$<160 | 30 |
| 160≤$h$<250 | 40 |
| $h$≥250 | 50 |

（续）

| 通焊孔的形式和尺寸 | | | | |
|---|---|---|---|---|
| 序号 | 名称 | 代码 | 型式和尺寸 | 标注图例 |
| 2 | 非密半圆形对接焊缝通焊孔 | RN | $h$ $R$<br>$h$/mm \| $R$/mm<br>$h$<120 \| 25 且不大于 $h$/4<br>120≤$h$<160 \| 30<br>160≤$h$<250 \| 40<br>$h$≥250 \| 50 | $R$50 |
| 3 | 非密半腰圆形对接焊缝通焊孔 | LN | $h$ $R$ $L$<br>$h$/mm \| $R$×$L$/mm<br>$h$<120 \| 25×70 且 $R$ 不大于 $h$/4<br>120≤$h$<160 \| 30×80<br>160≤$h$<250 \| 40×100<br>$h$≥250 \| 50×130 | LN或40×100 |
| 4 | 密性角焊缝通焊孔 | WC | $t$≥15 15×15切角<br>$t$<15 10×10切角<br>注：焊缝通过后切角处用电焊填满 | WC<br>注：图面狭小处切角线可不画 |
| 5 | 密性半圆形对接焊缝通焊孔 | WR | $t$<15 $R$10<br>$t$>15 $R$10 A A<br>A型 0~3 45° 10<br>B型 0~3 45° 45°<br>注：焊缝通过后用电焊填满 | WR |

（续）

| 密性焊段孔的形式和尺寸 | | | | |
|---|---|---|---|---|
| 序号 | 名称 | 代码 | 型式和尺寸 | 标注图例 |
| 1 | 水密壁密性焊段孔 | RW | $t<15$ R10 电焊填满<br>$t\geqslant15$ R10 A A<br>A–A(任选一种)<br>A型 0~3 45° 10<br>B型 0~3 45° 45° 10 | RW<br>液舱 密性构件 |
| 2 | 非密壁密性焊段孔 | R35 | R35 h<br>液舱 非密性构件 | R35<br>液舱 非密性构件 |

# 附录六　船舶焊缝代号及标注

钢质船体的构件间的连接，主要采用焊接工艺。焊接方法、焊缝形式和焊缝规格在船体图样中，采用焊缝代号的形式反映。本节主要介绍焊缝代号的组成与标注方法。详细规定可参见《船舶焊缝代号》。

## 6.1　焊接方法和焊缝形式

### 一、焊接方法

金属焊接方法有多种，其中熔焊类中的电弧焊是各船厂主要采用的方法。电弧焊是利用局部热源将焊接件的结合处及填充金属材料（焊条等）熔化，不加压力而相互熔合，凝固冷却后形成牢固的结缝。船体焊接中，广泛采用的电弧焊有手工电弧焊、埋弧自动焊和气体（$CO_2$和 Ar）保护焊。

手工电弧焊具有灵活、方便和设备简单的优点，尤其适用于自动焊无法到达的部位；埋弧自动焊是一种电弧埋在焊剂中燃烧的机械化焊接方法，特点是效率高、质量好，但由于要堆集焊剂以及受焊剂成分的影响，只适用于低碳钢及合金钢中厚板的水平面上长焊缝焊接；气体保护焊是利用 $CO_2$或 Ar（氩）作为保护气体，保护气体受电弧加热分解后，气体体积增大，保护电弧和焊接熔池避免空气侵入，效果很好，其密度大于空气，特点是降低成本、提高生产率、增强抗锈能力和焊接变形小。

### 二、焊缝形式

焊缝是焊接接头的组成部分，焊缝形式由接头的形式而定，船体焊接常见焊缝接头有对接接头、搭接接头、T 形接头、角接接头和塞焊接头，如附录图 6-1 所示。

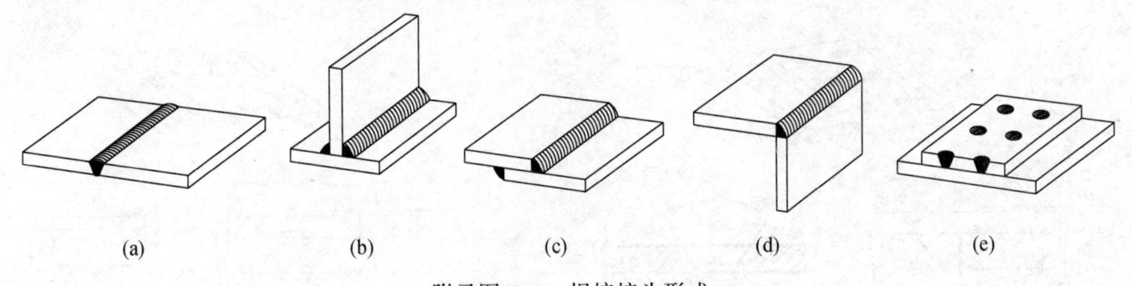


附录图 6-1　焊接接头形式

（a）对接接头；（b）T 形接头；（c）搭接接头；（d）角接接头；（e）塞焊接头。

焊接接头经焊接后形成的接缝称为焊缝。搭接焊缝、T 形焊缝和角接焊缝的断面形状是一致的，统称为角焊缝。所以，船体焊缝归结为对接焊缝、角接焊缝和塞焊焊缝三种类型。

1. 对接焊缝及其坡口形式

对接焊缝都是连续焊缝，而且是不渗透的，因此必须保证焊透。根据板厚及施工要求，反边常开有坡口。坡口形式有：卷边、I 形、V 形、X 形、U 形和 K 形等多种。各种坡口及适用板厚如附录图 6-2 所示。

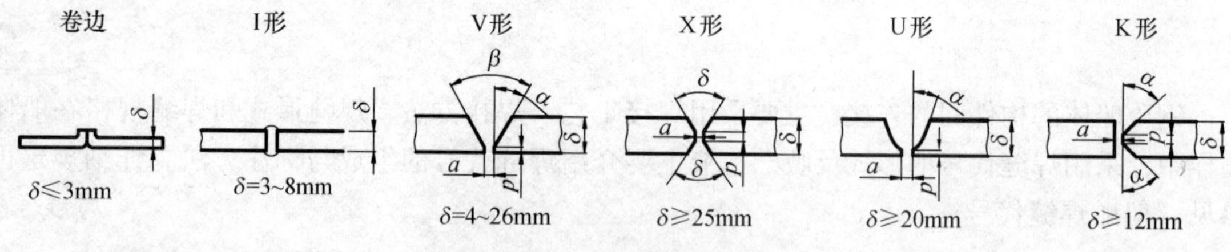


附录图 6-2　对接焊缝及坡口形式

2. 角焊缝及其坡口形式

角焊缝可分为连续角焊缝和间断角焊缝。连续角焊缝可以是单面的，也可以是双面的。其焊接坡口也有 I 形、V 形、U 形等形式。间断焊也有单面和双面之分，如附录图 6-3 所示。在附录图 6-3 中，$k$ 为焊角高度；$l$ 为焊缝长度；$e$ 为间距。

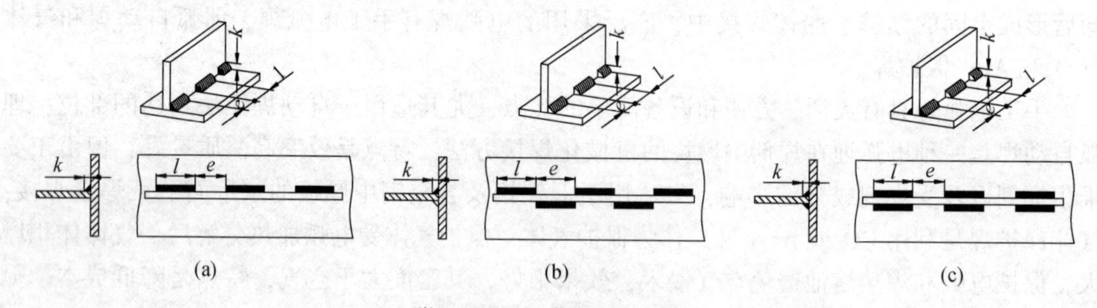


附录图 6-3　焊接接头形式

（a）单面间断角焊缝；（b）双面交错角焊缝；（c）并列间断角焊缝。

3. 塞焊缝

塞焊缝根据坡口形状和尺寸分为圆孔塞焊与长孔塞焊，如附录图 6-4 所示。

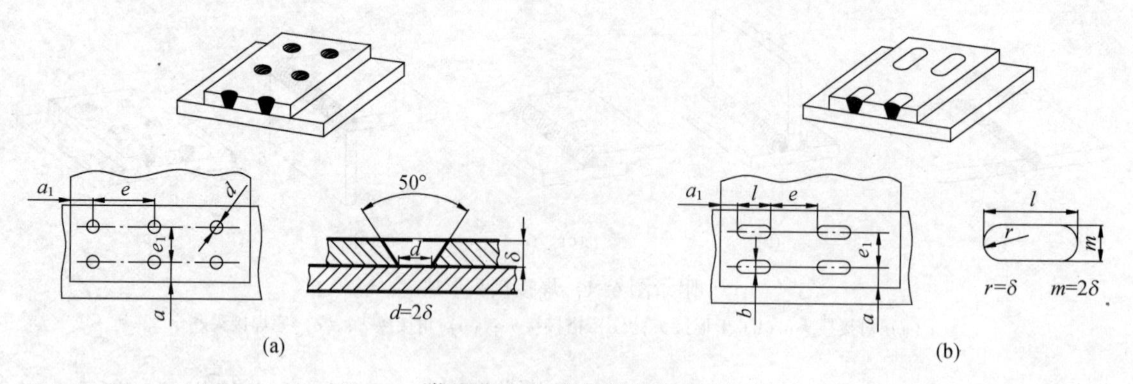


附录图 6-4　焊接接头形式

（a）圆孔塞焊；（b）长孔塞焊。

## 6.2 焊缝符号

船舶金属构件的焊接方法、焊缝形式和焊接尺寸在船体图样中用焊缝代号表示。《船舶焊缝代号》规定：焊缝代号由焊缝基本符号、焊缝辅助符号及尺寸、焊接方法和指点引线线四部分构成，见附录图 6-5。

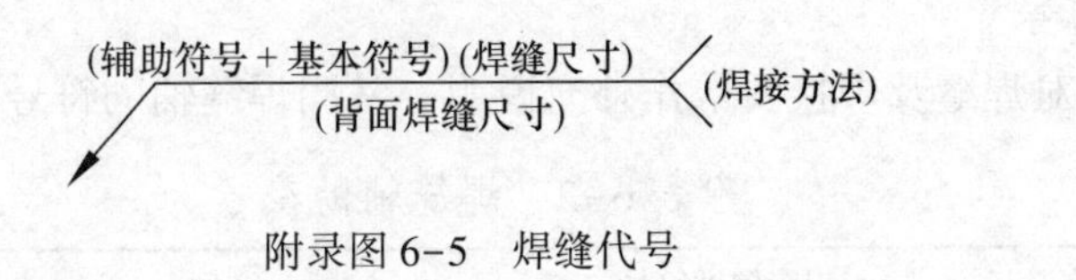


附录图 6-5　焊缝代号

1. 指引线

指引线由横线、引线和箭头组成，引出线允许双折，如附录图 6-6 所示。

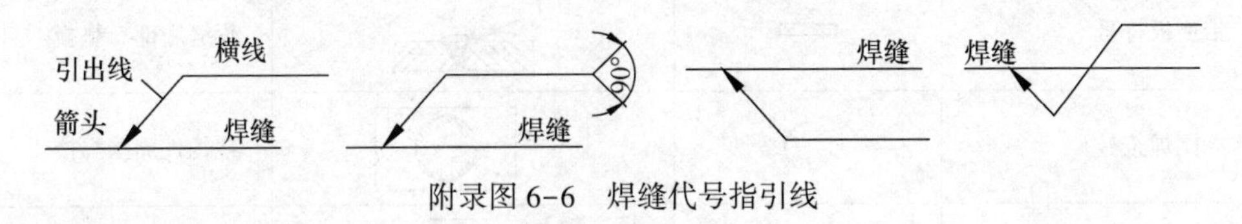


附录图 6-6　焊缝代号指引线

2. 焊缝基本符号

焊缝基本符号表示焊缝的剖面形状，是焊缝代号中必须标注的符号。常用焊缝基本符号见附表 6-1。

附表 6-1　焊缝基本符号

| 序号 | 焊缝名称 | 焊缝形式 | 焊缝基本符号 |
|---|---|---|---|
| 1 | I 形 |  | 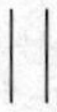 |
| 2 | V 形 |  |  |
| 3 | 钝边 V 形 |  |  |
| 4 | 单边 V 形 |  |  |
| 5 | 钝单边 V 形 |  |  |
| 6 | U 形 |  |  |
| 7 | 单边 U 形（J 形） |  |  |
| 8 | 角焊 | 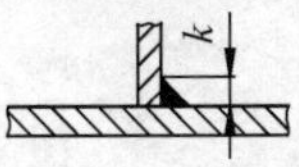 $k$ | 一般只注焊角高 $k$ |

（续）

| 序号 | 焊缝名称 | 焊缝形式 | 焊缝基本符号 |
|---|---|---|---|
| 9 | 塞焊 | | |
| 10 | 封底焊 | | |

3. 焊缝辅助符号

焊缝辅助符号对焊缝及焊接要求作补充说明。常用焊缝辅助符号见附表6-2。

附表6-2　焊缝辅助符号

| 序号 | 符号名称 | 焊缝辅助符号 | 举　例 | 说　明 |
|---|---|---|---|---|
| 1 | 铲平符号 | — | | 铲平焊接表面，与焊件表面平齐 |
| 2 | 带垫板符号 | | | 焊缝底部有垫板 |
| 3 | 周围焊符号 | ○ | *k* | 绕构件周围焊接 |
| 4 | 三面焊符号 | ⊏ | ⊏*k* | 三面焊缝 |
| 5 | 缓焊符号 | | | 暂缓焊接的焊缝 |
| 6 | 熔透角焊符号 | | *k* *k* | 熔透角焊符号 |
| 7 | 十字接头符号 | + | +*k* | 角焊缝尺寸完全相同的十字接头 |
| 8 | 双面不对称符号 | V | | 尖头一面为小坡口，另一面为大坡口 |

# 附录七　图样及技术文件分类号

选自《船舶产品专用图样和技术文件编号》
（CB/T 14—2011 摘录）

0　总体设计技术文件
00　报价设计（方案设计）
000　一般的技术资料
01　合同设计（方案设计）
010　总体
011　船体
012　船舶设备及舱面属具
013　舱室
02　初步设计
020　总体
021　船体
022　船舶设备及舱面属具
023　舱室
03　辅助设计
030　总体
031　船体
032　船舶设备及舱面属具
033　舱室
04　建造综合性工艺文件
040　总类
041　建造工艺计划
042　建造技术要求
043　原则施工工艺
044　材料消耗定额表
05　完工图样和技术文件
050　总体
051　船体
052　船舶设备及舱面属具
053　舱室
06　模型、试验和研究资料
060　总体
061　船体
062　船舶设备及舱面属具
063　舱室
1　总体、船体详细设计
10　总体技术文件
100　总类
101　总体性能计算书和技术条件
103　总体区域布置
105　固体压载及其布置
106　电子计算机计算程序
107　螺旋桨图
108　设备订货明细表
11　船体主要结构
110　总类（船体结构部分技术文件和图样目录、船体说明书、各种计算书、主要横剖面图、基本结构图、肋骨型线图、外板展开图、船体分段划分图、船体典型节点图册、构件理论线图、钢料明细表、船东或船检部门退审意见答复等）
111　船体立体分段和总段图
112　船体底部结构图
113　船体舷部结构图
114　端部结构（艏部结构图、艉部结构图、球鼻结构图、锚链舱、艏艉尖舱加强结构、挂舵臂结构图等）
115　轴包架或轴支架结构
116　特种结构
117　艏艉柱
118　龙骨、舭龙骨、坞龙骨
12　舱壁和小舱壁
121　主横舱壁
122　主纵舱壁
123　其他舱壁和围壁
124　轴隧及管隧结构
125　活动舱壁
127　逃生围阱

13　甲板和平台
130　总类
131　上甲板
132　中间甲板
133　下甲板
134　平台
135　艏楼及艉楼甲板
136　金属铺板
137　覆板、甲板覆板和舱口角隅加强覆板
14　上层建筑
140　总类
141　第一层上层建筑（或甲板室）
142　第二层上层建筑（或甲板室）
143　第三层上层建筑（或甲板室）
144　第四层上层建筑（或甲板室）
145　第五层上层建筑（或甲板室）
146　外烟囱、机炉舱棚及其他棚顶结构
15　基座和加强结构
150　总类
151　主机、主锅炉、主发电机、主变压器的基座
152　机炉舱辅机、辅锅炉、轴系的基座
154　甲板机械基座
157　舱室设备的基座
16　液舱、煤舱、泥舱结构及其加强结构
160　总类
161　液舱
162　煤舱
164　泥舱
165　货舱
166　减摇水舱
17　特种结构
173　调查船特种构架
174　起重船特种构架
175　渔捞特种构架
176　轮渡、吊桥、浮架、特种船舶大开门结构
18　护舷材及船体木质结构
181　护舷材
182　船外附件
183　木铺板
185　货舱护肋材
19　船体其他技术文件和图样
190　总类（船体结构制造公差要求、原则工艺说明书、焊接方式与规格明细表、造价估计单）
2　船舶设备和舱面属具详细设计
20　综合性技术文件和图样
200　总类
201　计算书、说明书和技术条件
203　船舶设备的安装与布置
208　设备订货明细表
21　锚设备
210　总类（液压布置图、液压系统图、计算书、说明书、技术条件）
211　锚设备
212　深水抛锚装置
22　系泊和拖带设备
220　总类（布置图、系统图、计算书、说明书、技术条件）
221　系泊设备
222　拖带、顶推设备
23　舵设备
230　总类（布置图、系统图、计算书、说明书、技术条件）
231　舵设备
232　操舵系统及设备
233　特种舵设备
24　起货、桅樯及信号装备
241　起重设备
242　桅樯设备
26　舱面属具
261　窗、舷窗及其装置
262　特种门及其装置
263　普通门
264　舷梯及其装置
265　小舱口盖、出入口
266　舱口盖及其装置
267　天幕、栏杆、梯
268　天桥、飞桥、防风围壁
27　救生设备和消防设备
271　艇和艇装置
272　救生工具及其装置
275　消防设备
28　渔捞工程船、调查船等特种设备
281　渔捞设备
282　挖泥设备

| | | | |
|---|---|---|---|
| 283 | 起重、打桩、钻探设备 | 311 | 船员舱 |
| 29 | 其他设备 | 312 | 客舱 |
| 3 | 舱室详细设计 | 313 | 公共处所 |
| 30 | 综合性技术文件和图样 | 32 | 仓库和伙食舱室 |
| 301 | 计算书、说明书和技术条件 | 34 | 工作舱室 |
| 303 | 全船性甲板和舱室设备 | 35 | 舱室绝缘板及其结构 |
| 308 | 设备订货明细表 | 38 | 舱室木质部分 |
| 31 | 居住舱室和公共处所 | 39 | 油漆涂料、绝缘和其他 |

# 附录八　船体结构与制图常用中英文名词术语

**A**

Accommodation Deck 起居甲板
Afterpeak Bulkhead 尾尖舱舱壁
After Peak Tank 尾尖舱
Aftship Structure 船尾结构
Air Hole 透气孔
Anchor 锚
Anchoring Equipment Arrangement Plan 锚泊设备布置图
Angle Bar 角钢
Assembling 装配
Assembled Moulded Lines 理论线

**B**

Backing Plate 垫板
Ballast Water Tank 压载水舱
Base Line 基线
Base Plane 基平面
Basic View 基本示图
Beam 横梁
Bilge 舭部
Bilge Strake 舭列板
Block Structure Plan 分段结构图
Boat Deck 艇甲板
Bossing 轴包套、轴包架
Bottom Center Girder 中底桁
Bottom Shell Plate 船底板
Bottom Side Girder 旁底桁
Bottom Structure 船底结构
Bow 艏部
Box Girder 箱型结构梁
Bracket 肘板
Bracket Floor 框架肘板
Breadth Moulded 型宽
Breadth Waterline 水线宽
Bridge Deck 驾驶甲板
Bulb Bar 球扁钢
Bulk Cargo Ship 散货船
Bulkhead 舱壁
Bulkhea Dstiffener 舱壁扶强材
Bulkhead Structure Plan 舱壁结构图
Bulwark 舷墙
Bulwark Bracket 舷墙肘板
Bulwark Faceplate 舷墙面板
Bulwark Top Line 舷墙顶线
Buoy Ring 救生圈
Buttock 后体纵剖线

**C**

Cabin Plan 舱室布置图
Camber 梁拱
Camber Curve（Line）梁拱线
Capacity Plan 舱容图
Cargo Equipment Arrangement Plan 起货设备布置图
Cargo Ship 货船
Captain Deck 船长甲板
Cargo Hatch 货舱口
Cargo Hold 货舱
Center Keelson 中内龙骨
Centerline Bulkhead 中纵舱壁
Central Longitudinal Section 中纵剖面
Center Line 中线
Chain Locker 锚链舱
Channel Steel 槽钢
Clearance Hole 通焊孔
Coastal Navigation Area 沿海航区

Cofferdam 隔离舱
Collision Bulkhead 防撞舱壁
Combined System Of Framing 混合骨架式
Corrugated Bulkhead 槽型舱壁
Compass Deck 罗经甲板
Complementary Plate（Close Plate）补板
Container Ship 集装箱船
Crane Ship 起重船
Cruiser Stern 巡洋舰型尾
Cutting Plane 剖切平面

**D**

Deck 甲板
Deck Girder 甲板纵桁
Deck House 甲板室
Deck Longitudinal 甲板纵骨
Deck Plate 甲板板
Deck Longitudinal 甲板纵骨
Deck Stringer 甲板边板
Deck Structure 甲板结构
Deck Section 甲板分段
Deck Side Line 甲板边线
Depth Moulded 型深
Design Draft 设计吃水
Design Waterline 设计水线
Direction View 向视图
Displacement Ship 排水型船
Double Bottom 双层底
Double Side Shell 双舷侧结构
Doubling Plate 复板
Drain Hole 流水孔
Drain Well 污水井
Draft 吃水
Dredger 挖泥船
Duck Keel 箱形中底桁

**E**

End Seam 端接缝
Engine Casing 机舱棚
Engine Room 机舱
Engine Room Structure Plan 机舱结构图

**F**

Face Plate 面板
Far Sea Navigation Area 远海航区
Fender 护舷材
Figuration Size 定性尺寸
Finished Plan 完工图
Flat Steel 扁钢
Flat-Bulb Steel 球扁钢
Flat Section 平面分段
Floating Dock 浮船坞
Floor 肋板
Forecastle 艏楼
Forepeak Bulkhead 艏尖舱舱壁
Forepeak Tank 艏尖舱
Foreship Structure 船首结构
Forward Perpendicular 艏垂线
Frame 肋骨
Frame Body Plan 肋骨型线图
Frame Space 肋骨间距
Frame Section Plan 肋位剖面图
Freeboard 干舷
Full Ship Margin Arrangement Plan 全船余量布置图
Funnel Structure Plan 烟囱结构图

**G**

General Arrangement 总布置图
General Cargo Ship 杂货船
General Structure Plan 基本结构图
Girder 底桁
Girder of Foundation 基座纵桁
Great Coastal Navigation Area 近海航区
Gunwale Angle 舷边角钢
Gusset Plate 菱形板

**H**

Half Beam 半梁
Half Breadth Plan 半宽水线图
Hatch Board 舱口盖
Hatch Coaming Plate 舱口围板
Hatch End Beam 舱口端横梁

Hatch Side Girder 舱口纵桁
Hawse Pipe 锚链筒
Hover Craft 气垫船
Hogging 中垂
Hull 主船体
Horizontal Girder 水平桁
Horizontal Stiffener 水平扶强材
Hydrofoil Craft 水翼艇
Hydrostatic Curves Plan 静水力曲线图

**I**

I Bar 工字钢
Ice Light Water Line 冰区轻载水线
Ice Load Water Line 冰区满载水线
Inclined Ladder 斜梯
Inner Bottom Plate 内底板
Intermediate Frame 中间肋骨
Icebreaker Bow 破冰型艏
Inland Ship 内河船舶

**J**

Jig Structure Plan 胎架结构图

**K**

Keel 龙骨
Keel Strake 平板龙骨
Knuckle Lines 折角线

**L**

L Iron 不等边角钢、不等边角铁
Length Between Perpendiculars 两柱间长
Length On Waterline 设计水线长
Length Overall 总长
Life Boat 救生艇
Life Jacket 救生衣
Life Raft 救生筏
Life Saving Apparatus Arrangement 救生设备布置图
Life-Saving Suit 救生服
Lightening Hole 减轻孔
Lines Plan 型线图
Living and Sanitary Equipment Arrangement 生活、卫士设备布置图
Liquid Gas Tanker 液化气船
Longitudinal 纵骨
Longitudinal Bulkhead 纵舱壁
Longitudinal System of Framing 纵骨架式
Longitudinal Section 纵剖面
Longitudinal Section in Center Plane 中纵剖面图
Lofting 放样
Lower Deck 下甲板

**M**

Main Deck 主甲板
Main Deck Center Line 主甲板中线
Main Deck Side Line 主甲板边线
Main Flame 主甲板
Manhole 人孔
Margin Plate 边板
Mast Structure Plan 桅结构图
Mess Deck 餐厅甲板
Middle Line Plane 中线面
Mid-Ship Section 中横剖面
Mid-Station 中站
Mid-Station Plane（Midship Section）中站面
Model Frame Line Plan 肋骨型线图
Molded Base Line（Base Line）基线
Molded Hull Surface 船体型表面
Molded Line 型线
Mooring Equipment Arrangement Plan 系泊设备布置图

**O**

Office Deck 高级船员甲板
Offset 型值
Offset Table 型值表
Oil-Tight Bulkhead 油密舱壁
Oil Tanker 油船
Ore Tanker 矿石船
Outboard Profile 侧面图
Outfitting Arrangement 舾装布置图
Opening Corner 角隅
Orientation Size 定位尺寸

## P

Panting Beam 强胸横梁

Passenger Ship 客船

Pillar 支柱

Pipe 管材

Pipe Tunnel 管隧

Plane Bulkhead 平面舱壁

Plate Keel 平板龙骨

Planing Craft 滑行艇

Platform 平台

Platform Plan 平台图

Platform Deck 平台甲板

Poop 艉楼

Poop Deck 艉楼甲板

Port 左舷

Principal Dimension 主尺度

Processing 加工

Profile Or Sheer Plan 纵剖线图

Propeller Post 螺旋桨柱

## R

Ram-Wing Craft 冲翼船

Reverse Frame 内底横骨

Rise of Floor 底升高

Roll-on/Roll-off Ship 滚装船

Rubbing Plate 护舷材

Rudder 舵

Rudder Bearer 舵轴架、舵承

## S

Sagging 中拱

Salvage and Rescue Ship 救助打捞船

Scantling Draft 结构吃水

Seam 板缝

Second Deck 第二甲板

Section Division Plan 分段划分图

Section Structure Plan 分段结构图

Section Welding Procedure Plan 分段装焊程序图

Seagoing Ship 海船

Seating 基座

Shaft Tube 艉轴管

Sheer Profile 纵剖线图

Shell 外板

Shell Top Line 外板顶线

Side Keelson 旁龙骨

Side Girder 旁纵桁

Sheltered Navigation Area 遮蔽航区

Sheer 舷弧

Sheer at After Perpendicular 艉舷弧

Sheer at Forward Perpendicular 艏舷弧

Sheer Plate 外板

Sheer Strake 舷顶列板

Shell Expansion 外板展开图

Ship Workmanship Plan 船体工艺图

Ship Strength 船体强度

Shipway Block Arrangement Plan 船台墩木布置图

Side 舷侧

Side Girder 舷侧纵桁

Side Structure 舷侧结构

Side View 侧面图

Side Seam 边接缝线

Side Tank 边舱

Single Bottom 单底

Snip End 端部削斜

Solid Floor 肋板

Sponson Deck 舷伸甲板

Specification List 明细栏

Station 站

Station Ordinates 站线

Starboard 右舷

Stealer 并板

Stiffener 扶强材

Steering Gear Room 舵机舱

Sterm 船艏

Stern 船艉

Sterm Structure Plan 船艏结构图

Stern Structure Plan 船艉结构图

Strake 列板

Strength Deck 强力甲板
Subsection View 分剖面图
Superstructure 上层建筑

**T**

T-Bar T 型材
Topside Tank 顶边舱
Torsion Box 抗扭箱
Transom Plate 艉封板
Transom Stern 方艉
Transverse Bulkhead 横舱壁
Transverse Station 横剖面
Transverse System of Framing 横骨架式
Tug 拖船
Trim 干舷
Tripping Bracket 防倾肘板
Tween-Deck Frame 甲板间肋骨

**U**

Upper Deck 上甲板

**V**

Vertical Girder 竖桁
Vertical Stiffener 垂直扶强材
Volume Surface Section 立体分段

**W**

Waterline 水线
Water Plane 水线面
Wash Bulkhead 制荡舱壁
Watertight Bulkhead 水密舱壁
Weather Deck 露天甲板
Web 腹板
Web Beam 强横梁
Web Frame 强肋骨
Welding 焊接
Welding Seam 焊缝
Winch Foundation 带缆桩

# 参考文献

[1] 吴仁元，谢柞水，李治彬．船体结构［M］．北京：国防工业出版社，1994.
[2] 陈顺怀，汪敏，金雁．船舶设计原理［M］．武汉：武汉理工大学出版社，2020.
[3] 顾敏童．船舶设计原理［M］．上海：上海交通大学出版社，2003.
[4] 杨永祥，李永正，王珂．船体制图［M］．哈尔滨：哈尔滨工程大学出版社，2017.
[5] 李雪梅．船舶识图与制图［M］．北京：北京理工大学出版社，2014.

读者可以扫码下方二维码下载1000吨沿海货船总体图样（安卓手机需用手机浏览器扫描下载）。